"十四五"职业教育国家规划教材

中国石油和化学工业优秀出版物奖·教材奖一等奖

化工环境保护概论

第三版

杨永杰　涂郑禹　主编
邱泽勤　主审

化学工业出版社

·北京·

内容简介

本书从环境的基本概念入手，论述了当前存在的环境问题及化工生产对环境的影响；对环境污染与生态平衡做了较系统的阐述；重点介绍了大气污染防治及化工废气治理、水体污染防治与化工废水处理、固体废物与化工废渣处置；另外介绍了噪声控制及其他化工污染防治；通过典型案例介绍了化工清洁生产技术和化工清洁生产技术领域；通过环境保护系列措施，阐述了化工可持续发展的经济发展思路。

本书贯彻生态文明思想，践行绿水青山就是金山银山的理念。推动绿色发展，促进人与自然和谐共生，充分体现了党的二十大精神进教材。

本书为高等职业教育化工技术类、石油与天然气类、食品药品与粮食类、轻化工类、能源动力与材料类等相关专业的环境保护教育教材，亦可作为其他相关专业的环保入门读物。

图书在版编目（CIP）数据

化工环境保护概论 / 杨永杰，涂郑禹主编 . —3 版
. —北京：化学工业出版社，2021.11（2025.7 重印）
普通高等职业教育规划教材
ISBN 978-7-122-40349-0

Ⅰ．①化… Ⅱ．①杨… ②涂… Ⅲ．①化学工业 - 环境保护 - 高等职业教育 - 教材 Ⅳ．① X78

中国版本图书馆 CIP 数据核字（2021）第 241952 号

责任编辑：王文峡

责任校对：李雨晴 装帧设计：王晓宇

出版发行：化学工业出版社（北京市东城区青年湖南街13号 邮政编码100011）

印 装：北京云浩印刷有限责任公司

787mm×1092mm 1/16 印张16½ 字数388千字 2025年7月北京第3版第6次印刷

购书咨询：010-64518888 售后服务：010-64518899

网 址：http://www.cip.com.cn

凡购买本书，如有缺损质量问题，本社销售中心负责调换。

定 价：49.00元

前言

"十三五"期间，全国生态环境质量总体改善，污染防治阶段性目标顺利实现。细颗粒物（PM$_{2.5}$）未达标地级及以上城市浓度下降比例、地表水质量达到或好于Ⅲ类水体比例、劣Ⅴ类水体比例、单位GDP二氧化碳排放降低比例和化学需氧量、氨氮、二氧化硫、氮氧化物主要污染物的削减量等9项生态环境保护领域的约束性指标和污染防治攻坚战阶段性目标任务全面超额完成。蓝天、碧水、净土三大保卫战取得显著成效。

本书贯彻生态文明思想，践行绿水青山就是金山银山的理念。推动绿色发展，促进人与自然和谐共生，充分体现了党的二十大精神进教材。

人与自然的生命共同体是构建人类命运共同体的坚实基础。面对复杂形势和诸多挑战，"十四五"期间，我国坚定走生态优先、绿色发展的道路，处理好发展和减排、整体和局部、短期和中长期的关系，按照把碳达峰、碳中和纳入经济社会发展和生态文明建设整体布局的要求，坚定不移地实施积极应对气候变化国家战略。要继续打好污染防治攻坚战，实现减污降碳协同效应。污染防治要有新思路，用"提气、降碳、强生态，增水、固土、防风险"总思路贯穿污染防治全过程。

由此可见，"十四五"期间生态环境保护任重道远。中国石油和化工行业承受的环境压力和责任更大，为积极应对生态环境保护的诸多要求，中国石油和化学工业联合会在2021年1月发布了《石油和化学工业"十四五"发展指南》。指南指出："十四五"期间，石化行业将以推动高质量发展为主题，以绿色、低碳、数字化转型为重点，以加快构建以国内大循环为主体、国内国际双循环相互促进的新发展格局为方向，以提高行业企业核心竞争力为目标，深入实施创新驱动发展战略、绿色可持续发展战略、数字化智能化转型发展战略、人才强企战略，加快建设现代化石油和化学工业体系，建设一批具有国际竞争力的企业集团和产业集群，打造一批具有国际影响力的知名品牌，推动我国由石化大国向石化强国迈进，部分行业率先进入强国行列。

新的形势下，对培养化工技术技能人才的职业院校提出了更高的要求。作为职业院校学生，不仅要了解环境保护的政策和措施，同时也要积极学习环保技术知识，成为绿色环保生态文明的践行者。

本教材第一版于2009年5月出版，2017年修订出版了第二版。本次修订根据使用学校和教师的反馈意见，并结合生态环境保护新理念，编者在保持原有结构框架的基础上对第二版教材中陈旧的资料、数据和内容进行了更新，同时增补了环保新技术、清洁生产等多个实际典型案例。

本次修订由杨永杰、涂郑禹共同完成。国务院特殊政府津贴专家、天津渤天化工有限责任公司教授级工程师邱泽勤给予技术审定。

本书的修订编写过程中参考了有关著作与文献，在此向有关作者致以崇高的敬意和深深的感谢。

由于编者水平有限，不妥之处敬请读者给予批评指正。

编者

目录

第七章 噪声控制及其他化工污染防治 …… 190

第八章 环境保护措施与化工可持续发展 …… 206

附 录 …… 245

参考文献 …… 255

第一章
总论

第一节
认识环境

一、环境的概念

　　环境，是指以人类社会为主体的外部世界的总体，主要指人类已经认识到的直接或间接影响人类生存和社会发展的周围世界。环境的中心事物是人类的生存及活动，它具有整体性与区域性、变动性与稳定性、资源性与价值性等基本特征。

　　《中华人民共和国环境保护法》对环境有如下定义："本法所称环境，是指影响人类生存和发展的各种天然的和经过人工改造的自然因素的总体，包括大气、水、海洋、土地、矿藏、森林、草原、野生生物、自然遗迹、人文遗迹、自然保护区、风景名胜区、城市和乡村等。"

① **自然环境**：直接或间接影响到人类的一切自然形成的物质、能量和自然现象的总体。它是人类出现之前就存在的，是人类目前赖以生存、生活和生产所必需的自然条件和资源的总称，即阳光、温度、气候、地磁、空气、水、岩石、土壤、动植物、微生物以及地壳的稳定性等自然因素的总和。

② **人工环境**：由于人类的活动而形成的环境要素，它包括人工形成的物质、能量和精神产品以及人类活动中所形成的人与人之间的关系或称上层建筑。人工环境由综合生产力（包括人）、技术进步、人工构筑物、人工产品和能量、政治体制、社会行为、宗教信仰、文化与地方因素等组成。

自然环境对人的影响是根本性的。人类要改善环境，都必须以自然环境为其大前提，谁要超越它，必然遭到大自然的报复。人工环境的好坏对人的工作与生活、对社会的进步更是影响极大。

人类生存的环境可由小到大、由近及远地分为聚落环境、地理环境、地质环境和宇宙环境，从而形成了一个庞大的系统。

1. 聚落环境

聚落环境是人类有计划、有目的地利用和改造自然环境而创造出来的生存环境，它是与人类工作和生活关系最密切、最直接的环境。人生大部分时间是在聚落环境中度过的，特别为人们所关心和重视。聚落环境的发展，为人类提供了越来越方便而舒适的工作和生活环境，但与此同时也往往因为聚落环境中人口密集、活动频繁造成环境的污染。

2. 地理环境

地理环境是自然地理环境和人文地理环境两个部分的统一体。自然地理环境是由岩石、土壤、水、大气、生物等自然要素有机结合而成的综合体；人文地理环境是人类的社会、文化和生产活动的地域组合，包括人口、民族、政治、社团、经济、交通、军事、社会行为等许多成分，它们在地球表面构成的圈层称为人文圈。

3. 地质环境

地质环境为人类提供了大量的生产资料-丰富的矿产资源-难以再生的资源。随着生产的发展，大量矿产资源引入地理环境，在环境保护中是一个不容忽视的方面。地质环境与地理环境是有区别的，地质环境是指地表以下的地壳层，可延伸到地核内部，而地理环境主要指对人类影响较大的地表环境。

4. 宇宙环境

宇宙环境是由广漠的空间和存在于其中的各种天体以及弥漫物质组成的，几近真空。环境科学中是指地球大气圈以外的环境，或称为空间环境。宇宙环境是迄今为止人类对它的认识还很不足、有待于进一步开发和利用的极其广阔的领域。

二、环境问题

环境问题主要是由于人类活动作用于周围环境所产生的环境质量变化以及这种变化反过来对人类的生产、生活和健康产生影响的问题。这类问题可分为两类：一是不合理开发利用自然资源，超出环境承载力，使生态环境质量恶化和自然资源枯竭的现象；二是人口激增、城市化和工农业高速发展引起的环境污染和破坏。总之是人类经济社会发展与环境的关系不协调所引起的问题。

1．环境问题的发展

从人类诞生开始就存在着人与环境的对立统一关系。人类在改造自然环境的过程中，由于认识能力和科学水平的限制，往往会产生意料不到的后果，造成对环境的污染与破坏。

（1）工业革命以前阶段

在远古时期，由于人类的生活活动如制取火种、乱采乱捕、滥用资源等造成生活资料缺乏。随着刀耕火种，砍伐森林，盲目开荒，破坏草原，农业、牧业的发展，引起一系列水土流失、水旱灾害和沙漠化等环境问题。

（2）环境的恶化阶段

工业革命至 20 世纪 50 年代前，是环境问题发展恶化阶段。在这一阶段，生产力的迅速发展、机器的广泛使用，大幅度提高劳动生产率，增强了人类利用和改造环境的能力，大规模地改变了环境的组成和结构，也改变了生态中的物质循环系统，扩大了人类活动领域。同时也带来了新的环境问题，大量废弃物污染环境，如 1873 年至 1892 年，伦敦多次发生有毒烟雾事件。另外大量矿物资源的开采利用，加大了"三废"的排放，造成环境问题的逐步恶化。

（3）环境问题的第一次爆发

进入 20 世纪，特别是第二次世界大战以后，科学技术、工业生产、交通运输都迅猛发展，尤其是石油工业的崛起，工业分布过分集中，城市人口过分密集，环境污染由局部逐步扩大到区域，由单一的大气污染扩大到气体、水体、土壤和食品等各方面的污染，有的已酿成震惊世界的公害事件。见表 1-1。

表 1-1　世界八大公害事件

序号	公害名称	国家	时间	事件及其危害概况
1	马斯河谷烟雾事件	比利时	1930 年 12 月	马斯河谷地带分布着三个钢铁厂、四个玻璃厂、三个炼锌厂和炼焦、硫酸、化肥等许多工厂。1930 年 12 月初，在两岸耸立 90m 高山的峡谷地区，出现了大气逆温层，浓雾覆盖河谷，工厂排出大气中的污染物被封闭在逆温层下，不易扩散，浓度急剧增加，造成大气污染事件。一周内几千人受害发病，60 人死亡，为平时同期死亡人数的 10.5 倍，也有大量家畜死亡。发病症状流泪、喉痛、胸痛、咳嗽、呼吸困难等。推断当时大气二氧化硫浓度为 25～100mg/m³
2	多诺拉烟雾事件	美国	1948 年 10 月	多诺拉镇是一个两岸耸立着 100m 高山的马蹄形河谷，盆地中有大型炼钢厂、硫酸厂和炼锌厂。1948 年 10 月，该镇发生轰动一时的空气污染事件，这个小镇当时只有 14000 人，4 天内就有 5900 人因空气污染而患病，20 人死亡
3	伦敦烟雾事件	英国	1952 年 12 月	伦敦位于泰晤士河开阔河谷中，1952 年 12 月 5～9 日，几乎在英国全境有大雾和逆温层。伦敦上空因受冷高压影响，出现无风状态和 60～150m 低空逆温层，使从家庭和工厂排出的燃煤烟尘被封盖滞留在低空逆温层中，导致 4000 人死亡
4	洛杉矶光化学烟雾事件	美国	1955 年	洛杉矶市有 350 多万辆汽车，每天有超过 1000t 烃类、30t 氮氧化合物和 4200t 一氧化碳排入大气中，经太阳光能作用，发生光化学反应，生成一种浅蓝色光化学烟雾，在 1955 年一次事件中，仅 65 岁以上老人就死亡 400 人
5	水俣事件	日本	1953～1979 年	熊本县俣湾地区自 1953 年以来，病人开始面部呆痴、全身麻木、口齿不清、步态不稳，进而耳聋失聪，最后精神失常、全身弯曲、高叫而死。还出现"自杀猫"、"自杀狗"等怪现象。截至 1979 年 1 月受害人数达 1004 人，死亡 206 人。到 1959 年才揭开谜底，是某工厂排出的含汞废水污染了水俣海域，鱼贝类富集了水中的甲基汞，人或动物吃鱼贝后，引起中毒或死亡

序号	公害名称	国家	时间	事件及其危害概况
6	富山事件	日本	1955～1965年	1955年后，在日本富山通川两岸发现一种怪病，发病者开始手、脚、腰等全身关节疼痛。几年后，骨骼变形易折，周身骨骼疼痛，最后病人饮食不进，在疼痛中死去或自杀。到1965年底，近100人因"骨痛病"死亡。到1961年才查明是由于当地铝厂排放含镉废水，人吃了受镉污染的大米或饮用含镉的水而造成
7	四日市事件	日本	1955～1972年	四日市是一个以"石油联合企业"为主的城市。1955年以来，工厂每年排到大气中的粉尘和SO_2总量达13万吨，使这个城市终年烟雾弥漫。居民支气管炎、支气管哮喘、肺气肿及肺癌等呼吸道疾病，称为"四日气喘病"。截至1972年，日本全国患这种病者高达6376人
8	米糠油事件	日本	1968年	九州发现一种怪病，病人开始眼皮肿、手掌出汗、全身起红疙瘩，严重时恶心呕吐、肝功能降低，慢慢地全身肌肉疼痛、咳嗽不止，有的引起急性肝炎或医治无效而死。1968年7～8月患者达5000人，死亡16人。这是由于一家工厂在生产米糠油的工艺过程中，使载热体多氯联苯混入油中，造成食油者中毒或死亡

由于这些环境污染直接威胁着人们的生命和安全，成为重大的社会问题，激起广大人民的强烈不满，也影响了经济的顺利发展。例如美国1970年4月22日爆发了2000万人大游行，提出不能走"先污染、后治理"的路子，必须实行预防为主的综合防治办法。这次游行也是1972年斯德哥尔摩人类环境会议召开的背景，会议通过的《人类环境宣言》唤起了全世界对环境问题的注意。工业发达国家把环境问题摆上了国家议事日程，通过制定相关法律，建立相关机构，加强管理，采用新技术，使环境污染得到了有效控制。

（4）环境问题的第二次高潮

20世纪80年代以后环境污染日趋严重和大范围生态破坏，是社会环境问题的第二次高潮。人们共同关心的影响范围大和危害严重的环境问题有三类：一是全球性的大气污染，如温室效应、臭氧层破坏和酸雨；二是大面积生态破坏，如大面积森林毁坏、草场退化、土壤侵蚀和沙漠化；三是突发性的严重污染事件频繁。参见表1-2。

表1-2 部分突发性严重污染事件

事件名称	发生地点	时间	影响情况
三里岛核电站泄漏事件	美国三里岛	1979年3月28日	三里岛核电站严重失火事故使周围50英里（1英里=1.6093公里）以内约200万人处于不安中，停工、停课，纷纷撤离，直接损失10多亿美元
博帕尔农药泄漏事件	印度博帕尔市	1984年12月3日	博帕尔市美国联合碳化公司农药厂发生异氰酸甲酯罐爆裂外泄，进入大气约45万吨，受害面积达40平方公里，受害人10万～20万，死亡6000多人
切尔诺贝利核电站泄漏事件	乌克兰基辅	1986年4月26日	切尔诺贝利核电站4号反应堆爆炸，引起大火，放射性物质大量扩散。周围13万居民被疏散，300多人受严重辐射，死亡31人，经济损失35亿美元
上海甲肝事件	中国上海市	1988年1月	上海市部分居民食用被污染的毛蚶而中毒，然后迅速传染蔓延，有29万人患甲肝
洛东江水源污染事件	韩国洛东江畔	1991年3月	洛东江畔的大丘、釜山等城镇斗山电子公司擅自将325t含酚废料倾倒于江中。自1980年起已倾倒含酚废料4000多吨，洛东江已有13条支流变成了"死川"，1000多万居民受到危害

事件名称	发生地点	时间	影响情况
海湾石油污染事件	海湾地区	1991年1月17日～2月28日	历时6周的海湾战争使科威特境内900多口油井被焚或损坏；伊拉克、科威特沿海两处输油设施被破坏，约15亿升原油漂流；伊拉克境内大批炼油和储油设备、军火弹药库、制造化学武器和核武器的工厂起火爆炸，有毒有害气体排入大气中，随风漂移，危害其他国家，如伊朗已连降几次"黑雨"。海湾战争是有史以来使环境污染和生态破坏最严重的一次战争
沅江死鱼事故	中国湖南沅江140km水域和武水20km水域	1991年5月	在跨越一州一地五县的水域里，持续40多天，死鱼达50×10^4kg，大面积水域严重污染。原因是湘西自治州三个化工厂长期超标排放黄磷废水，沉积在底泥，不断积累，在暴雨冲击下底泥翻腾，单质磷胶体泛起所造成
开封市饮用水污染	中国河南开封市	1993年4月	一次大暴雨后发现饮用水异味、苦涩、辛辣感。一连数日开封市几十万人受害，出现恶心、拉肚子现象。多家有机化工厂、阻燃剂厂、黏合剂厂、农药厂等废水排入饮用水明渠内，水样中检出氰化物、六价铬等
化学品仓库爆炸	中国深圳清水河	1993年8月	该仓库未经环保部门审批储存了49种总量达2800多吨的化学品，大多属易燃易爆或有毒有害物质。因氧化剂和还原剂直接接触引起爆炸，黑色蘑菇云冲天而起，夹带污染物飘向四周。这次爆炸造成15人死亡，大火持续16h，摧毁库房7座，爆炸中心有两个深达9m、直径20m的大坑
倾倒核废料	日本海	1995年10月	俄罗斯海军舰只向日本海倾倒约900m³的低度放射性废料，受到日本、朝鲜、韩国等周边国家的谴责和国际社会的严重关注
石油泄漏	俄罗斯科来共和国	1994年10月	在科来共和国发生一起历史上最严重的石油泄漏事件，流失石油覆盖面积达68km²
化学品仓库爆炸	中国天津港	2015年8月	2015年8月12日晚23时30分左右，天津港集装箱码头发生第一次爆炸，30分钟后发生第二次爆炸，发生爆炸的是集装箱内危险化学品。截至2015年9月13日，事故中抢险救援牺牲110人，另有55人遇难，尚有8人失联。累计出院582人，尚有216人住院治疗。周边万余辆汽车被烧，几千间房屋被损。仓库储存氰化钠、硝酸钾、硝酸铵、电石、甲基磺酸、油漆、火柴等4大类几十种易燃易爆化学品

（5）近年来中国重大环境污染事件

① 松花江重大水污染事件　2005年11月13日，中石油吉林石化公司双苯厂苯胺车间发生爆炸事故。事故产生的约100t苯、苯胺和硝基苯等有机污染物流入松花江。由于苯类污染物是对人体健康有危害的有机物，因而导致松花江发生重大水污染事件。

② 河北白洋淀死鱼事件　2006年2月和3月，素有"华北明珠"美誉的华北地区最大淡水湖泊白洋淀，接连出现大面积死鱼。调查结果显示，死鱼事件的主因是水体污染较重，水中溶解氧过低，最终造成鱼类窒息而亡。据统计，河北任丘市所属9.6万亩（15亩=1公顷）水域受到污染，水色发黑，有臭味，网箱中养殖鱼类全部死亡，淀中漂浮着大量死亡的野生鱼类，部分水草发黑枯死。

③ 太湖水污染事件　2007年5月江苏省无锡市城区的大批市民家中自来水水质突然发生变化，并伴有难闻的气味，无法正常饮用。无锡市民饮用水水源是太湖。有研究显示，无锡水污染事件主要是由于水源地附近蓝藻大量堆积，厌氧分解过程中产生了大量的NH_3、硫醇、硫醚以及硫化氢等异味物质。

④ 巢湖、滇池蓝藻暴发　2007年6月，巢湖、滇池不同程度地出现蓝藻。安徽巢湖

西半湖出现了区域在 5 平方公里左右的大面积蓝藻，随着持续高温，巢湖东半湖也出现蓝藻。滇池也因连日天气闷热，蓝藻大量繁殖。在昆明滇池海埂一线的岸边，湖水如绿油漆一般，并伴随着阵阵腥臭。太湖、巢湖、滇池蓝藻的连续爆发，为"三湖"流域水污染综合治理敲响了警钟。

⑤ 云南阳宗海砷污染事件　2008 年 6 月，环保部门发现阳宗海水体中砷含量出现异常后，立即展开调查。发现阳宗海水质砷含量超过饮用水标准 0.1 倍，立即要求停止以阳宗海作为饮用水水源。

⑥ 湖南浏阳镉污染事件　2009 年 7 月，湖南省浏阳市镇头镇双桥村通过招商引资引进长沙湘和化工厂，次年 4 月，该厂未经审批建设了 1 条炼铟生产线，并长期排放工业废物，造成周边大面积的镉污染。

⑦ 福建紫金矿业溃坝事件　2010 年 7 月 3 日和 7 月 16 日，福建紫金矿业某湿法厂先后两次发生铜酸性溶液渗漏，造成汀江重大水污染事故，直接经济损失达 3187.71 万元。事故原因是尾矿库排水井在施工过程中被擅自抬高进水口标高、企业对尾矿库运行管理安全责任不落实。

⑧ 大连新港原油泄漏事件　2010 年 7 月 16 日下午，大连新港一艘利比里亚籍 30 万吨级的油轮在卸油附加添加剂时，作业导致陆地输油管线发生爆炸，并引起旁边 5 个同样为 10 万立方米的油罐泄漏。直至 7 月 22 日，泄漏才被基本堵死。此次事故至少污染了附近 50 平方公里的海域，影响范围达 100 平方公里。

⑨ 云南曲靖铬渣污染　2011 年 8 月，云南曲靖有人发现 5000 吨铬渣被倒入水库，事后将受污染水排入珠江源头南盘江。记者赶赴曲靖，就此事进行调查核实。随后倾倒和无防护堆放铬渣的真相引发各大新闻媒体的专题报道。

⑩ 广西龙江镉污染事件　2012 年 1 月 15 日，广西龙江河拉浪水电站网箱养鱼出现少量死鱼现象，被网络曝光。龙江河宜州市拉浪乡码头前 200m 水质重金属超标 80 倍。时间正值农历春节，龙江河段检测出重金属镉含量超标，使得沿岸及下游居民饮水安全遭到严重威胁。当地政府积极展开治污工作，以求尽量减少对人民群众生活的影响。

⑪ 盐城响水化工厂特大爆炸事件　2019 年 3 月 21 日，江苏省盐城市响水县陈家港化工园区内，江苏天嘉宜化工有限公司发生爆炸，此次发生爆炸的是该厂内一处生产装置，爆炸物质为苯。苯系物挥发性很强，具有急性毒性、慢性毒性和致癌性。爆炸发生后，一度当地空气中二氧化硫、氮氧化物浓度分别超标 57 倍和 348 倍。水体污染方面，新丰河闸内断面二氯乙烷和二氯甲烷超标 2.8 倍和 8.4 倍。

从以上典型污染事件可以看出，目前环境问题的影响范围逐步扩大，不仅是对某个国家、某个地区，而且是对人类赖以生存的整个地球环境造成危害。环境污染不但明显损害人类健康，而且全球性的环境污染和生态破坏，阻碍着经济的持续发展。就污染源而言，以前较易通过污染源调查弄清产生环境问题的来龙去脉，但现在污染源和破坏源众多，不但分布广，且来源复杂：既来自人类经济生产活动，也来自日常生活活动；既来自发达国家，也来自发展中国家。突发性事件的污染范围大，危害严重，经济损失巨大。

2. 当前全球性主要的环境问题

在 20 世纪 80 年代初，全球气候变暖、臭氧层耗竭及酸雨等环境问题已初露端倪，进入 20 世纪 90 年代后，土地荒漠化、海洋污染、物种灭绝等问题更是突破了国界，成为影响全人类生存的重大问题。

（1）全球气候变暖

据德国马普学会气象研究所和气候研究中心1995年发表的一项研究报告称：自1980年以来全球气温平均升高了0.7℃；工业革命以来，大气中的CO_2的浓度提高了25%；通过计算机模拟计算，**全球气候变暖**的成因由人类行为等外界因素产生的可能性大于95%，其中CO_2排放增加是其主要成因之一。气候变暖的后果是南北极的气温上升，使部分冰山融化，海水受热膨胀，导致海平面上升。1880年以来的100年，海平面上升了8cm。气温的升高还将对农业和生态系统带来严重的影响。见图1-1。

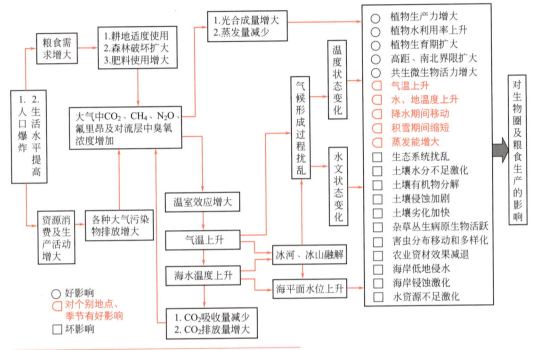

图1-1　大气组成和人为的气候变化对生物圈和人类生产的影响

（2）大气平流层中臭氧耗竭

臭氧相对集中的臭氧层距地面大约25km。它能把太阳光中的大部分有害的紫外线吸收掉，是地球上所有生命的"保护伞"。20世纪70年代英国科学家首先发现，在地球南极上空的大气层中，臭氧的含量逐渐减少，每年9～10月减少更为明显，科学家称之为臭氧洞。1989年科学家考察研究发现，北极上空的臭氧层也已遭到严重破坏。1991～1992年，来自世界各地的100多位科学家在瑞典埃斯兰基使用了39个载重500kg的气球、800个臭氧探测器和100架飞机监测北极平流层的臭氧变化。试验结果显示，欧洲臭氧层减少了15%～20%，局部出现了**臭氧空洞**。据新华社报道，美国宇航局利用地球观测卫星上的"全臭氧测图分光计"测定，2000年9月3日在南极上空臭氧层空洞面积已达2830万平方公里，相当于美国领土面积的三倍，而1998年9月19日测得臭氧空洞面积为2720万平方公里。因此，用"天破了"来形容臭氧层的破坏并不过分，这意味着有更多的紫外线射到地面。造成臭氧层破坏的罪魁祸首是氟利昂，此外甲烷、四氯化碳、三氯甲烷等也会破坏臭氧层。

（3）酸雨和空气污染

酸雨是目前世界上最严重的环境问题之一，SO_2 和 NO_x 是形成酸雨的主要物质。酸雨的危害主要是破坏森林生态系统、改变土壤性质和结构、破坏水体生态系统、腐蚀建筑物和损害人体的呼吸系统和皮肤。如欧洲 15 个国家中有 700 万公顷森林受到酸雨的影响；我国受酸雨危害的土地面积已达国土面积的 29%。广东、广西、四川、贵州等地已是十雨九酸，成为世界第三大酸雨区，每年直接经济损失在 140 亿元以上。此外，华东地区的青岛、南京，北方的天津、沈阳也是受到酸雨危害严重的地区，由南至北，酸雨灾区呈扩大之势。

现在全世界每年排入大气中的硫化物和氮氧化物高达 3000 万吨，有些烟雾经过高烟囱排放，在大气环流的作用下漂洋过海，大约几千千米之外，因此酸雨被称为"跨国界的恶魔"。

（4）土壤遭到破坏，荒漠化程度加剧

据联合国环境规划署的资料表明，1975 年至 2000 年，全球有 3 亿公顷耕地被侵蚀，另有 3 亿公顷被压在新城镇的公路之下。全世界三分之二的土地即 20 亿公顷土地不同程度地受到荒漠化的影响，约有 8.5 亿人口生活在不毛之地和贫瘠的土地上，导致许多国家粮食供应紧张、不能自给。南亚 20% 的人口严重发育不良，北非有 2000 万人、非洲南部撒哈拉地区 15000 万人营养不良。世界各国通过开垦荒地扩大耕地面积提高粮食产量会带来水土流失、生态破坏的危险，同时化肥、农药的使用又会加大对水体、土壤的污染。

我国是世界上受荒漠化危害和影响最严重的国家之一，现有沙化土地 168.9 万平方公里，占国土面积的 17.6%。每年因荒漠化造成的直接经济损失高达 540 亿人民币。目前荒漠化土地面积有扩大之势，而且由于人为破坏，原来的滩地、沼泽、湖盆、固定沙丘等成为流沙地，造成沙尘量加大，严重影响了我国生态环境建设和社会经济发展。1993～1995 年连续三年沙尘暴袭击宁夏地区，人畜死伤，房屋倒塌，庄稼被毁，直接经济损失上亿元。1996 年 5 月 30 日敦煌地区沙尘暴达 7 小时 40 分钟，最大风力 10 级。2000 年 12 月 31 日至 3 月 21 日我国部分地区受到沙尘暴严重影响达 5 次，范围广及山西、内蒙古、河北、山西、北京、天津、河南、山东等地。所有这些与森林资源的减少、生态的破坏是分不开的。

（5）海洋污染和海洋的过度开发

全世界 60% 的人口挤在离大海不到 100 公里的地方，沿海地区受到了巨大的人口压力，使非常脆弱的海洋生态失去平衡。由于人类不断向大海排放污染物，大量建设海上旅游设施……近年来发生在近海海域的污染事件不断增多，全世界 1/3 的沿海地区遭到了破坏。另外，过度捕捞造成海洋渔业资源正以令人可怕的速度减少，造成海洋生态系统严重破坏。

渤海是一个内海，面积达 7.8 万平方公里。它只有旅顺口到长岛之间一个水口，其水体交换能力较弱。近年来，渤海每年接纳各种污水约 32 亿吨，其中石油类 $2.12\times10^4 t$，氨氮类 $1.19\times10^4 t$。在环渤海部分海域多次发生"赤潮"，造成大面积海洋生物死亡。1999 年 7 月 13 日～21 日，辽东湾发生夜光藻"赤潮"，面积达 6300 平方公里，持续 9天。在不足 100 平方公里的锦州湾，众多的冶金、石油、化工、造船等大中型企业每年排放污水 3000 多万吨，十几万吨的矿物废渣以每年 10m 的速度向海洋"进军"，大量有毒物质进入海洋。渤海作为内海，约需 40～60 年才能完成一次完整的水体交换，因此，若不采取强有力的大区域综合治理措施，渤海将会变成一个可怕的死海。

（6）生物多样性锐减

物种灭绝是自然现象，在过去的两亿年中，每27年才有一种植物从地球上消失，每世纪90多种脊椎动物灭绝，由于城市化、农业发展、森林减少和环境污染，自然生态区域变得越来越小了，这就导致了数以千计的物种绝迹，**生物多样性**正以前所未有的速度减少。

（7）森林面积减少

最近几十年来，热带地区国家森林面积减少的情况十分严重。森林资源的减少和其他环境因素恶化，使生物多样性产生了危机。目前全球濒临灭绝的动物有1000多种、植物约25000种。据估计，一片森林面积减少10%，即可使继续存在于其中的生物品种下降50%。因此物种的消亡，破坏了生态平衡，对人类发展是难以挽回、无法估计的损失，因为生物多样性包括数以万计的动物、植物、微生物和其拥有的基因，是人类赖以生存和发展的各种生命资源的总汇，是宝贵的自然财富。森林减少的后果是二氧化碳的增加，洪水肆虐、沙尘暴也都与森林面积减少有直接关系。

（8）有害废物的越境转移

工业给人类的文明曾令多少人陶醉，但同时带来的数百万化合物存在于空气、土壤、水、植物、动物和人体中，即使作为地球上最后的大型天然生态系统的冰盖也受到了污染。那些有机化合物、重金属、有毒产品都集中存在于整个食物链中，并最终将威胁到人类的健康，引起癌症，导致土壤肥力减弱。有毒有害废弃物使自然环境不断退化，土壤和水域不断被污染，垃圾处置填埋场越来越少，居民抗议声越来越大。发达国家开始以公开或伪装的方式向发展中国家转移危险废弃物，有害物的转移，造成全球环境的更广泛污染。

（9）淡水受到威胁

获取淡水和使用清洁的淡水是当今最需要引起重视的环境问题之一。1950年仅有20个国家的两千万人面临缺水问题，而1990年则有26个国家的3亿人受到淡水短缺的困扰。目前，世界上有43个国家和地区严重缺水，占全球陆地面积的60%，80多个国家处于水危机状态，约有20亿人生活用水紧张，10亿人得不到良好的饮用水。全世界每年约有超过4200亿立方米的污水排入江河湖海，污染5500亿立方米的淡水，约占全球径流量14%以上，因此水体污染是造成水资源危机的重要原因之一。人口急增、工农业生产将导致用水量持续增长而水资源严重短缺，这将成为许多国家经济发展的障碍。据预测，至2050年，将有24亿人口面临缺乏饮用水的问题。有资料表明，作为人类生命之源的水将成为人类未来争夺的焦点，谁拥有控制、储存并开发水资源的技术，就如掌握世界石油资源一样，将在人类未来发展过程中发挥举足轻重的作用。

（10）城市扩大化

随着城市数量的迅速增加，城市发展规模也越来越大，人口密集、工厂林立、交通频繁等造成城市严重的环境污染和生态破坏。随着超级城市数目的增加，随之产生的城市垃圾、大气污染、地下水减少、气候变化、噪声污染等等一系列环境问题会更加严重。

3．中国解决环境问题的途径

据2020年中国环境状况公报，全国337个地级及以上城市，202个城市环境空气质量达标，占全部城市数的59.9%，比2019年上升13.3%；135个城市环境空气质量超标，占 40.1%，比 2019 年下降 13.3%。若不扣除沙尘影响，337 个城市环境空气质量达标城市比例为 56.7%，超标城市比例为 43.3%。全国酸雨区面积约 46.6 万平方千米，占国土面积的 4.8%，比 2019 年下降 0.2%，其中较重酸雨区面积占国土面积的 0.4%。酸雨主要分布在长江以南 - 云贵高原以东地区，主要包括浙江、上海的大部分地区、福建北部、江西中部、湖南中东部、广东中部、广西南部和重庆南部。

全国 1937 个水质断面开展了地表水监测，Ⅰ～Ⅲ类水质断面（点位）占 83.4%，比 2019 年上升 8.5%；劣 V 类占 0.6%，比 2019 年下降 2.8%。主要污染指标为化学需氧量、总磷和高锰酸钾盐指数。10171 个地下水水质监测点中，Ⅰ～Ⅲ类水质监测点 13.6%，Ⅳ类占 68.8%，Ⅴ类占 17.6%。902 个地级及以上城市在用集中式生活饮用水水源断面中，852 个全年均达标，占 94.5%。

冬季、春季、夏季和秋季，监测的 193 个入海河流水质断面中，无Ⅰ类水质断面，Ⅱ类占 22.3%，Ⅲ类占 45.6%，Ⅳ类占 24.9%，Ⅴ类占 6.7%，劣 V 类占 0.5%。主要超标指标为化学需氧量、高锰酸盐指数、五日生化需氧量、总磷和氨氮。

全国农用地土壤环境状况总体稳定，截至 2019 年底，全国耕地质量平均等级为 4.76 等。2019 年，全国水土流失面积 271.08 万平方千米，与 2018 年相比，减少 2.61 万平方千米。其中，水力侵蚀面积 113.47 万平方千米，风力侵蚀面积 157.61 万平方千米。按侵蚀强度分，轻度、中度、强烈、极强烈和剧烈侵蚀面积分别占全国水土流失总面积的 62.92%、17.10%、7.55%、5.89% 和 6.54%。

324 个进行昼间区域声环境监测的地级以上城市平均等效声级为 54.0 分贝；324 个进行昼间道路交通噪声环境监测的地级以上城市平均等效声级为 66.6 分贝；311 个开展功能区声环境监测的地级以上城市各类功能区昼间监测点次达标率平均为 94.6%，夜间监测点次达标率平均为 80.1%。

全国环境电离辐射水平处于本底涨落范围内，环境电磁辐射水平低于国家规定的相应限值。

全国具有地球陆地生态系统的各种类型，其中森林 212 类、竹林 36 类、灌丛 113 类、草甸 77 类、草原 55 类、荒漠 52 类、自然湿地 30 类。全国森林覆盖率为 23.04%，草原综合植被盖度为 56.1%。我国已建立国家级自然保护区 474 处，总面积约 98.34 万平方千米；国家级风景名胜区 244 处，总面积约 10.66 万平方千米；国家地质公园 281 处，总面积约 4.63 万平方千米。国家海洋公园 67 处，总面积约 0.737 万平方千米。

综上所述，中国的环境污染依然处于较高水平，生活污染的比重在不断增加，农业污染问题日渐突出，生态恶化的趋势还没有得到有效控制，一些地区的环境污染和生态破坏非常严重，环境形势依然严峻。环境保护与经济发展是对立统一体，两者密不可分，既要发展经济满足人类日益增长的基本需要，又不要超出环境的容许极限，使经济能够持续发展，提高人类的生活质量。对我国而言要协调好这二者关系，必须有效地控制人口增长，加强教育，提高人口素质，增强环境保护意识，强化环境管理，依靠强大的经济实力和科技的进步。这是我国解决环境问题实现可持续发展的根本途径和关键所在。

人口增加就需要增加消耗，增加活动和居住场所，从而对环境特别是生态环境造成巨大压力，甚至引起破坏。控制人口增长就是从源头上抑制资源消耗的猛烈上升、各种废物的大量增加。与此同时，要加强教育，普遍提高群众的环境意识，树立节约和合理利用自然资源意识，促使人们在进行任何一种社会活动或生产活动或科技活动与发明创造时，要摆正人类在自然界中的位置，考虑到是否会对环境造成危害；能否采取相应的措施，使对环境的危害降到最低限度。总之要自觉维护生态平衡，使经济建设与资源、环境相协调，实现良好循环。

其次，解决环境问题必须有相当的经济实力，即需要付出巨大的财力和物力，并且需要经过长期的努力。有限的环保投资，对于环境污染和生态破坏的欠账十分巨大的中国来说，远不能达到有效控制污染和生态环境破坏的目的。因此更有必要借助科技的进步解决环境问题。

科技进步与发展，虽然会产生各种环境问题，但也必须靠科技进步来解决这些环境问题。例如燃煤带来一系列环境污染，需要科技进步来改善和提高燃煤设备的性能和效率，寻找洁净能源或氟氯烃的替代物，从根本上清除污染源或降低污染源的危害程度。要以较低的或有限的环保投资获得较佳的环保效益，借助科技进步是解决环境问题的必由之路。

三、环境科学

人类在与环境问题作斗争的过程中，对环境问题的认识逐步深入，积累了丰富的经验和知识，促进了各学科对环境问题的研究。经过 20 世纪 60 年代的酝酿，到 70 年代初，才从零星、不系统的环境保护和科研工作汇集成一门独立的、应用广泛的新兴学科——环境科学。

1. 环境科学的基本任务

环境科学是以"人类 - 环境"这对矛盾为对象，研究其对立统一关系的发生与发展、调节与控制以及利用与改造的科学。由人类与环境组成的对立统一体，称之为"人类 - 环境"系统，就是以人类为主体的生态系统。

环境科学在宏观上是研究人类与环境之间相互作用、相互促进、相互制约的对立统一关系，坚持社会经济发展和环境保护协调发展的基本规律，调控人类与环境间的物质流、能量流的运行、转换过程，维护生态平衡。在微观上研究环境中的物质尤其是污染物在有机体内迁移、转化和蓄积的过程及其运动规律，探索它对生命的影响及作用的机理等。其最终达到的目的：一是可更新资源得以永续利用，不可更新的自然资源将以最佳的方式节约利用；二是使环境质量保持在人类生存、发展所必需的水平上，并趋向逐渐改善。

环境科学的基本任务如下：

① 探索全球范围内自然环境演化的规律；
② 探索全球范围内人与环境相互依存关系；
③ 协调人类的生产、消费活动同生态要求的关系；
④ 探索区域环境污染综合防治的技术与管理措施。

2. 环境科学的内容及分支

环境科学是综合性的新兴学科，已逐步形成多种学科相互交叉渗透的庞大的学科体系。按其性质和作用分为基础环境学、环境学及应用环境学三部分。

① **基础环境学**包括环境数学、环境物理学、环境化学、环境地学、环境生物学、污染物毒理学；

② **环境学**包括大气环境学、水体环境学、土壤环境学、城市环境学、区域环境学；

③ **应用环境学**包括环境工程学、环境管理学、环境规划、环境监测、环境经济学、环境法学、环境行为学、环境质量评价。

归纳起来，环境科学包括：人类与环境的关系；污染物在环境中的迁移、转化、循环和积累的过程与规律；环境污染的危害；环境状况的调查、评价和环境预测；环境污染的控制与防治；自然资源的保护与合理利用；环境监测、分析技术与环境预报；环境区域规划与环境规划。

环境科学研究的核心问题是环境质量的变化和发展。通过研究人类活动影响下环境质量的发展变化规律及其对人类的反作用，提出调控环境质量的变化和改善环境质量的有效措施。

第二节
了解人类与环境的关系

一、人类与环境的关系

自然环境和生活环境是人类生存的必要条件，其组成和质量好坏与人体健康的关系极为密切。

人类和环境都是由物质组成的。物质的基本单元是化学元素，它是把人体和环境联系起来的基础。地球化学家们分析发现，人类血液和地壳岩石中化学元素的含量具有相关性，有 60 多种化学元素在血液中和地壳中的平均含量非常近似。这种人体化学元素与环境化学元素高度统一的现象表明了人与环境的统一关系。

人与环境之间的辩证统一关系，表现在机体的新陈代谢上，即机体与环境不断进行物质交换和能量传递，使机体与周围环境之间保持着动态平衡。机体从空气、水、食物等环境中摄取生命必需的物质，如蛋白质、脂肪、糖、无机盐、维生素、氧气等，通过一系列复杂的同化过程合成细胞和组织的各种成分，并释放出热量保障生命活动的需要。机体通过异化过程进行分解代谢，经各种途径如汗、尿、粪便等排泄到外部环境（如空气、水和土壤等）中，被生态系统的其他生物作为营养成分吸收利用，并通过食物链作用逐级传递给更高级的生物，形成了生态系统中的物质循环、能量流动和信息传递。一旦机体内的某些微量元素含量偏高或偏低，就打破了人类机体与自然环境的动态平衡，人体就会生病。例如脾虚患者血液中铜含量显著升高；肾虚患者血液中铁含量显著降低；氟含量过少会发生龋齿病，过多又会发生氟斑牙。

环境如果遭受污染，导致某些化学元素和物质增多，如汞、镉等重金属和难降解的有机污染物污染的空气和水体，继而污染土壤和生物，再通过食物链和食物网进入人体，在肌体内积累到一定剂量时，就会对人体造成危害。为此，保护环境，防止有害、有毒等化学元素进入人体，是预防疾病、保障人体健康的关键。

良好生态环境是最普惠的民生福祉的基本民生观。环境就是民生，青山就是美丽，蓝天也是幸福。随着我国社会生产力水平明显提高和人民生活显著改善，人民群众期盼享有更优美的环境。必须坚持以人民为中心的发展思想，坚持生态惠民、生态利民、生态为民，着力解决损害群众健康的突出环境问题，还老百姓蓝天白云、繁星闪烁，清水绿岸、鱼翔浅底，鸟语花香、田园风光。

人类在漫长的历史长河中，通过对自然环境的改造以及自然环境对人的反作用，形成了一种相互制约、相互作用的统一关系，使人与环境成为不可分割的对立统一体。

二、环境污染对人体的危害

人类活动排放各种污染，使环境质量下降或恶化。污染物可以通过各种媒介侵入人体，使人体的各种器官组织功能失调，引发各种疾病，严重时导致死亡，这种状况称为"环境污染疾病"。

环境污染对人体健康的危害是极其复杂的过程，其影响具有广泛性、长期性和潜伏性等特点，具有致癌、致畸、致突变等作用，有的污染物潜伏期达十几年，甚至影响到子孙后代。

环境污染对人体的危害，按时间分为急性危害、慢性危害和亚急性危害。在短时间内（或者一次性的）有害物大量侵入人体内引起的中毒为急性中毒，如20世纪30～70年代世界几次大的烟雾污染事件，都属于环境污染的急性危害。其中1952年伦敦烟雾事件死者多属于急性闭塞性换气不良，造成急性缺氧或引起心脏病恶化而死亡。少量的有害物质经过长期的侵入人体所引起的中毒，称为慢性中毒。这种慢性毒作用既是环境污染物本身在体内逐渐积累的结果，又是污染引起机体损害逐渐积累的结果。如镉污染引起的骨痛病，氟污染导致氟斑牙、氟骨病等。介于急性中毒和慢性中毒之间的称为亚急性中毒。

污染物在人体内的过程包括毒物的侵入和吸收、分布和积蓄、生物转化及排泄。其对人体的危害性质和危害程度主要取决于污染物的剂量、作用时间、多种因素的联合作用、个体的敏感性等因素。主要应从以下几方面探讨污染物与疾病症状之间的相互关系：污染物对人体有无致癌作用；对人体有无致畸变作用；有无缩短寿命的作用；有无降低人体各种生理功能的作用等。

有毒污染物一般可以通过呼吸道系统、消化系统，皮肤等途径侵入人体，因此加强预防，是保证人体不受污染危害的重要措施。表1-3列出室内的污染物及危害，提醒人们要避免它们对人体健康的影响。

表1-3　室内主要污染物及危害

污染物	来源	危害
石棉	防火材料、绝缘材料、乙烯基地板、水泥制品	致癌
生物悬浮颗粒	藏有病菌的暖气设备、通风和空调设备	流行性感冒产生过敏

污染物	来源	危害
一氧化碳	煤气灶、煤气取暖器、壁炉、吸烟	引起大脑和心脏缺氧，重者死亡
甲醛	家具黏合剂、海绵绝缘材料、墙面木镶板	引致皮肤敏感，刺激眼睛
挥发性有机物	室内装修材料、油漆、清漆、有机溶剂、炒菜油烟、空气清新剂、地毯、家具	多种刺激性或毒性 引起头疼，过敏，肝脏受损，甚至致癌
可吸入颗粒	吸烟、烤火、灰尘、烧柴	损伤呼吸道和肺
无机物颗粒、硝酸颗粒、硫酸颗粒、重金属颗粒	户外空气	损伤呼吸道和肺
砷	吸烟、杀虫剂、鼠药、化妆品	伤害皮肤、肠道和上呼吸道
镉	吸烟、杀真菌剂	伤害上呼吸道、骨骼、肺、肝、肾
铅	户外汽车尾气	毒害神经、骨骼和肠道
汞	杀真菌剂、化妆品	毒害大脑和肾脏
二氧化氮	户外汽车尾气、煤气灶	刺激眼和呼吸道，诱发气管炎，致癌
二氧化硫	家庭燃煤、户外空气	损伤呼吸系统
臭氧	复印机、静电空气清洁器、紫外灯	对眼睛和呼吸道有伤害
氡气	建筑材料、户外的土壤气体	诱发肺癌
杀虫剂	杀虫喷雾剂	致癌，损伤肝脏

注：表中的信息大部分来自美国 1995 年出版的《环境科学》（Environmental Science by Daniel Botkin & Edward keller）。

第三节
掌握化工与环境保护

一、化工与环境污染

　　化学工业是对环境中的各种资源进行化学处理和转化加工的生产部门，特点是产品多样化、原料路线多样化和生产方法多样化。其生产特点决定了化学工业是环境污染较为严重的行业。2020 年 11 月，我国有关部门公布了《国家危险废物名录（2021 年版）》，本次修订进一步明确了纳入危险废物环境管理的废弃危险化学品的范围、明确了废弃危险化学品纳入危险废物环境管理的要求。该名录共计列入 467 中危险废物，其中石油和化工行业的危险废物占比达 1/3 左右。化工生产的废物从化学组成上讲是多样化的，而且数量也相当大。这些废物含量在一定浓度时大多是有害的，有的还是剧毒物质，进入环境就会造成污染。有些化工产品在使用过程中又会引起一些污染，甚至比生产本身所造成的污染更为严重、更为广泛。

1. 化工污染的来源

化工污染物按其性质可分为无机化工污染和有机化工污染；按污染物的形态可分为废气、废水和废渣。其产生的原因和进入环境的途径是多种多样的，概括起来，污染物的来源分以下两个方面。

（1）化工生产的原料、半成品及产品

因转化率的限制，化工生产中的原料不可能全部转化为半成品或成品。未反应的原料，虽有部分可以回收利用，但最终有一部分回收不完全或不可能回收而排掉。如化学农药的主要原料利用率只有30%～40%，约60%～70%以"三废"形式排入环境。

化工原料有时本身纯度不够。所含杂质不参加化学反应，最后要排放掉；有的杂质也参与化学反应，故生成物也含杂质，对环境而言可能是有害的污染物。如氯碱工业电解食盐水只利用食盐中的氯化钠生产氯气、氢气和烧碱，其余原料中10%左右的杂质则排掉成为污染源。

由于生产设备、管道不严密，或者操作、管理水平跟不上，物料在生产过程以及贮存、运输中，会造成原料、产品的泄漏。

（2）化工生产过程的排放

① 燃烧过程　燃料燃烧可以为化工生产过程提供能量，以保证化工生产在一定的温度和压力下进行。但燃烧产生大量烟气和烟尘，对环境产生极大的危害。

② 冷却水　无论采用直接冷却还是采用间接冷却，都会有污染物质排出。另外升温后的废水对水中溶解氧产生极大影响，破坏水生生物和藻类种群的生存结构，导致水质下降。

③ 副反应　化工生产主反应的同时，往往伴随着一系列副反应和副产物。有的副产物虽经回收，但由于数量不大、成分复杂，也作为废料排弃，从而引起环境污染。

④ 生产事故　比较经常发生的是设备事故。由于化工生产的原料、成品、半成品很多具有腐蚀性，容器、管道等易损，如检修不及时，就易出现"跑、冒、滴、漏"等现象。偶然发生的事故是工艺过程事故。由于化工生产条件的特殊性，如反应条件控制不好，或催化剂没及时更换，或为了安全大量排气、排液等等，这些过程事故所排放的"废物"数量大、浓度高，会造成严重污染，甚至人身伤亡。

2. 化工污染的特点

化工生产排出的废物对水体和大气都会造成污染，尤其对水体的污染更为突出。化工废水分为生产废水和生产污水。较为清洁的不经处理即可排放或回收，如冷凝水。那些污染较为严重的必须经处理后方可排放。

（1）废水污染的特点

① 有毒性和刺激性　化工废水中有些含有如氰、酚、砷、汞、镉或铅等有毒或剧毒的物质，在一定的浓度下，对生物和微生物产生毒性影响。另外也含有无机酸、碱类等刺激性、腐蚀性物质。

② 有机物浓度高　特别是石油化工废水中各种有机酸、醇、醛、酮、醚和环氧化物等有机物的浓度较高，在水中会进一步氧化分解，消耗水中大量的溶解氧，直接影响水生生物的生存。

③ pH不稳定　化工排放的废水时而呈强酸性、时而呈强碱性的现象是常有的，对生物、构筑物及农作物都有极大的危害。

④ 富营养化物质较多　含磷、氮量过高的废水会造成水体富营养化，使水体中藻类

和微生物大量繁殖，严重时会造成"**赤潮**"，影响鱼类生长。

⑤ **恢复比较困难**　受到有害物质污染的水域要恢复到水域的原始状态是相当困难的。尤其是被生物所浓集的重金属物质，停止排放仍难以消除。

（2）废气污染的特点

① **易燃、易爆气体较多**　如低沸点的酮、醛，易聚合的不饱和烃等。大量易燃、易爆气体如不采取适当措施，容易引起火灾、爆炸事故，危害很大。

② **排放物大多都有刺激性或腐蚀性**　如二氧化硫、氮氧化物、氯气、氟化氢等气体都有刺激性或腐蚀性，尤以二氧化硫排放量最大。二氧化硫气体直接损害人体健康，腐蚀金属、建筑物和器物的表面，还易氧化成硫酸盐降落地面，污染土壤、森林、河流和湖泊。

③ **废气中浮游粒子种类多、危害大**　化工生产排出的浮游粒子包括粉尘、烟气和酸雾等，种类繁多，对环境的危害较大。特别当浮游粒子与有害气体同时存在时，能产生协同作用，对人的危害更为严重。

（3）废渣污染的特点

化学工业生产排出的废渣主要有硫铁矿烧渣、电石渣、碱渣、塑料废渣等，对环境的污染表现在以下方面。

① **直接污染土壤**　存放废渣占用场地，在风化作用下到处流散，即使土壤受到污染，又会导致农作物受到影响。土壤受到污染很难得到恢复，甚至变为不毛之地。

② **间接污染水域**　废渣通过人为投入、被风吹入、雨水带入等途径进入地面水或渗入地下而对水域产生污染，破坏水质。

③ **间接污染大气**　在一定温度下，由于水分的作用，会使废渣中某些有机物发生分解，产生有害气体扩散到大气中，造成大气污染。如重油渣及沥青块，在自然条件下产生的多环芳烃气体是致癌物质。

二、化工污染防治途径

要有效控制污染源，应从两方面考虑：一是减少排放；二是加强治理。治理包括对废物的资源化利用。

1. 建立清洁生产理念，采用少废无废工艺，加强企业管理

化工生产一种产品往往有多种原料路线和生产方法，不同的原料路线和生产方法产生的污染物的种类和数量有很大的差异。采用和开发无废少废工艺可将污染物最大限度地消除在工艺过程中。如制造乙醛时，用乙炔为原料，硫酸汞作催化剂，利用水合法，化学反应式如下。

$$CH \equiv CH + H_2O \xrightarrow{HgSO_4} CH_3-CHO$$

由于催化剂硫酸汞溶液每升中相当于含有硫酸 200g、汞 0.4～0.5g 和氧化铁 40g，此法易造成汞污染。改用乙烯为原料，利用直接氧化法，化学反应式如下。

$$CH_2 = CH_2 + \frac{1}{2}O_2 \longrightarrow CH_3-CHO$$

此反应不用汞作催化剂，从而避免了汞的污染。

在改变原料路线、生产方法的同时，改进生产设备也是实现清洁生产、控制污染源的重要途径。如化学物质的直接冷却改为间接冷却，可以减少污染物的排放量。另外，提高设备、管道的严密性，加强企业的管理，提高操作人员的素质，减少原料产品漏损，降低污染程度。

生产过程采用密闭循环系统是防治化工污染的发展方向。在生产过程中的废物通过一定的治理技术，重新回到生产系统中加以使用，避免污染物排入周围环境，同时提高原料的利用率、产品的产率。如日本发展了联合制碱工艺代替氨碱法工艺生产纯碱，基本不排放废液。这种密闭循环系统又称作"零排放"系统，既可降低原料的消耗定额，又减少污染物危害。

2．加强废物综合利用的资源化

要实现化工的可持续发展，必须走由"末端治污"向"清洁生产"转变的道路，加强废物的资源化利用。近年来在化肥、氯乙烯、炭黑等行业的污染治理中，开发推广了不少资源合理利用项目，说明化工行业"三废"综合利用有巨大潜力。促进化工行业综合利用向广度和深度发展的主要问题是：要尽快开发和完善净化分离废物的关键技术。

三、我国环境保护发展历程

我国环保事业正式开始是在20世纪70年代初。1972年，在周恩来总理指示下，我国组团40多人出席了在斯德哥尔摩召开的联合国人类环境会议。紧接着1973年中国召开了第一次环保会议（北京：8月5日~20日），这次会议使得中国江河、海湾污染、工业污染、农药污染、城市污染、生态资源破坏等大量严峻事实得以披露。随后几年国家治理了不少典型污染点、源。1978年，"国家保护环境和自然资源，防治污染和其他公害"被写入国家宪法，中国现代环保事业有了宪法基础。1979年9月13日《中华人民共和国环境保护法（试行）》公诸于世，它提供了中国环境法的基本框架，标志中国环境法成为独立的法律部门。1983年国务院第二次全国环保会议正式把环境保护列为我国基本国策之一。我国环保事业起点是从法制着手的，制订了多部法规，解决了不少问题，已经取得了明显成就。1992年里约环境与发展大会之后，可持续发展成为国际发展观的主流。1994年，我国制定了《中国21世纪议程》，将可持续发展确立为主导思想。21世纪的环保工作，随着党的十六大的召开，以科学发展观为导向，建设资源节约型环境友好型社会为目标，不断探索新的方式、新举措，环境保护工作又发生历史性转变。2003年中共十六届三种全会明确提出"以人为本"的四个协调发展的观点，即城乡之间的协调发展，地区之间的协调发展，经济和社会之间的协调发展，人与自然的协调发展。此后党的十七大报告中，提出将"建设生态文明"作为中国实现全面建设小康社会奋斗目标的新要求之一，并明确提出"必须把建设资源节约型、环境友好型社会放在工业化、现代化发展战略的突出位置，落实到每个单位、每个家庭"。

2012年11月8日，中国共产党第十八次全国代表大会召开，将生态文明建设纳入党的纲领，中国特色社会主义事业"五位一体"总体布局引人注目。100多天后，"大气十条"-《大气污染防治行动计划》出台。这是新中国成立以来系统治污的第一个行动计划，中国也成为全球第一个大规模开展PM2.5治理的发展中国家。随后，原环境保护部与31个省份签署大气污染防治目标责任书，各地立下保卫蓝天的"军令状"。2015年，"水十条"-

《水污染防治行动计划》出台。2016年，"土十条"-《土壤污染防治行动计划》出台。自此，气、水、土污染治理的立体作战图全面绘就。2018年6月，一份以党中央、国务院名义下发的关于全面加强生态环境保护坚决打好污染防治攻坚战的意见出炉，提出到2020年三场关键战役的作战目标：坚决打赢蓝天保卫战；着力打好碧水保卫战；扎实推进净土保卫战。截止2020年末，攻坚战实施成效显著，全面完成规定的13项目标指标，重点任务完成情况总体较好，有效地促进了环境经济协调发展，推动生态环境治理体制机制更加完善。2021年是"十四五"规划的开局之年，环保工作又面临新的形势和新的挑战。2021年11月，中共中央、国务院印发《关于深入打好污染防治攻坚战的意见》，即系统谋划"十四五"生态环境保护，编制实施2030年前碳排放达峰行动方案，继续开展污染防治行动，持续加强生态保护和修复，确保核与辐射安全，依法推进生态环境保护督察执法，有效防范化解生态环境风险，做好基础支撑保障工作。

四、化工行业环境保护面临的形势和任务

"十三五"期间，我国石油和化工行业坚持推进结构调整，转变发展方式，总体保持平稳较快发展，尤其在生态文明和促进绿色发展方面取得了较为显著的成绩。

一是**节能减排工作取得显著成效**。全国单位国内生产总值能耗降低18.4%，化学需氧量、二氧化硫、氨氮、氮氧化物等主要污染物排放总量分别减少12.9%、18%、13%和18.6%，超额完成节能减排预定目标任务，为经济结构调整、环境改善、应对全球气候变化做出了重要贡献。

二是**突出环境问题初步得到遏制**。电石法聚氯乙烯行业汞污染防治取得积极进展，低汞触媒达到大面积推广使用，汞使用量大幅度削减。铬盐清洁生产工艺达到80%以上，且全部完成了历史遗留铬渣的治理。磷石膏综合利用率达到30%以上，处于世界先进水平。石化行业挥发性有机物（VOCs）治理稳步推进。高盐废水加快治理并逐步向资源化利用迈进。

三是**绿色产品和清洁化技术加快推广**。高毒农药基本实现低毒替代，高效、安全、环境友好型农药新品种占70%以上；轮胎子午化率由87.2%提高到90.9%；油品质量加速向国Ⅴ升级。低碳燃烧、原料预加热、催化烟气脱硫脱硝技术，大幅度削减炼油行业二氧化硫、氮氧化物排放；先进煤气化技术推广应用，以及先进气体净化技术和大型低压合成技术的应用，改变了传统装置规模小、能耗高、污染重等难题。

四是**责任关怀理念逐步成为行业共识**。越来越多的大型石化企业和化工园区签署责任关怀承诺书，主动将健康、安全、环保作为企业的责任担当，并建立起职责明确的责任关怀工作体系。

按照绿色发展理念要求，石油和化工行业绿色可持续发展仍面临着严峻的形势。主要表现在：一是长期的粗放型发展，导致我国石化产业层次偏低，特别是资源消耗高、废物排放量大的低端产品比重过大，部分工艺装备落后，智能化水平较低，产能过剩严重；二是科技创新能力不强，从产品制造到环境治理缺乏高端技术、核心技术和关键技术，产业竞争力较弱；三是能源消耗较高，全行业能源消费总量5.5亿吨标煤，位居工业部门第二；合成氨、甲醇、乙烯等重点产品能效水平与国际先进水平普遍存在

10%～30%的差距。四是"三废"治理挑战严峻，全行业排放废水40.4亿吨，废气6万亿立方米，工业固体废物3.2亿吨，均位居工业部门前列；行业高浓度废水、VOCs、危险废物等特征污染物治理难度大；五是重大安全环保事件时有发生，严重影响了行业发展和社会稳定，也对行业形象造成了恶劣影响。

以节能环保、绿色低碳为主的贸易竞争新格局已经形成，发达国家限制高能耗、高排放、含有剧毒有害原料的产品进口等政策，对我国石油和化工行业的发展形成了"倒逼机制"。这就要求必须把绿色、低碳、循环发展作为提升行业竞争力、突破绿色壁垒的重要抓手。为此，石油和化工行业绿色发展行动计划提出了今后的十大任务。

1. 着力构建生态设计与评价体系

选择重点行业或产品，控制生态设计示范试点工作。按照全生命周期的理念，在产品设计开发阶段系统考虑原材料选用、生产、销售、使用、回收、处理等各个环节对资源 环境造成的影响，最大限度降低资源消耗，尽可能少用或不用含有有毒有害物质的原材料，减少污染物产生和排放，实现保护环境的目的。

2. 加快推进绿色环保产品发展

以减少苯、甲苯、二甲苯、二甲基酰胺等有毒有害溶剂和助剂的使用为重点，实施原料替代，鼓励企业使用无毒无害或低毒低害原料，大力发展清洁、高效的绿色环保产品。

3. 全面提高资源能源利用效率

要树立节约循环利用的资源观，推动资源利用方式根本改变，大幅度提高资源综合效益。大力推进节能、节水、节矿，努力降低资源能源消耗强度，促进企业降本增效，提升竞争力。

4. 扎实推进清洁生产技术改造

以污染物源头削减为目标，将高浓度难降解有机废水（VOCs）、持久性有机污染物（POPs）、重金属等特征污染物源头减排作为重点，对重点行业实施生产过程的清洁生产技术改造，从源头上减少"三废"产生量，减轻污染治理压力，降低污染物排放强度。

5. 加快废物资源化再生循环利用

按照减量化、再利用、资源化原则，实施资源回收和综合利用，加快建立循环型产业体系。一是以高值化、规模化、集约化利用为目标，推广处理量大、运行稳定、经济可行的综合利用技术，大力推进工业固体废物综合利用。二是以资源回收为重点，对资源型废气回收利用，生产化工产品，提高资源利用价值。三是以副产物资源化利用为重点，与相关产业相结合，对生产过程副产酸、碱、盐等进行资源化利用。

6. 实施污染源治理全面达标排放

深入贯彻落实大气、水、土壤污染防治行动计划，实施污染源全面达标排放计划，以化学需氧量、氨氮、二氧化硫、氮氧化物、挥发性有机物、危险废物等治理为重点，围绕重点行业"三废"治理困境，加快采用先进适用的污染治理技术，对重点污染物进行达标提标改造。

7. 切实保障化学品生产和储运安全

树立以人为本、安全发展的理念，优化产业布局，规范园区发展，提升本质安全，降低环境风险，建立化工生产安全环保发展保障机制，促进化学品安全、绿色、健康、平稳发展。

8. 提升科技创新支撑绿色发展能力

围绕重点行业的突出资源、能源和环境问题，大力开展高效节能、安全环保、资源循环利用等关键领域的科技创新，突破一批关键技术、组建一批创新平台，为行业转型升级和绿色发展提供科技支撑。

9. 推进化工园区绿色循环发展

化工园区要按照循环经济的减量化、再利用、资源化原则，优化空间布局，调整产业结构，突破循环经济关键链技术，合理延伸产业链，实现资源高效、循环利用和废物"零排放"，不断增强园区可持续发展能力。

10. 完善标准体系保障绿色发展水平

加强顶层设计，全面覆盖相关领域，系统考虑生命周期、生产过程和产业链条，立足资源能源节约和环境治理，突出对产品、工厂、企业和园区的水平评价，加强现有国家、行业、团体标准的协调融合，构建绿色石化产业标准体系。

"十四五"发展目标很关键，低碳转型是巨大的动力。政府统筹安排要强化节能减排，尽可能用最少的能源增长支持发展。"十四五"的节能减排要依赖能源结构的调整，新增部分必须用非化石能源来满足。可以考虑在一些地区先行先试，"十四五"期间就达到峰值，这样才能拉动全国在 2030 年前达到峰值。

 复习思考题

一、简答论述题

1. 什么是环境？

2. 什么是环境问题？

3. 《人类环境宣言》是哪年提出的？其背景是什么？

4. 20 世纪 80 年代以后环境问题主要是哪几类？

5. 当前全球性的主要环境问题是哪些？

6. 我国实现可持续发展的关键是什么？

7. 环境科学的基本任务是什么？

8. 环境科学的主要内容是什么？

9. 人类与环境的辩证统一关系表现在哪里？

10. 污染物在哪几方面对人体产生影响？

11. 化工污染的来源是什么？

12. 化工污染物的特点是什么？

13. 化工污染的防治途径是什么？

14. 化工行业环境保护面临的形势和任务是什么？

二、填空题

1. 环境包括（   ）和（   ）。

2. 环境问题主要分为（   ）和（   ）两种类型。

3. 人们共同关心的影响范围大、危害严重的环境问题有三类：一是（   ），二是（   ），三是（   ）。

4. 1992 年在巴西里约热内卢召开了（   ）大会，通过了《21 世纪议程》。

5. 在第（　　）次全国环境保护会议上确定了环境保护的基本国策。

6. 在第 2 次全国环境保护会议上提出了经济建设、城乡建设和环境建设应（　　）、（　　）和（　　）。

7. 污染防治的重点是控制工业污染；要重点保护好饮用水源，水域污染防治的重点是三湖（　　）、（　　）和（　　），三河（　　）、（　　）和（　　）。

8. 符合我国国情的三大环境政策是"预防为主、防治结合、综合治理"，（　　），（　　）。

9. 1972 年 6 月 5 日，"联合国人类环境会议"在（　　）召开。会议提交文件是《只有一个地球》《人类环境宣言》。她标志着全人类对环境问题的觉醒，是世界环境保护史上第一个里程碑。

三、选择题

1. 造成环境问题的根本原因是（　　）。

A. 人口激增　　　　　B. 城市化进程　　　　C. 工业发展　　　　D. 资源消耗

2. 环境污染按污染产生的来源（　　）。

A. 可分为工业污染、农业污染、交通运输污染、水污染等

B. 可分为工业污染、农业污染、大气污染、水污染等

C. 可分为工业污染、农业污染、大气污染、生活污染等

D. 可分为工业污染、农业污染、交通运输污染、生活污染等

3. 第一届"世界环境日"是（　　）。

A. 1972 年 6 月 5 日　B. 1974 年 6 月 5 日　C. 1975 年 6 月 5 日　D. 1973 年 6 月 5 日

4. 第一届"国际生物多样性日"是（　　）。

A. 1985 年 5 月 31 日　　　　　　B. 1987 年 5 月 31 日

C. 1985 年 5 月 30 日　　　　　　D. 1987 年 5 月 30 日

5. 造成英国"伦敦烟雾事件"的主要污染物是（　　）。

A. 烟尘和二氧化碳　　B. 二氧化碳和氮氧化物

C. 烟尘和二氧化硫　　D. 烟尘和氮氧化物

6. 美国"洛杉矶光化学烟雾事件"发生在（　　）。

A. 1942 年　　　　　B. 1943 年　　　　　C. 1944 年　　　　　D. 1945 年

7. 1986 年切尔诺贝利核电站泄漏事件发生在当时的（　　）。

A. 苏联白俄罗斯　　　　　　　　B. 苏联乌克兰

C. 苏联俄罗斯　　　　　　　　　D. 苏联乌兹别克斯坦

8. 印度"博帕尔农药泄漏事件"发生在（　　）。

A. 1982 年　　　　　B. 1983 年　　　　　C. 1984 年　　　　　D. 1985 年

9. 联合国第一次人类环境会议在（　　）于（　　）召开。

A. 1972 年　斯德哥尔摩　B. 1973 年　巴黎

C. 1972 年　巴黎　　　　D. 1973 年　斯德哥尔摩

10. 环境公害事件的主要特征是（　　）。

A. 影响范围大　　　B. 有公害疾病出现

C. 大量人员伤亡　　D. 形成时间较长　　E. 影响时间长

世界环境日

1972年10月，第27届联合国大会通过了联合国人类环境会议的建议，规定每年的6月5日为"世界环境日"，让世界各国人民永远纪念它。联合国系统和各国政府要在每年的这一天开展各种活动，提醒全世界注意全球环境状况和人类活动对环境的危害，强调保护和改善人类环境的重要性。

许多国家、团体和人民群众在"世界环境日"这一天开展各种活动来宣传强调保护和改善人类环境的重要性，同时联合国环境规划署发表世界环境状况年度报告书，并采取实际步骤协调人类和环境的关系。世界环境日，象征着全世界人类环境向更美好的阶段发展，标志着世界各国政府积极为保护人类生存环境做出的贡献。它正确地反映了世界各国人民对环境问题的认识和态度。1973年1月，联合国大会根据人类环境会议的决议，成立了联合国环境规划署（UNEP），设立环境规划理事会（GCEP）和环境基金。环境规划署是常设机构，负责处理联合国在环境方面的日常事务，并作为国际环境活动中心，促进和协调联合国内外的环境保护工作。历年世界环境日主题如下。

2011年　森林：大自然为您效劳（Forests：Nature at Your Service）

中国主题：共建生态文明，共享绿色未来

2012年　绿色经济：你参与了吗？（Green Economy：Does it Include You?）

中国主题：绿色消费，你行动了吗？

2013年　思前，食后，厉行节约（Think Eat Save）

中国主题：同呼吸，共奋斗

2014年　提高你的呼声，而不是海平面（Raise Your Voice Not the Sea Level）

中国主题：向污染宣战

2015年　可持续消费和生产（Sustainable Consumption and Production）

中国主题：践行绿色生活

2016年　为生命呐喊（Go Wild for Life）

中国主题：改善环境质量，推动绿色发展

2017年　人与自然，相联相生（Connecting People to Nature）

中国主题：绿水青山就是金山银山

2018年　塑战速决（Beat Plastic Pollution）

中国主题：美丽中国，我是行动者

2019年　空气污染（Beat Air Pollution）

中国主题：蓝天保卫战，我是行动者

2020年　"关爱自然，刻不容缓"（Time for Nature）

中国主题：美丽中国 我是行动者

2021年　生态系统恢复（Ecosystem Restoration）

中国主题：人与自然和谐共生

卡尔逊与《寂静的春天》

1962年美国海洋生物学家蕾切尔·卡尔逊（1907—1964年）出版了引人注目的《寂静的春天》，向人们展示出了过度喷洒滴滴涕、六六六等合成化学药品所带来的环境后果："从那时起，一个奇怪的阴影遮盖了这个地区，一切都开始变化……神秘莫测的疾病袭击了成群的小鸡，牛羊病倒和死亡，……不仅在成人中，而且在孩子们中间也出现了一些突然的，不可解释的死亡现象……一种奇怪的寂静笼罩了这个地方，这儿的清晨曾经荡漾着鸟鸣的声浪，而现在一切声音都没有了。只有一片寂静覆盖着田野，树林和沼泽。"害虫虽然被杀死了，但其他益虫、鸟类、鱼类等所有的生态系统也因此深受其害，以致在美丽的英格兰山野，如同"寂静的春天"来临一样。这是首次由一位科学权威人士向美国和全世界揭示：无限制地滥用化学制品将对我们的生活质量造成危害。

绿色经典文库
（推荐好书：第一批十一种）

1. 瓦尔登湖，亨利·梭罗著
2. 沙乡年鉴，〔美〕奥尔多·利奥波德著
3. 寂静的春天，〔美〕蕾切尔·卡逊著
4. 封闭的循环——自然、人和技术，〔美〕巴里·康芒纳著
5. 增长的极限——罗马俱乐部关于人类困境的研究报告，〔美〕丹尼斯·米都斯等著
6. 只有一个地球——对一个小小行星的关怀和维护，〔美〕芭芭拉·沃德，勒内·杜博斯著
7. 我们共同的未来，世界环境与发展委员会著
8. 多少算够——消费社会与地球的未来，〔美〕艾伦·杜宁著
9. 新人口论，马寅初著
10. 我们需要一场变革，曲格平著
11. 伐木者，醒来！徐刚著

臭氧空洞引发的悲剧

海伦娜岬角位于世界上最狭长的国家智利南端，濒临著名的麦哲伦海峡，几乎可以说是"世界末梢"。奇怪的是在那里几乎所有的动物都是盲的，羊都是患白内障的盲羊；猎人可以轻而易举地拎起瞎了眼的野兔子耳朵，将其带回家去享口福；河里搞到的鱼多数是盲鱼；瞎了眼的野生鸟类常常飞进当地居民的院子里或房屋里，成为人们的美味佳肴。为什么会出现这种情况？原来是由于南极臭氧空洞面积不断扩大造成的。距南极最近的智利南部暴露在南极臭氧空洞的下面，强烈的紫外线在无臭氧分子吸收阻挡的情况下，无情地射向大地。深受其害的当地居民，出门时不得不在衣服遮不着的地方涂上防晒油，再戴上眼镜，否则半小时内皮肤要被晒成粉红色，并伴有痒痛，眼睛也会受不了。但是，无自我保护能力的各种动物，则在无情的紫外线伤害下成了盲的，许多野生动物因此而丧失了生存能力。

第二章

环境污染与生态平衡

第一节
了解生态学基本原理

环境科学是研究人类活动与环境质量变化基本规律的学科，而生态学则是环境科学的理论基础。

一、生态学的含义及其发展

德国生物学家黑格尔于 1869 年提出**生态学（ecology）**一词，他把生态学定义为"自然界的经济学"，其英文词的首字母和经济学（economics）是相同的，表示家庭居处或环境的意思。生态学与经济学、家庭、环境等有着密切的关系。后来，有的学者把生态学定义为"研究生物或生物群体与其环境的关系，或生活着的生物与其环境之间相互联系的科学。"

生态学中的生物包括植物、动物、微生物。随着人类环境问题的日趋严重和环境科学的发展，生态学扩展到人类生活和社会形态等方面，把人类这一生物种也列入生态系统中，来研究并阐明整个生物圈内生态系统的相互关系问题。同时，现代科学技术的新成就也渗透到生态学的领域中，赋予它新的内容和动力，成为多学科的、当代较活跃的科学领域之一。如图2-1所示。

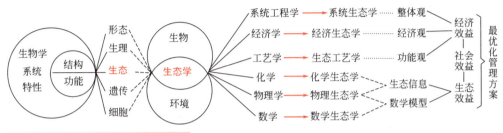

图 2-1　生态学的多学科性及其相互关系

图2-1表示，以研究生物的形态、生理、遗传、细胞的结构和功能为基础的生物学部分与环境相结合形成的生态学，又与系统工程学、经济学、工艺学、化学、物理学、数学相结合而产生相应的新兴学科。因此，我国著名生态学家马世骏给出的定义更具现代性，他提出"生态学是一门多学科的自然科学，研究生命系统和环境系统相互作用及其机理"。所谓生命系统就是自然界具有一定结构和调节功能的生命单元，如动物、植物和微生物。所谓环境系统就是自然界的光、热、空气、水分及各种有机物和无机元素相互作用所共同构成的空间。

生态学发展历程体现的三个特点：从定性探索生物与环境的相互作用到定量研究；从个体生态系统到复合生态系统，由单一到综合，由静态到动态的认识自然界的物质循环与转化规律；与基础科学和应用科学相结合，发展和扩大了生态学的领域。

生态学和环境科学有许多共同的地方。生态学是以一般生物为对象着重研究自然环境因素与生物的相互关系。人是生命系统中最重要的部分，也是许多生态系统的结构成分，生态学不仅要研究动物、植物、微生物和环境间的相互关系，更需要研究人和环境间的相互关系。人是一种生物，必然具有生物的一切基本属性，但是人类生活在特殊的社会中，具有不同于一般生物的社会属性，因而，在研究人与环境相互关系的时候，不能不涉及社会和经济的层面。环境科学则以人类为主要对象，把环境与人类生活的相互影响作为一个整体来研究，和社会科学有十分密切的联系。作为基础理论，生态学的许多基本原理被应用于环境科学中。

二、生态系统

某一生物物种在一定范围内所有个体的总和称为种群（population）；在一定自然区域的环境条件下，许多不同种的生物相互依存，构成了有着密切关系的群体叫做群落（community）；任何生物群落与其环境组成的自然综合体就是生态系统（ecosystem）。

按照现代生态学的观点，生态系统就是生命和环境系统在特定空间的组合。在生态系统中，各种生物彼此间以及生物与非生物的环境因素之间互相作用，关系密切，而且不断地进行着物质和能量的流动。目前人类所生活的生物圈内有无数大小不同的生态系统。在一个复杂的大生态系统中又包含无数个小的生态系统。如池塘、河流、草原和森林等，都是典型的例子。图2-2是一个简化了的陆地生态系统，只有当草、兔子、狼、虎保持一定的比例时，这一系统才能保持物质、能量的动态平衡。而城市、矿山、工厂等从广义上讲是一种人为的生态系统。这无数个各种各样的生态系统组成了统一的整体，就是人类生活的自然环境。

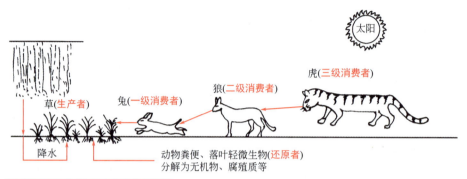

图2-2　一个简化了的陆地生态系统

1．生态系统的组成

（1）生产者

自然界的绿色植物及凡能进行光合作用、制造有机物的生物（单细胞藻类和少数能利用化学能把无机物转化为有机物的化能自养型微生物）均属**生产者**，或称为**自养生物**。生产者利用太阳能或化学能把无机物转化为有机物，绿色植物还释放出氧气，这种转化不仅是生产者自身生长发育所必需的，同时也是满足其他生物种群及人类食物和能源所必需的，如绿色植物的光合作用过程。

$$6CO_2+6H_2O \longrightarrow C_6H_{12}O_6+6O_2$$

（2）消费者

食用植物的生物或相互食用的生物称为**消费者**，或称为异养生物。消费者又可分为一级消费者、二级消费者。食草动物如牛、羊、兔等直接以植物为食是**一级消费者**；以草食动物为食的肉食动物是**二级消费者**。消费者虽不是有机物的最初生产者，但在生态系统中也是一个极重要的环节。

（3）分解者

各种具有分解有机质能力的微小生物，最主要的是细菌和真菌，也包括一些原生生物，称为**分解者**或还原者。分解者在生态系统中的作用是把动物、植物遗体及代谢产物分解成简单化合物，作为养分重新供应给生产者利用。

（4）无生命物质

各种无生命的无机物、有机物和各种自然因素，如水、阳光、空气、岩石、能量等均属**无生命物质**。

以上四部分构成一个有机的统一整体，相互间沿着一定的途径，不断地进行物质和能量的交换，并在一定的条件下，保持暂时的相对平衡，如图2-3所示。

与生态系统有联系的一个重要概念是生物圈（biosphere），**生物圈**是指地球上有生命活动的领域及其居住环境的整体，包括大气圈的下层，岩石圈的上层，整个土壤圈和水圈。生物圈是地球上最大的生态系统。生态系统根据其环境性质和形态特征，可以分为陆地生态系统和水域生态系统。

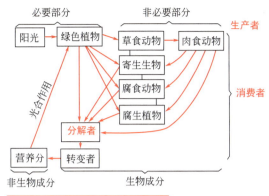

图 2-3　生态系统的组成和主要作用

腐食动物是以动、植物的腐败尸体为食的动物，例如秃鹰、蛆；腐生植物是从动、植物残体的有机物中吸取养分的非绿色植物，例如蘑菇、蛇菇

陆地生态系统又可分为自然生态系统如森林、草原、荒漠等，和人工生态系统如农田、城市、工矿区等。

水域生态系统又可分为淡水生态系统如湖泊、河流、水库等，和海洋生态系统如海岸、河口、浅海、大洋、海底等。

可见生态系统中各种生物通过营养上的关系彼此联系着，食物链又互相交叉连结，构成了"食物网"。

2．生态系统的基本功能

生态系统的基本功能是生物生产、能量流动、物质循环和信息传递，它们是通过生态系统的核心——有生命部分，即生物群落来实现的。

（1）生物生产

生物生产包括植物性生产和动物性生产。绿色植物以太阳能为动力，水、二氧化碳、矿物质等为原料，通过光合作用来合成有机物。同时把太阳能转变为化学能贮存于有机物之中，这样生产出植物产品。动物采食植物后，经动物的同化作用，将采食来的物质和能量转化成自身的物质和潜能，使动物不断繁殖和生长。

（2）生态系统中的能量流动

能量流动指能量通过食物网在生态系统内的传递和耗散过程。绿色植物通过光合作用把太阳能（光能）转变成化学能贮存在这些有机物质中并提供给消费者。

能量在生态系统中的流动是从绿色植物开始的，食物链是能量流动的渠道。能量流动有两个显著的特点。一是沿着生产者和各级消费者的顺序逐渐减少。能量在流动过程中大部分用于新陈代谢，在呼吸过程中，以热的形式散发到环境中去。只有一小部分用于合成新的组织或作为潜能贮存起来。能量在沿着绿色植物→草食动物→一级肉食动物→二级肉食动物等逐级流动中，后者所获得能量大于前者所含能量的 1/10，从这个意义上人类以植物为食要比以动物为食经济得多。二是能量的流动是单一的、不可逆的。因为能量以光能的形式进入生态系统后，不再以光能的形式回到环境中，而是以热能的形式逸散于环境中。绿色植物不能用热能进行光合作用，草食动物从绿色植物所获得的能量也不能返回到绿色植物。因此能量只能按前进的方向一次流过生态系统，是一个不可逆的过程。

无论是初级生产还是次级生产过程，能量在传递或转变中总有一部分被耗散，通过生产者的呼吸作用以热量形式散失到环境中。科学家 R.L.Linderman 在 1942 年通过大量的野外和室内实验，得出各营养级间能量转化效率平均为 10%，这就是著名的生态学"十分之一定律"。

食物链中上一个营养级总是依赖于下一个营养级的能量，而下一个营养级的能量只能满足于上一个营养级有限的消费者需求，致使营养级的能量呈阶梯状递减，于是形成了底部宽顶部窄的宝塔状，称作"能量椎体"或"能量金字塔"（energy pyramid）。生态系统中能量流动的显著特征是单方向性，能量只能以功或热的形式散失于环境，不可能逆向进行。

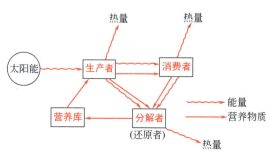

图 2-4　营养物质在生态系统中的循环运动示意图
（能量必须由太阳予以补充）

（3）生态系统中的物质循环

生态系统中的物质是在生产者、消费者、分解者、营养库之间循环的，如图 2-4 所示，称之为生物地球化学循环。

生态系统中的物质循环过程是这样的：绿色植物不断地从环境中吸收各种化学营养元素，将简单的无机分子转化成复杂的有机分子，用以建造自身；当草食动物采食绿色植物时，植物体内的营养物质即转入草食动物体内；当植物、动物死亡后，它们的残体和尸体又被微生物（还原者）所分解，并将复杂的有机分子转化为无机分子复归于环境，以供绿色植物吸收，进行再循环。周而复始，促使人们居住的地球清新活跃，生机盎然。

生态系统中的生物在生命过程中大约需要 30 ～ 40 种化学元素，如碳、氢、氧、氮、磷、钾、硫、钙、镁是构成生命有机体的主要元素。它们都是自然界中的主要元素，这些元素的循环是生态系统基本的物质循环。例如，大气中的二氧化碳被陆地和海洋中的植物吸收，然后通过生物或地质过程以及人类活动又以二氧化碳的形式返回大气中，这就是碳循环的基本过程。如图 2-5 所示。

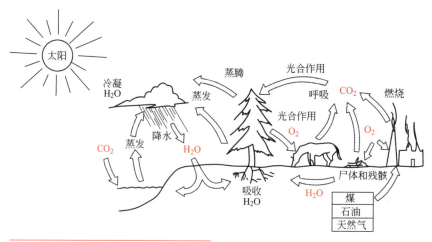

图 2-5　生物圈中水、氧气和二氧化碳的循环

（4）生态系统中的信息传递

它发生在生物有机体之间，起着把系统各组成部分联成一个统一整体的作用。从生物的角度，信息的类型主要有四种。

① **营养信息**　在生物界的营养交换中，信息由一个种群传到另一个种群。如昆虫多的地区，啄木鸟就能迅速生长和繁殖，昆虫就成为啄木鸟的营养信息。这种通过营养关系来传递的信息叫营养信息。

② **化学信息**　蚂蚁在爬行时留下"痕迹"，使别的蚂蚁能尾随跟踪。这种生物体分泌出某种特殊的化学物质来传递的信息叫化学信息。

③ **物理信息**　通过物理因素来传递的信息叫物理信息。像季节、光照的变化引起动物换毛、求偶、冬眠、贮粮、迁徙，大雁发现敌情时发出鸣叫声等。

④ **行为信息**　通过行为和动作，在种群内或种群间传递识别、求偶和挑战等信息叫行为信息。

三、生态系统的平衡

1．生态平衡的含义

在任何正常的生态系统中，能量流动和物质循环总是不断地进行着。一定时期内，生产者、消费者和分解者（还原者）之间都保持着一种动态平衡。生态系统发展到成熟的阶段，它的结构和功能，包括生物种类的组成、各个种群的数量比例以及能量和物质的输入、输出等都处于相对稳定的状态，这种相对的稳定状态称作生态平衡。

平衡的生态系统通常具有四个特征：生物种类组成和数量相对稳定；能量和物质的输入和输出保持平衡；食物链结构复杂而形成食物网；生产者、消费者和分解者（还原者）之间有完好的营养关系。

只有满足上述特征，才说明生态系统达到平衡，系统内各种量值达到最大，而且对外部冲击和危害的承受能力或恢复能力也最大。

生态系统能够维持相对的平衡状态，主要是由于其内部具有自动调节的能力。但这种调节能力是有一定限度的，它依赖于种类成分的多样性和能量流动及物质循环途径的复杂性，同时取决于外部作用的强度和时间。例如某一水域中污染物的量超过水体本身的自净能力时，这个水域的生态系统就会被彻底破坏。

2．破坏生态平衡的因素

破坏生态平衡有自然因素，也有人为因素。

（1）自然因素

主要指自然界发生的异常变化或自然界本来就存在的对人类和生物的有害因素。如火山喷发、山崩、海啸、水旱灾害、地震、台风、流行病等自然灾害，都会破坏生态平衡。

（2）人为因素

主要指人类对自然资源的不合理利用、工农业发展带来的环境污染等问题。主要有三种情况。

① **物种改变引起平衡破坏**　人类有意或无意地使生态系统中某一种生物消失或往系统中引进某一种生物，都可能对整个生态系统造成影响。如澳大利亚原来没有兔子，1859 年一位财主从英国带回 24 只兔子，放养在自己的庄园里供打猎用。由于没有兔子的

天敌，致使兔子大量繁殖，数量惊人，遍布田野，在草原上每年以113km的速度向外蔓延，该地区大量的青草和灌木被全部吃光，牛羊失去牧场，田野一片光秃，土壤无植被保护，水土流失严重，农作物每年损失多达1亿美元，生态系统遭到严重破坏。

② **环境因素改变引起平衡破坏**　由于工农业的迅速发展，使大量污染物进入环境，从而改变了生态系统的环境因素，影响整个生态系统。如空气污染、热污染、锄草剂和杀虫剂的使用，肥料的流失、土壤侵蚀及污水进入环境引起富营养化等，改变生产者、消费者和分解者的种类和数量并破坏生态平衡而引起一系列环境问题。

③ **信息系统的破坏**　人们向环境中排放的某些污染物质与某一种动物排放的性信息素接触，使其丧失驱赶天敌、排斥异种、繁衍后代的作用，从而改变了生物种群的组成结构，使生态平衡受到影响。

第二节
掌握环境污染与生态平衡

一、环境污染对生态平衡的影响

随着人口不断增长，我国的一些基本自然资源的人均占有量很低。但是为了众多人口的生存，并逐步提高人民的生活水平，需要消耗越来越多的自然资源。由于长期以来对自然保护工作重视不够，资源和环境受到了不同程度的破坏，以至于影响到了生态平衡。

1．土地资源的利用和保护

据统计，世界耕地总面积为13.46亿公顷，人均0.24hm²。其中澳大利亚5078万公顷，人均2.88hm²；加拿大4542万公顷，人均1.57hm²；美国1.857亿公顷，人均0.72hm²；印度1.661亿公顷，人均0.19公顷。我国耕地总面积为9540万公顷，但人均只有0.08hm²，相当于世界平均水平的1/3，澳大利亚的1/36，美国的1/9，印度的1/2.4。我国土地资源的特点是：土地类型多样，水热条件不同，地形复杂；山地面积大；农用土地资源比重小，全国耕地占总资源的14%，林地占17%，天然草地占29%，建设用地占3%，后备耕地资源不足。我国用占世界7%的耕地，解决了占世界25%的人口的吃饭问题，基本上满足了人民生活需要。但是目前农林牧地的生产力不高，土地利用布局不合理，耕地不断减少，土壤肥力下降，土壤污染严重，沙漠化、盐渍化加剧，水土流失严重，这是土地资源开发利用中的主要问题。

针对日趋严重的土地资源问题和土壤污染，应从以下几方面加强管理。

① 健全法制，强化土地管理　依据2019年修订的《中华人民共和国土地管理法》，明确了土地的所有权和使用权、土地利用总体规划、耕地保护、建设用地规范管理等，加强土地管理，维护土地资源合理开发、合理利用。

② 防止和控制土地资源的生态破坏　依据《全国生态保护与建设规划（2013—2020年）》，更加注重生态保护，增加海洋区，将保护范围扩展为全国陆域、内水、领海及管辖海域，提出了森林、草原、荒漠、湿地与河湖、农田、城市、海洋七大生态系统的建设和综合保护治理。

③ 综合防治土壤污染　制定土壤环境质量标准，对土壤主要污染物进行总量控制；控制污灌用水及农药、化肥污染；对农田中废塑料制品（农田白色污染）加强管理；积极防治土壤重金属污染。土壤中的主要污染物质见表2-1。

表 2-1　土壤中的主要污染物质

污染物质			主要来源
无机污染物	重金属	汞（Hg）	氯碱工业、含汞农药、汞化物生产、仪器仪表工业
		镉（Cd）	冶炼、电镀、染料等工业，肥料杂质
		铜（Cu）	冶炼、铜制品生产、含铜农药
		锌（Zn）	冶炼、镀锌、人造纤维、纺织工业、含锌农药、磷肥
		铬（Cr）	冶炼、电镀、制革、印染等工业
		铅（Pb）	颜料、冶炼等工业，农药，汽车尾气
		镍（Ni）	冶炼、电镀、炼油、染料等工业
	非金属	砷（As）	硫酸、化肥、农药、医药、玻璃等工业
		硒（Se）	电子、电器、油漆、墨水等工业
	放射元素	铯（Cs^{137}）	原子能、核工业、同位素生产、核爆炸
		锶（Sr^{90}）	原子能、核工业、同位素生产、核爆炸
	其他	氟（F）	冶炼、磷酸和磷肥、氟硅酸钠等工业
		酸、碱、盐	化工、机械、电镀、造纸、纤维等工业，酸雨
有机污染物	有机农药		农药的生产和使用
	酚		炼焦、炼油、石油化工、化肥、农药等工业
	氰化物		电镀、冶金、印染等工业
	石油		油田、炼油、输油管道漏油
	3,4-苯并芘		炼焦、炼油等工业
	有机性洗涤剂		机械工业、城市污水
	一般有机物		城市污水、食品、屠宰工业、大棚、地膜所用塑料薄膜、废塑料制品
有害微生物			城市污水、医院污水、厩肥

2．生物资源的利用和生物多样性保护

生物资源属于可更新资源，它包括动物、植物和微生物资源。当前在人口和经济的压力下，对生物资源的过度利用不仅破坏了生态环境，造成生物多样性丰富度的下降，甚至造成许多物种的灭绝或处于濒危境地。

（1）森林资源的保护和利用

森林不仅为社会提供大量林木资源，而且还具有保护环境、调节气候、防风固沙、

蓄水保土、涵养水源、净化大气、保护生物多样性、吸收二氧化碳、美化环境及生态旅游等功能。

我国是一个少林的国家，森林总量不足，分布不均，功能较低。由于国有森林区集中过伐，更新跟不上采伐，山区毁林开荒比例比较严重，火灾频繁及森林病虫害严重，造林保存率低等原因，使森林资源面积不断减少，质量日益下降，不适应国家经济持续发展和维护生态平衡的需要。

中国主要从依法保护森林资源和坚持不懈植树造林两个方面加强森林建设和保护，主要措施是：实行限额采伐，鼓励植树造林，封山育林，扩大森林覆盖面积；提倡木材综合利用和节约木材，鼓励开发利用木材代用品；建立林业基金制度，征收育林费，专门用于造林育林；强化对森林的资源意识和生态意识，实施重点生态工程；开展国际合作，吸收国外森林资源资产化管理经验，争取国外技术援助。

2020年全国完成造林677万公顷、森林抚育837万公顷、种草改良草原283万公顷、防沙治沙209.6万公顷。在防疫条件下，大规模国土绿化行动有序推进，天保工程完成建设任务24.6万公顷，退耕还林还草、退牧还草工程分别完成建设任务82.7万公顷和168.5万公顷，三北工程完成营造林47.4万公顷，石漠化综合治理工程完成营造林24.7万公顷。草原、湿地保护修复得到加强，防沙治沙工作扎实推进。启动首批国家草原自然公园试点建设39处，覆盖11省（区）14.7万公顷草原。湿地保护率达50%以上。

（2）草地资源的保护和利用

草地是一种可更新、能增殖的自然资源，它适应性强，覆盖面积大，具有调节气候、保持水土、涵养水源、防风固沙的功能，具有重要的生态学意义。

据统计，中国可利用草地面积3.9亿公顷，占国土总面积的40%，人均占有量0.33hm²，是世界人均占有量的1/2。其特点是：面积大、分布广、类型多样，是节粮型畜牧业资源。草原和草地大多是黄河、长江、淮河水系的源头区和中上游区，具有生态屏障的功能。但由于人类过度放牧、开垦、占用、挖草以及环境污染，使草场质量下降，草地面积减少。

2021年7月，由国家林业和草原局与国家发改委联合发布的《"十四五"林业草原保护发展规划纲要》，提出了"十四五"林草事业发展的12个主要目标，其中有2项约束性指标，即森林覆盖率达到24.1%，森林蓄积量达到190亿立方米；10项预期性指标，包括草原综合植被盖度达到57%，湿地保护率达到55%，以国家公园为主体的自然保护地面积占陆域国土面积比例超过18%，沙化土地治理面积1亿亩（15亩=1公顷）等。

（3）生物多样性保护

生物多样性是人类赖以生存的各种有生命的自然资源的总汇，是开发并永续利用与未来农业、医学和工业发展密切相关的生命资源的基础。生物多样性的消失必然引起人类自然的生存危机以及生态环境，尤其是食品、卫生保健和工业方面的根本危机。保护生物多样性的实质就是在基因、物种、生态环境三个水平上的保护。

中国生物资源无论种类还是数量，在世界上都占据重要地位，也是野生动物资源最丰富的国家之一。广阔的国土、多样的地貌、气候和土壤条件形成了复杂的生态环境，使中国的生物物种特有性高，如大熊猫、白鱀豚、水杉、银杉等。生物区系起源不仅古老、成分复杂，而且经济物种异常丰富。

尽管我国的生物多样性十分丰富，但生物多样性的保护事业面临许多困难，受到的威胁不断增加。存在的问题是：生物多样性保护的法规、法制需要健全和完善；自然保护的管理水平亟待提高，管理机构有待加强；生物多样性保护的科学研究急需加强，保护的技术还需要发展；同时，资金和技术力量不足也有待解决。

针对存在的问题，要转变观念，控制环境污染和生态破坏，确保生物多样性的丰富程度，实现生物资源的永续利用，保证国民经济和社会发展具有良好的物质基础。

3．矿产资源开发利用与保护

矿产资源的开采给人类创造了巨大的物质财富，人类开发矿产资源每年多达上百亿吨。近几十年来，世界矿产资源消耗急剧增加，特别是能源矿物和金属矿物消耗最大。作为不可更新的自然资源，矿藏资源大量减少以至有枯竭的威胁，并带来一系列环境污染问题，导致生态环境的破坏。

（1）矿产资源开发不合理对环境和人类带来的严重影响

① **对土地资源的破坏**　大规模矿产采掘产生的废物乱堆滥放造成占压、采空塌陷等损坏土地资源、破坏地貌景观和植被等问题。露天采矿后不进行回填复垦，破坏了矿产及周围地区的自然环境，造成土地资源的浪费。

② **对大气的污染**　采矿时穿孔、爆破及矿石运输、矿石风化等产生的粉尘，矿物冶炼排放烟气等，均会造成严重的区域环境大气污染。

③ **对地下水和地表水体的污染**　由于采矿和选矿活动，固体废物的风晒雨淋，使地表水或地下水含酸性物质、重金属和有毒元素，形成了矿山污水。

（2）矿产资源的合理开发及保护措施

有效地控制矿产资源的不合理开发，减少矿产资源开采的环境代价，是我国矿产资源可持续利用的紧迫任务。要提高资源的优化配置和合理利用资源的水平，最大限度地保证国民经济建设对矿产资源的需要。具体措施如下。

① **加强矿产资源的管理**　加强对矿产资源的国家所有权的保护，组织制定矿产资源开发战略，资源政策和资源规划。建立统一领导、分级管理的矿产资源执法监督组织体系，建立健全有偿占有开采制度和资产化管理制度。

② **建立和健全矿山资源开发中的环境保护措施**　制定矿山环境保护法规，依法保护矿山环境；制定适合矿山特点的环境影响评价办法，进行矿山环境质量检测；对当前矿山环境情况进行调查评价，制定保护恢复计划。

③ **努力开展矿产综合利用的研究**　研究综合开发利用的新工艺，提高矿物各组分的回收率，尽量减少尾矿，最大限度地利用矿产资源。

二、生态规律在环保中的应用

人口的迅速增长、工农业的高度发展、人类对自然改造能力的增强，使环境遭受了严重污染并引起生态平衡的破坏。生态学不仅是一门解释自然规律的科学，也是一门为国民经济服务的科学。因此，要解决世界上面临的五大环境问题——人口、粮食、资源、能源和环境保护，必须以生态学的理论为指导，按生态学的规律来办事。

1．生态学的一般规律

生态学所揭示或遵循的规律，对做好环境保护、自然保护工作，发展农、林、牧、副、渔各业均有指导意义。

（1）相互依存与相互制约规律

相互依存与相互制约，反映了生物间的协调关系，是构成生物群落的基础。

普遍的依存与制约，亦称"物物相关"规律。生物间的相互依存与制约关系，无论在动物、植物还是微生物中，或在它们之间都是普遍存在的。在生产建设中特别是在需要排放废物、施用农药化肥、采伐森林、开垦荒地、修建水利工程等，务必注意调查研究，即查清自然界诸事物之间的相互关系，统筹兼顾。

通过"食物"而相互联系与制约的协调关系，亦称"相生相克"规律。生态体系中各种生物个体都建立在一定数量的基础上，即它们的大小和数量都存在一定的比例关系。生物体间的这种相生相克作用，使生物保持数量上的相对稳定，这是生态平衡的一个重要方面。

（2）物质循环转化与再生规律

生态系统中植物、动物、微生物和非生物成分，借助能量的不停流动，一方面不断地从自然界摄取物质并合成新的物质，另一方面又随时分解为原来的简单物质，即"再生"，重新被植物所吸收，进行着不停的物质循环。因此要严格防止有毒物质进入生态系统，以免有毒物质经过多次循环后富集到危及人类的程度。

（3）物质输入输出的动态平衡规律

当一个自然生态系统不受人类活动干扰时，生物与环境之间的输入与输出是相互对立的关系，生物体进行输入时，环境必然进行输出，反之亦然。对环境系统而言，如果营养物质输入过多，环境自身吸收不了，就会出现富营养化现象，打破了原来输入输出平衡，破坏原来的生态系统。

（4）相互适应与补偿的协同进化规律

生物给环境以影响，反过来环境也会影响生物，这就是生物与环境之间存在的作用与反作用过程。如植物从环境吸收水分和营养元素，生物体则以其排泄物和尸体把相当数量的水和营养素归还给环境，最后获得协同进化的结果。经过反复的相互适应和补偿，生物从光秃秃的岩石向具有相当厚度的、适于高等植物和各种动物生存的环境演变。

（5）环境资源的有效极限规律

任何生态系统中作为生物赖以生存的各种环境资源，在质量、数量、空间和时间等方面都有其一定的限度，不能无限制地供给，而其生物生产力也有一定的上限。因此每一个生态系统对任何外来干扰都有一定的忍耐极限，超过这个极限，生态系统就会被损伤、破坏，以致瓦解。

以上五条生态学规律也是生态平衡的基础。生态平衡以及生态系统的结构与功能又与人类当前面临的人口、食物、能源、自然资源、环境保护五大社会问题紧密相关。如图 2-6 所示。

2. 生态规律在环境保护中的应用

由于人口的飞速增长，各个国家都在拼命发展本国经济，刺激工农业生产的发展和科学技术的进步。随着人们对自然改造能力的增强，开发利用自然资源过程中，生态系统也遭到了严重破坏，引起生态平衡的失调。大自然反过来也毫不留情地惩罚人类：森林面积减少，沙漠面积扩大；洪、涝、旱、风、虫等灾害发生频繁；工业、生活污水未有效处理；各种大气污染物浓度上升……地球变得越来越不适合人类生存了。人类终于

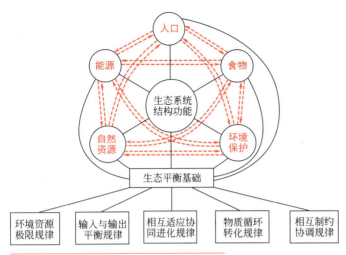

图 2-6　生态平衡与五大环境问题的关系示意图

认识到要按照生态学的规律来指导人类的生产实践和一切经济活动，要把生态学原理应用到环境保护中去。

（1）全面考察人类活动对环境的影响

在一定时空范围内的生态系统都有其特定的能流和物流规律。只有顺从并利用这些自然规律来改造自然，人们才能既不断发展生产，又能保持一个洁净、优美和宁静的环境。

举世瞩目的三峡工程曾引起很大争议，其焦点就是如何全面考察三峡工程对生态环境的影响。长江流域的水资源、内河航运、工农业总产值等都在全国占有相当的比重。兴修三峡工程可有效地控制长江中下游洪水，减轻洪水对人民生命财产安全的威胁和对生态环境的破坏；三峡工程的年发电量相当于 4000 万吨标准煤的发电量，减轻对环境的污染。但是兴修三峡工程，大坝蓄水 175m 的水位将淹没川、鄂两省 19 市县，移民 72 万人，淹没耕地 35 万亩（15 亩 =1 公顷）、工厂 657 家……三峡地区以奇、险为特色的自然景观有所改观，沿岸地少人多，如开发不当可能加剧水土流失，使水库淤积；一些鱼类等生物的生长繁殖将受到影响。

1992 年全国人民代表大会经过热烈讨论之后，投票通过了关于兴建三峡工程的议案。从经济效益和生态效益两方面，统筹兼顾时间和空间，贯彻了整体和全局的生态学中心思想。

（2）充分利用生态系统的调节能力

生态系统的生产者、消费者和分解者在不断进行能量流动和物质循环过程中，受到自然因素或人类活动的影响时，系统具有保持其自身稳定的能力。在环境污染的防治中，这种调节能力又称为生态系统的自净能力。例如水体自净、植树造林、土地处理系统等，都收到明显的经济效益和环境效益。

1978 年以来，我国开展了规模宏大的森林生态工程建设，横跨 13 个省区的"三北"防护林体系，森林覆盖率由 5.05% 提高到 7.09%。其明显的生态效益和经济效益是：改善了局部气候；抗灾能力提高；沙化面积减少，农牧增产增收；解决了地方用材，提高了人民收入。

（3）解决近代城市中的环境问题

城市人口集中，工业发达，是文化和交通的中心。但是，每个城市都存在住房、交通、能源、资源、污染、人口等尖锐的矛盾。因此编制城市生态规划，进行城市生态系统的研究是加强城市建设和环境保护的新课题。表 2-2 为城市中各子系统的特点、环境问题和解决措施。

表 2-2　城市中各子系统的特点、环境问题和解决措施

项目	生物系统	人工物质系统	环境资源系统	能源系统
环境特点	大量增加人口密度；植物生长量比例失调；野生动物稀缺；微生物活动受限制	改变原有地形地貌大量使用资源，消耗能源，排出废物；信息提高生产率；管网输送污染物，改造环境	承纳污染物，改变理化状态；大量消耗资源，造成枯竭	生物能转化后排出大量废物；自然能源属清洁能源；化石能源利用后排出废物
环境问题	使环境自净能力降低；生态系统遭受破坏	改变自然界的物质平衡；人工物质大量在城市中积累；环境质量下降	破坏自然界的物质循环；降低了环境的调节机能；资源枯竭，影响系统的发展	产生大量污染物质，环境质量下降
措施	控制城市人口；绿化城市	编制城市环境规划；合理安排生产布局；合理利用资源；进行区域环境综合治理；改革工艺	建立城市系统与其他系统的联系；调动区域净化能力；合理利用资源	改革工艺设备；发展净化设备；寻找新能源

（4）以生态学规律指导经济建设，综合利用资源和能源

以往的工农业生产是单一的过程，既没有考虑与自然界物质循环系统的相互关系，又往往在资源和能源的耗用方面片面强调产品的最优化问题，以致在生产过程中大量有毒的废物排出，严重破坏和污染环境。

解决这个问题较理想的办法就是应用生态系统的物质循环原理，建立闭路循环工艺，实现资源和能源的综合利用，杜绝浪费和无谓的损耗。闭路循环工艺就是把两个以上流程组合成一个闭路体系，使一个过程的废料和副产品成为另一个过程的原料。这种工艺在工业和农业上的具体应用就是生态工艺和生态农场。

① **生态工艺**　要使生产过程中输入的物质和能量获得最大限度的利用，即资源和能源的浪费最少，排出的废物最少。如图 2-7 造纸工业闭路循环工艺流程，即注意整个系统最优化，而不是分系统的最优化，这与传统的生产工艺是根本不同的。

② **生态农场**　就是因地制宜地应用不同的技术，来提高太阳能的转化率、生物能的利用率和废物的再循环率，使农、林、牧、副、渔及加工业、交通运输业、商业等获得全面发展。

图 2-8 是一个典型的生态农场示意图。它使生物能获得最充分的利用，肥料等植物营养物可以还田，控制了庄稼废物、人畜粪便等对大气和水体的污染，完全实现了能源和资源的综合利用以及物质和能量的闭路循环。

（5）对环境质量进行生物监测和评价

利用生物个体、种群和群落对环境污染或变化所产生的反应阐明污染物在环境中的迁移和转化规律；利用生物对环境中污染物的反应来判断环境污染状况，如利用植物对大气污染、水生生物对水体污染的监测和评价；利用污染物对人体健康和生态系统的影响制定环境标准。

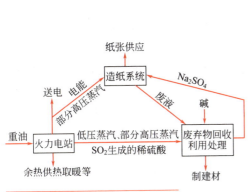

图 2-7 造纸工业闭路循环工艺流程图

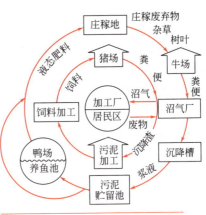

图 2-8 菲律宾玛雅农场的废物循环途径

（6）绿水青山就是金山银山

保护生态环境就是保护生产力，改善生态环境就是发展生产力。绿水青山既是自然财富、生态财富，又是社会财富、经济财富。保护生态就是保护自然价值和增值自然资本，就是保护经济社会发展潜力和后劲。必须树立和贯彻新发展理念，平衡处理好发展与保护的关系，推动形成绿色发展方式和生活方式，努力实现经济社会发展和生态环境保护协同共进。"利用生物个体、种群和群落对环境污染或变化所产生的反应阐明污染物在环境中的迁移和转化规律；利用生物对环境中污染物的反应来判断环境污染状况，如利用植物对大气污染、水生生物对水体污染的监测和评价；利用污染物对人体健康和生态系统的影响制定环境标准。

总之，应该利用生态学规律，把经济因素与地球物理因素、生态因素和社会因素紧密结合在一起进行考虑，使国家和地区的发展适应环境条件，保护生态平衡，达到经济发展与人类相适应、持续发展的战略目标。

 复习思考题

一、简答论述题

1. 举例说明种群、群落的含义。

2. 试述生态系统的组成和功能。

3. 什么是生态平衡？影响生态平衡的因素有哪些？

4. 土地、森林、草场、矿产、生物等资源的保护措施是什么？

5. 生态学有哪些规律？

6. 生态规律在环境保护应用方面有哪些？

二、选择题

1. 下列（　　）是生态系统中草原的食物链。

A. 青草 – 野兔 – 尸体 – 狼 – 无机物 – 青草

B. 青草 – 野兔 – 尸体 – 狼 – 青草 – 无机物

C. 青草 – 野兔 – 狼 – 尸体 – 无机物 – 青草

2. 下列（　　）是生态系统的准确定义。

A. 自然界是生物与生物，生物与无机环境之间相互作用、相互依存所形成的统一体，称为生态系统。

B. 自然界是生物与有机物，生物与无机环境之间相互作用、相互依存所形成的统一体，称为生态系统。

C. 自然界是生物与生物，生物与有机环境之间相互作用、相互依存所形成的统一体，称为生态系统。

D. 自然界是生物与生物，有机物与无机环境之间相互作用、相互依存所形成的统一体，称为生态系统。

3. 我国城市地下水下降的主要原因是（　　　）。

A. 降雨减少　　　　　　　　　B. 城市化过程中不透水地面的增加

C. 森林植被被破坏　　　　　　D. 过量地开采地下水

E. 农业中大水漫灌技术的采用　F. 分解者进行异地分解

G. 人工因素占主导地位

4. 下面不属于生态系统功能的是（　　　）。

A. 能量流动　　　　B. 物质循环　　　　C. 生态演替　　　　D. 信息传递

5. 信息传递的形式主要有（　　　）。

A. 营养信息　　　　B. 物理信息　　　　C. 化学信息　　　　D. 行为信息

三、判断题

1. 生态系统中的生物成分由生产者、消费者、分解者组成，非生物成分由阳光、大气、水、土壤、营养分等组成。（　　　）

2. 所谓生态平衡，就是在一定时期内，生产者、消费者与分解者之间保持一种平衡状态，即系统中能量流动和物质循环较短时间地保持稳定，这种状态称为生态平衡。（　　　）

3. 生物对污染物的富集作用，是食物链的重要特征之一。（　　　）

4. 绿色植物在城市环境中的主要作用是扮演生产者的角色。（　　　）

5. 生态平衡应包括结构上的平衡、功能上的平衡、输入和输出物质数量上的平衡三个方面。（　　　）

6. 生态保护的最终目标是：维持健康生态系统，达到资源与环境的可持续利用。（　　　）

 项目训练

生态学农业项目参观

一、参观（任选）

1. 工业企业如酒厂、糖厂的有机废物经适当处理转化为有益物质。

2. 农村沼气系统的工艺流程、设备以及利用。

3. 环保型无公害蔬菜生产基地。

二、要求

1. 了解本地生态农业的基本情况，明确实施生态农业是我国农业发展的方向。

2. 写出参观报告（字数在1000字以上）。

凹土的深度开发利用

凹土又称凹凸棒石黏土、漂白土、白土，是一种稀有非金属矿产资源，因其特殊的化学成分和晶体结构而具有许多优异的物理化学性能，在化工、医药、轻工、食品、环保、地质钻探等众多领域有着广泛的应用前景，被誉为"千土之王，万用之土"。

中国的凹土资源储量占全球的2/3，尽管资源丰富，但资源利用率低，开发程度低。

有专家指出：凹土作为多孔性纳米材料，比表面积大、吸附能力强、热稳定性好，可以发挥凹土纳米材料的特殊性能，开发出石油炼制催化剂和加氢脱硫催化剂等多种高附加值的催化剂。但是目前研究成果还仅仅停留在实验室阶段，因为该催化剂的研究有其特殊性，除了要懂得凹土的各种性能外，还必须熟悉、了解各种催化剂的物理和化学特性及石油化工产品生产工艺，才能研究出应用于石油化工行业的凹土基催化剂。

用凹土代替活性炭用于吸附太湖的污染物，吸附功能与活性炭旗鼓相当，而其成本却只有活性炭的1/10～1/5。

专家建议：凹土的深度开发应用需要集中联合相关几十个学科领域的专家学者进行技术攻关。以在橡塑制品中的应用为例，合成橡胶中添加无机材料的比例平均为5%～20%，若按照12%计算，中国合成橡胶年产300万吨计，要用近36万吨的无机材料；如果用凹土替代炭黑和白炭黑填充补强，按照10%替代率计算，需要凹土3.6万吨/年。塑料添加剂使用量平均为5%～35%，如果以15%计算，中国每年4000万吨产量，要用600万吨的无机材料，其中以功能型和功能载入型塑料占10%，需用60万吨/年的无机材料，如以5%的替代率计算，需要凹土3万吨/年。

洁净煤化工

发展以低能耗、低污染和低排放为基础的低碳经济正在成为全球热点。而我国发展低碳经济的重点在于煤炭的洁净高效利用和节能减排，充分利用国内丰富的煤炭资源，通过煤炭的清洁转化，将高碳能源转换为低碳能源，将是我国能源发展的重要方向。

我国能源结构以高碳能源煤为主，煤炭生产和消费长期位居世界第一，同时低碳能源（石油和天然气）比较短缺，在我国一次能源消费中的比重只有21.7%，因此以煤为主要能源消费造成的环境问题严重。煤与石油、天然气等燃料相比，单位热量燃煤引起的二氧化碳排放比使用石油、天然气分别高出约36%和61%。全国85%的二氧化碳、90%的二氧化硫和73%的烟尘都是由燃煤排放的，大气污染造成的经济损失已占GDP的2.2%。

现代煤清洁转化实际上是指以煤气化为基础，以实现二氧化碳零排放为目标，将高碳能源转化为低碳能源的新型煤化工技术。世界上比较成熟的煤资源清洁转化技术有6种：煤气化技术，煤液化技术，煤制甲醇、二甲醚（DME）、烯烃（MTO）等技术，煤制合成天然气技术，煤制氢技术，二氧化碳捕获与贮存（CCS）技术。

第三章

大气污染防治及化工废气治理

第一节
了解大气与生命的关系

一、大气结构与组成

1. 大气结构

　　地球上生命的存在，特别是人类的存在，是因为地球具备了生命存在的环境条件，而大气是不可缺少的因素之一。

　　地球表面覆盖着的多种气体组成大气，称为**大气层**。将随地球旋转的大气层称为

大气圈。大气圈中空气质量的分布是不均匀的，总体看，海平面处的空气密度最大，随着高度的增加，空气密度逐渐变小。在超过 1000～1400km 的高空，气体已非常稀薄。通常把从地球表面到 1000～1400km 的大气层作为大气圈的厚度。

大气在垂直方向上的温度、组成与物理性质也是不均匀的。由此，在结构上可将大气层分为 **对流层**、**平流层**、**中间层**、**暖层** 和 **散逸层**。图 3-1 是大气垂直方向上的分层。

2. 大气的组成

大气是由多种成分组成的混合气体，由干洁空气、水汽、悬浮微粒组成。

① **干洁空气** 干洁空气即干燥清洁空气，它的主要成分为氮、氧和氩，它们在空气中的总体积约占 99.96%。此外还有少量的其他成分，如二氧化碳、氖、氦、氪、氙、氢、臭氧等。如表 3-1 所示。

② **水汽** 水汽主要来自于水体、土壤和植物中水分的蒸发，其在大气中的含量比氮、氧等成分含量低得多。它随时间、地域、气象条件的不同变化很大，干旱地区可低到 0.02%，温湿地带可高达 6%。水汽含量对天气变化起着重要作用，是大气中的重要组分之一。

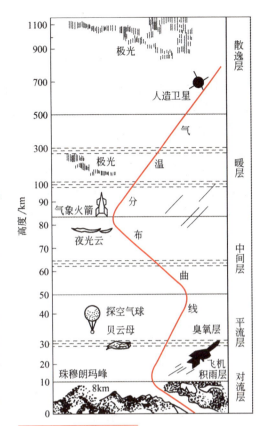

图 3-1　大气层结构示意图

表 3-1　干洁空气的组成

气体类别	含量（体积分数）/%	气体类别	含量（体积分数）/%
氮（N_2）	78.09	氦（He）	5.24×10^{-4}
氧（O_2）	20.95	氪（Kr）	1.0×10^{-4}
氩（Ar）	0.93	氢（H_2）	0.5×10^{-4}
二氧化碳（CO_2）	0.032	氙（Xe）	0.08×10^{-4}
氖（Ne）	18×10^{-4}	臭氧（O_3）	0.01×10^{-4}

③ **悬浮微粒** 由于自然因素而生成的颗粒物，如岩石的风化、火山爆发、宇宙落物以及海浪飞逸等；工业烟尘是主要的人为因素。进入大气层中的悬浮微粒，它的含量、种类和化学成分都是变化的。

当大气中某个组分（不包括水分）的含量超过其标准时，或自然大气中出现本来不存在的物质时，即可判定它们是大气的外来污染物。

二、大气与生命的关系

人类生活在大气圈中，大气与生命的关系非常密切。一般成年人每天需要呼吸约 $10 \sim 12m^3$ 的空气，它相当于一天的食物质量的 10 倍，饮水质量的 3 倍。一个人可以 5 周不吃食物，5 天不喝水，但断绝空气几分钟也不行。因此，清洁的空气是健康的重要保证。

对于人类来说，空气中的氧通过肺泡的薄壁与血液中的血红蛋白结合，从而由血液输送氧至全身各部位，与身体中营养成分作用而释放出活动必需的能量。若大气中含有比氧更易与血红蛋白结合的物质，当其达到一定浓度时，则可夺取氧的地位而与血红蛋白结合，致使身体由于缺氧而生病、死亡。例如一氧化碳和氰化物就是如此。

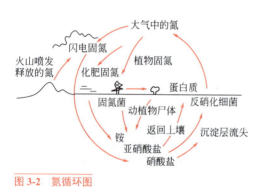

图 3-2　氮循环图

对植物来说，虽然它吸收二氧化碳放出氧气，但它的正常生理反应也是需要氧的，没有氧植物也要死亡。

空气中的氮也是重要的生命元素。氮在空气中以分子氮形式存在，含量虽大，却不能为多数生物直接利用。氮分子必须经过个别微生物吸收、转化为无机氮化合物，而后才能作为固定的氮进入土壤，在那里被高等植物并最终被动物所吸收利用，形成生命必需的基础物质——蛋白质。如图 3-2 所示。

第二节
掌握化工废气的来源与危害

按照国际标准化组织（ISO）作出的定义：**大气污染**通常是指由于人类活动和自然过程引起某种物质进入大气中，呈现出足够的浓度，达到了足够的时间并因此而危害了人体的舒适、健康和福利或危害了环境的现象。从定义中可以看出，造成大气污染的原因是人类活动（包括生活活动和生产活动，以生产活动为主）和自然过程；形成大气污染的必要条件是污染物在大气中要含有足够的浓度并对人体作用足够的时间。按污染的范围由小至大可分为四类：

① **局部地区污染**　如某工厂排气造成的直接影响；

② **区域大气污染**　如工矿区或整个城市的污染；

③ **广域大气污染**　如酸雨，涉及地域广大；

④ **全球大气污染**　如温室效应、臭氧层破坏，涉及整个地球大气层的污染。

一、废气污染物的来源和分类

大气污染物种类繁多，主要来源于自然过程和人类活动。如表3-2所示。

表3-2 地球上自然过程及人类活动的排放源及排放量

污染物名称	自然排放		人类活动排放		大气背景浓度
	排放源	排放量/（t/a）	排放源	排放量/（t/a）	
SO_2	火山活动	未估计	煤和油的燃烧	146×10^6	0.2×10^{-9}
H_2S	火山活动、沼泽中的生物作用	100×10^6	化学过程污水处理	3×10^6	0.2×10^{-9}
CO	森林火灾、海洋、萜烯反应	33×10^6	机动车和其他燃烧过程排气	304×10^6	0.1×10^{-6}
$NO-NO_2$	土壤中细菌作用	NO：430×10^6 NO_2：658×10^6	燃烧过程	53×10^6	NO：$(0.2 \sim 4) \times 10^{-6}$ NO_2：$(0.5 \sim 4) \times 10^{-6}$
NH_3	生物腐烂	1160×10^6	废物处理	4×10^6	$(6 \sim 20) \times 10^{-9}$
N_2O	土壤中的生物作用	590×10^6	无	无	0.25×10^{-6}
C_mH_n	生物作用	CH_4：1.6×10^9 萜烯：200×10^6	燃烧和化学过程	88×10^6	CH_4：1.5×10^{-6} 非$CH_4 < 1 \times 10^{-9}$
CO_2	生物腐烂、海洋释放	10^{12}	燃烧过程	1.4×10^{19}	320×10^{-9}

由自然过程排放污染物所造成的大气污染多为暂时的和局部的，人类活动排放污染物是造成大气污染的主要根源。因此目前对大气污染所作的研究，针对的主要是人为造成的大气污染问题。

1．污染源分类

为满足污染调查、环境评价、污染物治理等环境科学研究的需要，对人工污染源进行如下分类。

（1）按污染源存在的形式分

① 固定污染源 位置固定，如工厂的排烟或排气。

② 移动污染源 在移动过程中排放大量废气，如汽车等。

这类方法适用于进行大气质量评价时满足绘制污染源分析图的需要。

（2）按污染物排放的方式分

① 高架源 污染物通过高烟囱排放。

② 面源 许多低矮烟囱集中起来而构成一个区域性的污染源。

③ 线源 移动污染源在一定街道上造成的污染。

这类分类方法适用于大气扩散计算。

（3）按污染物排放的时间分

① 连续源 污染物连续排放，如化工厂排气等。

② 间断源 时断时续排放，如取暖锅炉的烟囱。

③ 瞬时源 短暂时间排放，如某些工厂事故性排放。

这种分类方法适用于分析污染物排放的时间规律。

（4）按污染物产生的类型分

① **工业污染源** 包括工业用燃料燃烧排放的污染物，生产过程中排放废气、粉尘等。

② **农业污染源** 农用燃料燃烧的废气、有机氯农药、氮肥分解产生的 NO_x 等。

③ **生活污染源** 民用炉灶、取暖锅炉、垃圾焚烧等放出的废气，具有量大、分布广、排放高度低等特点。

④ **交通污染源** 交通运输工具燃烧燃料排放废气，成分复杂，危害性大。

2. 大气污染物的来源

大气污染物的产生源主要有以下几个方面。

① **燃料燃烧** 火力发电厂、钢铁厂、炼焦厂等工矿企业和各种工业窑炉、民用炉灶、取暖锅炉等燃料燃烧均向大气排放大量污染物。发达国家能源以石油为主，大气污染物主要是二氧化碳、二氧化硫、氮氧化物和有机化合物。我国能源以煤为主，约占能源消费的 75%，主要污染物是二氧化硫和颗粒物。

② **工业生产过程** 化工厂、炼油厂、钢铁厂、焦化厂、水泥厂等各类工业企业，在原料和产品的运输、粉碎以及各种成品生产过程中，都会有大量的污染物排入大气中。这类污染物主要有粉尘、碳氢化合物、含硫化合物、含氮化合物以及卤素化合物等。生产工艺、流程、原材料及操作管理条件和水平的不同，所排放污染物的种类、数量、组成、性质等也有很大的差异。如表3-3所示。

表3-3 化工主要行业废气来源及其主要污染物

行业	主要来源	废气中主要污染物
氮肥	合成氨、尿素、碳酸氢铵、硝酸铵、硝酸	NO_x、尿素粉尘、CO、Ar、NH_3、SO_2、CH_4、尘
磷肥	磷矿石加工、普通过磷酸钙、钙镁磷肥、重过磷酸钙、磷酸铵类氮磷复合肥、磷酸、硫酸	氟化物、粉尘、SO_2、酸雾、NH_3
无机盐	铬盐、二硫化碳、钡盐、过氧化氢、黄磷	SO_2、P_2O_5、Cl_2、HCl、H_2S、CO、CS_2、As、F、S、氯化铬酰、重芳烃
氯碱	烧碱、氯气、氯产品	Cl_2、HCl、氯乙烯、汞、乙炔
有机原料及合成材料	烯类、苯类、含氧化合物、含氮化合物、卤化物、含硫化合物、芳香烃衍生物、合成树脂	SO_2、Cl_2、HCl、H_2S、NH_3、NO_x、CO、有机气体、烟尘、烃类化合物
农药	有机磷类、氨基甲酸酯类、菊酯类、有机氯类等	HCl、Cl_2、氯乙烷、氯甲烷、有机气体、H_2S、光气、硫醇、二硫酯、氨、硫代磷酸酯农药
染料	染料中间体、原染料、商品染料	H_2S、SO_2、NO_x、Cl_2、HCl、有机气体、苯、苯类、醇类、醛类、烷烃、硫酸雾、SO_3
涂料	涂料：树脂漆、油脂漆；无机颜料：钛白粉、立德粉、铬黄、氧化锌、氧化铁、红丹、黄丹、金属粉、华兰	芳烃
炼焦	炼焦、煤气净化及化学产品加工	CO、SO_2、NO_x、H_2S、芳烃、尘、苯并[a]芘、CO

③ **农业生产过程** 农药和化肥的使用可以对大气产生污染。如DDT施用后能在水面漂浮，并同水分子一起蒸发而进入大气；氮肥在施用后，可直接从土壤表面挥发成气体进入大气；以有机氮或无机氮进入土壤内的氮肥，在土壤微生物作用下转化为氮氧化物进入大气，从而增加了大气中氮氧化物的含量。

④ **交通运输过程** 各种机动车辆、飞机、轮船等均排放有害废物到大气中。交通运

输产生的污染物主要有碳氢化合物、一氧化碳、氮氧化物、含铅污染物、苯并 [a] 芘等。这些污染物在阳光照射下，有的可经光化学反应，生成光化学烟雾，形成了二次污染物，对人类的危害更大。

3．大气污染物分类

按照污染物存在的形态，大气污染物可分为颗粒污染物与气态污染物。

依照与污染源的关系，可将其分为一次污染物和二次污染物。从污染源直接排出的原始物质，进入大气后其性质没有发生变化，称为一次污染物；若一次污染物与大气中原有成分，或几种一次污染物之间，发生了一系列的化学变化或光化学反应，形成了与原污染物性质不同的新污染物，称为二次污染物。

（1）颗粒污染物

进入大气的固体粒子和液体粒子均属于颗粒污染物，有以下几种类型。

① 尘粒　粒径大于 $75\mu m$ 的颗粒物。粒径较大，易于沉降。

② 粉尘　粒径大于 $10\mu m$ 而小于 $75\mu m$，靠重力作用能在较短时间内沉降到地面，称为降尘。粒径小于 $10\mu m$，不易沉降，能长期在大气中飘浮者，称为飘尘。粉尘一般是在固体物料的输送、粉碎、分级、研磨、装卸等机械过程或由于岩石、土壤风化等自然过程中产生的颗粒物。

③ 烟尘　粒径均小于 $1\mu m$。在燃料燃烧、高温熔融和化学反应等过程中所形成的颗粒物，飘浮于大气中称为烟尘。它包括因升华、焙烧、氧化等过程形成的烟气，也包括燃料不完全燃烧所造成的黑烟以及由于蒸汽凝结所形成的烟雾。

④ 雾尘　小液体粒子悬浮于大气中的悬浮体的总称。一般是由于蒸汽的凝结、液体的喷雾、雾化以及化学反应过程所形成，如水雾、酸雾、碱雾、油雾等。粒子粒径小于 $100\mu m$。

⑤ 煤尘　燃烧过程中未被燃烧的煤粉尘、大中型煤码头的扬尘及露天煤矿的煤扬尘等。

（2）气态污染物

气态污染物种类极多，能够检出的上百种，对我国大气环境产生危害的主要污染物有五种。

① 含硫化合物　主要指 SO_2、SO_3 和 H_2S 等，以 SO_2 的数量最大，危害也最大。

② 含氮化合物　最主要的是 NO、NO_2、NH_3 等。

③ 碳氧化合物　CO、CO_2 是主要污染大气的碳氧化合物。

④ 碳氢化合物　主要指有机废气。有机废气中的许多组分构成了对大气的污染，如烃、醇、酮、酯、胺等。

⑤ 卤素化合物　主要是含氯化合物及含氟化合物，如 HCl、HF、SiF_4 等。如表 3-4 所示。

表 3-4　气体状态大气污染物的种类

污染物	一次污染物	二次污染物	污染物	一次污染物	二次污染物
含硫化合物	SO_2、H_2S	SO_3、H_2SO_4、MSO_4	碳氢化合物	C_mH_n	醛、酮、过氧乙酰基硝酸酯
碳氧化合物	CO、CO_2	无	卤素化合物	HF、HCl	无
含氮化合物	NO、NH_3	NO_2、HNO_3、MNO_3、O_3			

（3）二次污染物

最受人们重视的二次污染物是光化学烟雾。

① 伦敦型烟雾　大气中未燃烧的煤尘、SO_2，与空气中的水蒸气混合并发生化学反应所形成的烟雾，也称为硫酸烟雾。

② 洛杉矶型烟雾　汽车、工厂等排入大气中的氮氧化物或碳氢化合物，经光化学作用形成的烟雾，也称为光化学烟雾。

③ 工业型光化学烟雾　在我国兰州西固地区，氮肥厂排放的 NO_x、炼油厂排放的碳氢化合物，经光化学作用所形成的光化学烟雾。

二、主要废气污染物及其危害

大气中的污染物对环境和人体都会产生很大的影响，同时对全球环境也带来影响，如温室气体效应、酸雨、臭氧层破坏等，对全球的气候、生态、农业、森林等造成一系列影响。

图 3-3 显示大气污染对人体及环境的影响途径。大气污染物可以通过降水、降尘等方式对水体、土壤和作物产生影响，并通过呼吸、皮肤接触、食物、饮用水等进入人体，对人体健康和生态环境造成直接的近期或远期的危害。

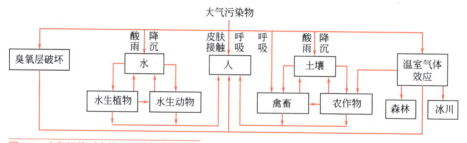

图 3-3　大气污染对人体及环境影响的途径

由于"污染（pollution）"这个词具有"毁坏"的含义，世界卫生组织（WHO）把大气中那些含量和存在时间达到一定程度以致对人体动植物和物品危害达到可测程度的物质，称为大气污染物。因此，当前最普遍被列入空气质量标准的污染物，除颗粒物外，主要有碳氧化物、硫氧化物、氮氧化物、碳氢化合物、臭氧等。见表 3-5 大气污染物浓度限值。

1. 碳氧化物

碳与氧反应而产生碳的氧化物，一氧化碳和二氧化碳

表 3-5　大气污染物浓度限值（摘自 GB 3095—2012）

污染物名称	平均时间	浓度限值		浓度单位
		一级标准	二级标准	
二氧化硫（SO_2）	年平均	20	60	$\mu g/m^3$
	24 小时平均	50	150	
	1 小时平均	150	500	

污染物名称	平均时间	浓度限值		浓度单位
		一级标准	二级标准	
二氧化氮（NO$_2$）	年平均	40	40	μg/m^3
	24 小时平均	80	80	
	1 小时平均	200	200	
一氧化碳（CO）	24 小时平均	4	4	mg/m^3
	1 小时平均	10	10	
臭氧（O$_3$）	日最大 8 小时平均	100	160	
	1 小时平均	160	200	
颗粒物（粒径小于等于 10μm）	年平均	40	70	
	24 小时平均	50	150	
颗粒物（粒径小于等于 2.5μm）	年平均	15	35	
	24 小时平均	35	75	
总悬浮颗粒物（TSP）	年平均	80	200	μg/m^3
	24 小时平均	120	300	
氮氧化物（NO$_x$）	年平均	50	50	
	24 小时平均	100	100	
	1 小时平均	250	250	
铅（Pb）	年平均	0.5	0.5	
	季平均	1	1	
苯并［a］芘（B［a］P）	年平均	0.001	0.001	
	24 小时平均	0.0025	0.0025	

$$2C + O_2 \longrightarrow 2CO$$

$$2CO + O_2 \longrightarrow 2CO_2$$

$$C + CO_2 \longrightarrow 2CO$$

因 CO（C≡O）分子中三键强度很大，使 CO 反应需要很高的活化能，以致 CO_2 的生成速度很慢，只有在供氧充分时才能变成 CO_2。另外由于燃烧时温度很高，导致部分 CO_2 被还原成 CO。显然，在燃料燃烧过程中不可避免地生成一定浓度的 CO。

一氧化碳是无色、无味的气体，使人不易警惕其存在。当人们吸入 CO 时，它与血红蛋白作用生成碳氧血红蛋白（carboxy hemoglobin，COHb）。实验证明，血红蛋白与一氧化碳的结合能力较与氧的结合能力大 200～300 倍。$O_2Hb + CO \longrightarrow COHb + O_2$，反应平衡常数为 210，降低了血液输送氧的能力而引起缺氧。其症状是眩晕等，同时使心脏过度疲劳，致使心血管工作困难，终至死亡。生活中常说的"煤气中毒"实质就是 CO 的作用。这种效应是可逆的，若 CO 中毒发现得早，在未造成其他损伤时，只要吸入新鲜空气 1～2h，就可以除去与血红蛋白结合的绝大部分 CO，而不会在人体内积蓄。

一氧化碳也是城市大气中数量最多的污染物，碳氢化合物燃烧不完全是 CO 的主要来源，如汽车排放尾气。其主要危害在于能参与光化学烟雾的形成，以及造成全球的环境问题。

二氧化碳是含碳物质完全燃烧的产物，也是动物呼吸排出的废气。它本身无毒，对人体无害，但其含量大于 8% 时会令人窒息。近年来研究发现，现代大气中 CO_2 的浓度不断上升引起地球气候变化，这个问题称为"**温室效应**"。所以联合国环境决策署决议将 CO_2 列为危害全球的 6 种化学品（镉、铅、汞、CO_2、NO_2 和光化学氧化剂、二氧化硫及其衍生物）之一，越来越受到环境科学的关注。

目前对 CO 的局部排放源的控制措施主要集中在汽车方面，如使用排气的催化反应器，加入过量空气使 CO 氧化成 CO_2。

2．硫氧化物

矿物燃料燃烧、冶金、化工等都会产生 SO_2 或 SO_3

$$S+O_2 \longrightarrow SO_2$$

$$2SO_2+O_2 \longrightarrow 2SO_3$$

1980 年据 Cullis 等的计算，全世界人为源排入大气的 SO_2（以硫计）约 1.04 亿吨；据最新统计结果，目前世界人为排放量已达到 1.50 亿吨。而由煤和石油燃烧产生 SO_2 占总排放量的 88%。值得指出的是，如燃煤电厂、冶金厂等排放硫烟气以大气量、低浓度（含 SO_2 0.1% ～ 0.8%）的形式排放，回收净化相当困难，已成为环境化学工程中一个具有战略意义的课题。尤其像我国以煤为主要能源的发展中国家，既要以煤作能源，又要花费大量费用来除去煤中高含量的硫，从而处于进退两难之中。

SO_2 具有强烈的刺激性气味，它能刺激眼睛，损伤呼吸器官，引起呼吸道疾病。特别是 SO_2 与大气中的尘粒、水分形成气溶胶颗粒时，这三者的协同作用对人的危害更大。这种污染称为伦敦型烟雾或叫硫酸烟雾。其过程是

$$SO_2 \xrightarrow{\text{催化或学化学氧化}} SO_3 \xrightarrow{H_2O} H_2SO_4 \xrightarrow{H_2O} (H_2SO_4)_m(H_2O)_n$$

由 SO_2 氧化成 SO_3 是关键的一步。在大气中可能由光化学氧化、液相氧化、多相催化氧化这三个途径来实现。许多污染事件表明，SO_2 与其他物质结合会产生更大的影响。如 1952 年 12 月的 5 天间，伦敦上空烟尘和 SO_2 浓度很高，地面上完全处于无风状态，雾很大，从工厂和家庭排出的烟尘在空中积蓄久久不断散开，导致 3500 ～ 4000 人死亡，超过正常死亡状况。尸体解剖表明，死者呼吸道受到刺激，SO_2 是造成死亡率过高的祸首。

SO_2 的腐蚀性很大，能导致皮革强度降低，建筑材料变色，塑像及艺术品毁坏。在与植物接触时，会杀死叶组织，引起叶子脱色变黄，农作物产量下降。另外，SO_2 在大气中含量过高是形成酸雨污染的重要因素。如我国华中地区是全国酸雨污染最重的区域，北方京津地区、图们、青岛等地也频频出现酸性降水。1982 年 12 月初，美国洛杉矶经受了两天的酸雾污染，地面形成高浓度酸雾颗粒，pH 为 1.7，导致能见度低，呼吸受到强烈刺激。表 3-6 是 2013 ～ 2017 年京津冀地区酸雨频率表。

表 3-6　2013 ～ 2017 年京津冀地区酸雨频率表

年份	2013 年	2014 年	2015 年	2016 年	2017 年	平均
酸雨出现总次数 / 次	369	180	140	155	106	190
酸雨频率 /%	29.3	17.1	10.6	12.9	10.3	16.0

大气中的 SO_2 主要通过降水清除或氧化成硫酸盐微粒后再干沉降或降雨去除。除此之外，土壤的微生物降解、化学反应、植被和水体的表面吸收等都是去除 SO_2 的途径。

3. 氮氧化物

在大气中含量多、危害大的氮氧化物（NO_x）只有一氧化氮（NO）和二氧化氮（NO_2）。人为排放主要来源于矿物燃料的燃烧过程（包括汽车及一切内燃机排放）、生产硝酸工厂排放的尾气。氮氧化物浓度高的气体呈棕黄色，从工厂烟囱排出来的氮氧化物气体称为"黄龙"。高温下，燃料燃烧可以伴随以下反应

$$N_2+O_2 \longrightarrow 2NO$$

$$NO+\frac{1}{2}O_2 \longrightarrow NO_2$$

实验证明，NO 的生成速度是随燃烧温度升高而加大的。在 300℃ 以下，产生很少的 NO。燃烧温度高于 1500℃ 时，NO 的生成量就显著增加。

NO 与有强氧化能力的物质作用（如与大气中臭氧作用），则生成 NO_2 的速度很快。NO_2 是一种红棕色有害的恶臭气体，具有腐蚀性和刺激作用。

大气中的氮氧化物对人类、动植物的生长及自然环境有很大的影响。

① 对人类的影响　当空气中的 NO_2 含量达 150mL/m³ 时，对人的呼吸器官有强烈的刺激，3～8h 会发生肺水肿，可能引起致命的危险。作为低层大气中最重要的光吸收分子，NO_2 可以吸收太阳辐射中的可见光和紫外线，被分解为 NO 和氧原子。

$$NO_2+hv（290～400nm）\longrightarrow NO+[O]$$

生成的氧原子非常活泼，由它可继续发生一系列反应，导致光化学烟雾。这就是洛杉矶型烟雾的实质。

② 对森林和作物生长的影响　NO_x 通过叶表面的气孔进入植物活体组织后，干扰了酶的作用，阻碍了各种代谢机能；有毒物质在植物体内还会进一步分解或参与合成过程，产生新的有害物质，侵害机体内的细胞和组织，使其坏死。

NO_x 也是形成酸雨的重要原因之一。酸雨可以破坏作物和树的根系统的营养循环；与臭氧结合损害树的细胞膜，破坏光合作用；酸雾还会降低树木的抗严寒和干燥的能力。

③ 对全球气候的影响　氮氧化物和二氧化碳引起"温室效应"，使地球气温上升 1.5～4.5℃，造成全球性气候反常。

大气中的 NO_x 大部分最终转化为硝酸盐颗粒，通过湿沉降和干沉降过程从大气中消除，被土壤、水体、植被等吸收、转化。

4. 碳氢化合物

碳氢化合物的人为排放源是：汽油燃烧（38.5%）、焚烧（28.3%）、溶剂蒸发（11.3%）、石油蒸发和运输损耗（8.8%）、提炼废物（7.1%）。美国排放碳氢化合物占总产量的比例高达 34%，其中半数以上来自交通运输。汽车排放的碳氢化合物主要是两类：烃类，如甲烷、乙烯、乙炔、丙烯、丁烷等；醛类，如甲醛、乙醛、丙醛、丙烯醛和苯甲醛等。此外还有少量芳烃和微量多环芳烃致癌物。

一般碳氢化合物对人的毒性不大，主要是醛类物质具有刺激性。对大气的最大影响是碳氢化合物在空气中反应形成危害较大的二次污染物，如光化学烟雾。

碳氢化合物从大气中去除的途径主要有土壤微生物活动，植被的化学反应、吸收和消化，对流层和平流层化学反应，以及向颗粒物转化等。

5. 粒状污染物

悬浮在大气中的微粒统称为悬浮颗粒物，简称颗粒物，这种微粒可以是固体也可以是液体。因其对生物的呼吸、环境的清洁、空气的能见度以及气候因素等造成不良影响，所以是大气中危害最明显的一类污染物。

天然过程排放颗粒物主要有火山爆发的烟气、岩石风化的灰尘、宇宙降尘、海浪飞逸的盐粒、各种微生物、细菌、植物的花粉等，约占大气颗粒物总量的89%。由燃料燃烧、开矿、选矿或固体物质的粉碎加工（磨面粉、制水泥等）、火药爆炸、农药喷洒等人工过程排放约占颗粒物总量的11%。人为排放集中在人类活动的场所如厂矿、城市等，它增加了人类周围环境的大气负担。人们对大气中不同的颗粒物赋予了种种名称，如烟、尘、雾等，它们的粒径、性质皆有不同，如图3-4所示。

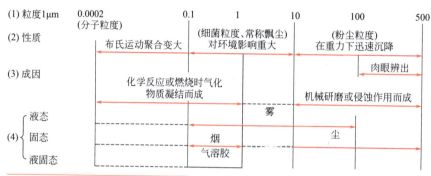

图 3-4　微粒的粒度、性质、成因和物态

粒状污染物的危害简略归纳如下。

① 遮挡阳光，使气温降低，或形成冷凝核心，使云雾和雨水增多，以致影响气候。

② 使可见度降低，交通不便，航空与汽车事故增加。

③ 可见度差导致照明耗电增加，燃料消耗随之增多，空气污染也更严重，形成恶性循环。

颗粒物与SO_2的协同作用对呼吸系统危害加大。如伦敦烟雾事件中，1952年那一次五天死亡近4000人；而在1962年的事件中，同样气象条件下，SO_2浓度虽然比1952年稍高，但飘尘却低一倍，死亡750人。

用四乙基铅作汽油的防爆剂时，排入空气中的铅有97%为直径小于0.5μm的微粒，分布广，危害大，对人的影响症状是脑神经麻木和慢性肾病，严重时死亡。

目前，我国大多数城市空气的首要污染物是颗粒物。2000年以来，北京、天津等华北大部分地区受沙尘暴影响达十几次，风沙满天、黄土飞扬，几米内难见人影，使该地区能见度明显下降，影响甚至扩散至华东地区。全球大气污染物的监测结果表明，北京、沈阳、西安、上海、广州5座城市大气中总悬浮颗粒物日均浓度在$200 \sim 500\mu g/m^3$，超过世界卫生组织标准$3 \sim 9$倍，统统被列入世界十大污染城市之中，而这5座城市的污染在中国仅属于中等。全国500座城市中符合大气环境质量一级标准的，只有1%。由此可见，降低颗粒物污染是我国大气环境保护的重要课题。经过不断整治，近年城市空气质量已有明显改善。

三、化工废气的特点

1．种类繁多

化学工业各个行业所用的化工原料不同，即使同一产品所用的工艺路线、同一工艺的不同时间都有差异，生产过程化学反应繁杂，造成化工废气的种类繁多。

2．组成复杂

化工废气含有多种复杂的有毒成分，如农药、染料、氯碱等行业废气中，既含有多种无机的化合物，又含有多种有机化合物。从原料到产品，经过许多复杂化学反应，产生多种副产物，致使某些废气的组成变得更加复杂。

3．污染物浓度高

个别化工企业工艺落后，设备陈旧，人的操作水平差，导致原材料流失严重，废气中污染物浓度高。如生产硫酸主要以硫铁矿为原料，有的使用含砷、氟较多的矿石，必然造成废气排放量大，污染物浓度高。

4．污染面广，危害性大

中国中小型化工企业约占90%，特别是小化工企业工艺落后，技术力量差，缺乏防治污染所需要的技术，排放的污染物容易致癌、致畸、致突变，含有恶臭、强腐蚀性及易燃、易爆组分，对生产装置、人身安全与健康及周围环境造成严重危害。

第三节
掌握气态污染物的治理

一、常用的气态污染物的治理方法

工农业生产、交通运输和人类生活活动中所排放的有害气态物质种类繁多，根据这些物质不同的化学性质和物理性质，采用不同的技术方法进行治理。

1．吸收法

吸收法是采用适当的液体作为吸收剂，使含有有害物质的废气与吸收剂接触，废气中的有害物质被吸收于吸收剂中，使气体得到净化的方法。在吸收过程中，用来吸收气体中有害物质的液体叫做吸收剂，被吸收的组分称为吸收质，吸收了吸收质后的液体叫做吸收液。吸收操作可分为物理吸收和化学吸收。在处理以气量大、有害组分浓度低为特点的各种废气时，化学吸收的效果要比单纯的物理吸收好得多，因此在用吸收法治理气体污染物时，多采用化学吸收法进行。

直接影响吸收效果的是吸收剂的选择。所选择的吸收剂一般应具有以下特点：吸收容量大，即在单位体积的吸收剂中吸收有害气体的数量要大；饱和蒸气压低，以减少因挥发而引起的吸收剂的损耗；选择性高，即对有害气体吸收能力强，而对无害气体吸收较少；沸点要适宜，热稳定性高，黏度及腐蚀性要小，价廉易得。

根据以上原则，若去除氯化氢、氨、二氧化硫、氟化氢等可选用水作吸收剂；若去除二氧化硫、氮氧化物、硫化氢等酸性气体可选用碱液（如烧碱溶液、石灰乳、氨水等）作吸收剂；若去除氨等碱性气体可选用酸液（如硫酸溶液）作吸收剂。另外，碳酸丙烯酯、N-甲基吡咯烷酮及冷甲醇等有机溶剂也可以有效地去除废气中的二氧化碳和硫化氢。

吸收法中所用吸收设备的主要作用是使气液两相充分接触，以便更好地发生传质过程，常用吸收装置性能比较见表3-7。

表 3-7 吸收装置的性能比较

装置名称	分散相	气测传质系数	液测传质系数	所用的主要气体
填料塔	液	中	中	SO_2、H_2S、HCl、NO_2 等
空塔	液	小	小	HF、SiF_4、HCl
旋风洗涤塔	液	中	小	含粉尘的气体
文丘里洗涤塔	液	大	中	HF、H_2SO_4、酸雾
板式塔	气	小	中	Cl_2、HF
湍流塔	液	中	中	HF、NH_3、H_2S
泡沫塔	气	小	大	Cl_2、NO_2

吸收一般采用逆流操作，被吸收的气体由下向上流动，吸收剂由上而下流动，在气、液逆流接触中完成传质过程。吸收工艺流程有非循环和循环过程两种，前者吸收剂不予再生，后者吸收剂封闭循环使用。

吸收法具有设备简单、捕集效率高、应用范围广、一次性投资低等特点，已被广泛用于有害气体的治理，例如含 SO_2、H_2S、HF 和 NO_x 等污染物的废气，均可用吸收法净化。吸收是将气体中的有害物质转移到了液相中，因此必须对吸收液进行处理，否则容易引起二次污染。此外，低温操作下吸收效果好，在处理高温烟气时，必须对排气进行降温处理，可以采取直接冷却、间接冷却、预置洗涤器等降温手段。

（1）SO_2 废气的吸收法治理

燃烧过程及一些工业生产排出的废气中 SO_2 浓度较低，而废气量大、影响面广，因此主要采用化学吸收才能满足净化要求。在化学吸收过程中，SO_2 作为吸收物质在液相中与吸收剂起化学反应，生成新物质，使 SO_2 在液相中的含量降低，从而增加了吸收过程的推动力；另一方面，由于溶液表面上 SO_2 的平衡分压降低很多，从而增加了吸收剂吸收气体的能力，使排出吸收设备气体中所含的 SO_2 浓度进一步降低，能达到很高的净化要求。目前具有工业实用意义的 SO_2 化学吸收方法主要有如下几种。

① 亚硫酸钾（钠）吸收法（WL法） 此法是英国威尔曼-洛德动力气体公司于1966年开发的，以亚硫酸钾或亚硫酸钠为吸收剂，SO_2 的脱除率达90%以上。吸收母液经冷却、结晶、分离出亚硫酸氢钾（钠），再用蒸汽将其加热分解生成亚硫酸钾（钠）和 SO_2。亚硫酸钾（钠）可以循环使用，SO_2 回收去制硫酸。WL-K（钾）法的反应为：

$$K_2SO_3 + SO_2 + H_2O \longrightarrow 2KHSO_3（吸收过程产物）$$

$$2KHSO_3 \xrightarrow{\text{加热}} K_2SO_3 + SO_2 \uparrow + H_2O \uparrow \quad \text{（分解过程产物）}$$

工艺流程如图 3-5 所示。

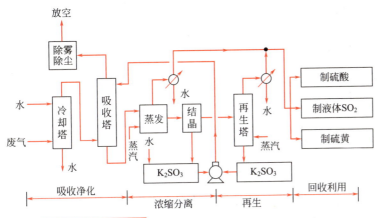

图 3-5　WL-K（钾）法流程图

WL-Na（钠）法的反应为：

$$Na_2SO_3 + SO_2 + H_2O \longrightarrow 2NaHSO_3 \quad \text{（吸收过程产物）}$$

$$2NaHSO_3 \xrightarrow{\text{加热}} Na_2SO_3 + SO_2 \uparrow + H_2O \uparrow \quad \text{（分解过程产物）}$$

工艺流程如图 3-6 所示。

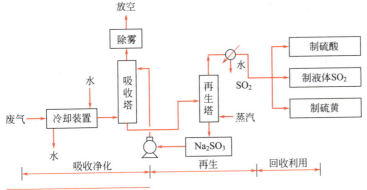

图 3-6　WL-Na（钠）法流程图

WL 法的优点是吸收液循环使用，吸收剂损失少；吸收液对 SO$_2$ 的吸收能力高，液体循环量少，泵的容量少；副产品 SO$_2$ 的纯度高；操作负荷范围大，可以连续运转；基建投资和操作费用较低，可实现自动化操作。

WL 法的缺点是必须将吸收液中可能含有的 Na$_2$SO$_4$ 去除掉，否则会影响吸收速率；另外吸收过程中会有结晶析出而造成设备堵塞。

② **碱液吸收法**　采用苛性钠溶液、纯碱溶液或石灰浆液作为吸收剂，吸收 SO$_2$ 后制得亚硫酸钠或亚硫酸钙。

a. 以苛性钠溶液作吸收剂（吴羽法）反应过程为：

$$2NaOH + SO_2 \longrightarrow Na_2SO_3 + H_2O$$

$$Na_2SO_3 + SO_2 + 3H_2O \longrightarrow 2NaHSO_3 + 2H_2O$$

$$NaHSO_3 + NaOH \longrightarrow Na_2SO_3 + H_2O$$

工艺流程如图3-7所示。

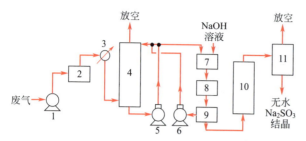

图 3-7　吴羽法脱硫流程

1—风机；2—除尘器；3—冷却塔；4—吸收塔；5，6—泵；7—中和结晶槽；
8—浓缩器；9—分离机；10—干燥塔；11—旋风式分离器

含 SO_2 废气先经除尘以防止堵塞吸收塔，冷却的目的在于提高吸收效率。但吸收液的 pH 达 5.6～6.0 后，送至中和结晶槽，加入 50% 的 NaOH 调整 pH=7，加入适量硫化钠溶液以去除铁和重金属离子，随后再用 NaOH 将 pH 调整到 12。进行蒸发结晶后，用离子分离机将亚硫酸钠结晶分离出来，干燥之后，经旋风分离可得无水亚硫酸钠产品。

此法 SO_2 的吸收率可达 95% 以上，且设备简单，操作方便。但苛性钠供应紧张，亚硫酸钠销路有限，此法仅适用于小规模 [$10 \times 10^4 m^3$（标准状况）/h 废气]。

b. 用纯碱溶液作为吸收剂（双碱法）　此法是用 Na_2CO_3 或 NaOH 溶液（第一碱）来吸收废气中的 SO_2，再用石灰石或石灰浆液（第二碱）再生，制得石膏，再生后的溶液可继续循环使用。

吸收的化学反应为：

$$2Na_2CO_3 + SO_2 + H_2O \longrightarrow 2NaHCO_3 + Na_2SO_3$$

$$2NaHCO_3 + SO_2 \longrightarrow Na_2SO_3 + 2CO_2 + H_2O$$

$$Na_2SO_3 + SO_2 + H_2O \longrightarrow 2NaHSO_3$$

双碱法的工艺流程如图3-8所示。

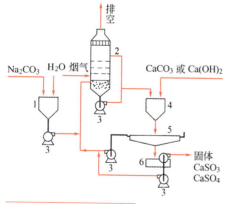

图 3-8　钠钙双碱法工艺流程

1—配碱槽；2—洗涤器；3—液泵；4—再生槽；5—增稠器；6—过滤器

再生过程的反应为：

$$2NaHSO_3+CaCO_3 \longrightarrow Na_2SO_3+CaSO_3 \cdot \frac{1}{2}H_2O \downarrow +CO_2 \uparrow + \frac{1}{2}H_2O$$

$$2NaHSO_3+Ca(OH)_2 \longrightarrow Na_2SO_3+CaSO_3 \cdot \frac{1}{2}H_2O \downarrow + \frac{3}{2}H_2O$$

$$2\left(CaSO_3 \cdot \frac{1}{2}H_2O\right) +O_2+3H_2O \longrightarrow 2(CaSO_4 \cdot 2H_2O)$$

另一种双碱法是采用碱式硫酸铝 $[Al_2(SO_4)_3 \cdot xAl_2O_3]$ 作吸收剂，吸收 SO_2 后再氧化成硫酸铝，然后用石灰石与之中和再生出碱性硫酸铝循环使用，并得到副产品石膏。其反应过程是：

吸收反应

$$Al_2(SO_4)_3 \cdot Al_2O_3+3SO_2 \longrightarrow Al_2(SO_4)_3 \cdot Al_2(SO_3)_3$$

氧化反应

$$2\left[Al_2(SO_4)_3 \cdot Al_2(SO_3)_3\right]+3O_2 \longrightarrow 4Al_2(SO_4)_3$$

中和反应

$$2Al_2(SO_4)_3+3CaCO_3+6H_2O \longrightarrow Al_2(SO_4)_3 \cdot Al_2O_3+3(CaSO_4 \cdot 2H_2O)+3CO_2 \uparrow$$

③ **氨液吸收法**　此法是以氨水或液态氨作吸收剂，吸收 SO_2 后生成亚硫酸铵和亚硫酸氢铵。其反应如下：

$$NH_3+H_2O+SO_2 \longrightarrow NH_4HSO_3$$

$$2NH_3+H_2O+SO_2 \longrightarrow (NH_4)_2SO_3$$

$$(NH_4)_2SO_3+H_2O+SO_2 \longrightarrow 2NH_4HSO_3$$

当 NH_4HSO_3 比例增大时，吸收能力降低，必须补充氨将亚硫酸氢铵转化成亚硫酸铵，即进行吸收液的再生。

$$NH_3+NH_4HSO_3 \longrightarrow (NH_4)_2SO_3$$

此外，还需引出一部分吸收液，可以采用氨 - 硫酸铵法、氨 - 亚硫酸铵法等方法回收硫酸铵或亚硫酸铵等副产品。

a. 氨 - 硫酸铵法　此法亦称酸分解法，其工艺流程如图 3-9 所示。

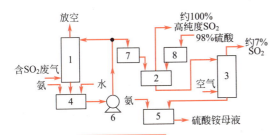

图 3-9　酸分解法脱硫流程示意图

1—吸收塔；2—混合器；3—分解塔；4—循环槽；5—中和器；6—泵；7—母液；8—硫酸

将吸收液通过过量硫酸进行分解，再用氨进行中和以获得硫酸铵，同时制得 SO_2 气体。其反应如下：

$$(NH_4)_2SO_3+H_2SO_4 \longrightarrow (NH_4)_2SO_4+SO_2+H_2O$$

$$2NH_4HSO_3+H_2SO_4 \longrightarrow (NH_4)_2SO_4+2SO_2+2H_2O$$

$$H_2SO_4+2NH_3 \longrightarrow (NH_4)_2SO_4$$

b. 氨 - 亚硫酸铵法　此法是将吸收液引入混合器内，加入氨中和，将亚硫酸氢铵转变为亚硫酸铵，直接去结晶，分离出亚硫酸铵产品。

此法不必使用硫酸，投资少，设备简单。其工艺流程见图 3-10。

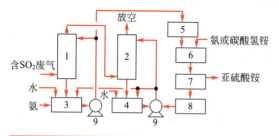

图 3-10　氨 - 亚硫酸铵法脱硫流程示意图
1—第一吸收塔；2—第二吸收塔；3，4—循环槽；5—高位槽；6—中和器；7—离心机；8—吸收液贮槽；9—吸收液泵

④ **液相催化氧化吸收法（千代田法）**　此法是以含 Fe^{3+} 催化剂的浓度为 2% ～ 3% 稀硫酸溶液作吸收剂，直接将 SO_2 氧化成硫酸。吸收液一部分回吸收塔循环使用，另一部分与石灰石反应生成石膏。故此法也称稀硫酸 - 石膏法，其反应为：

$$2SO_2+O_2+2H_2O \xrightarrow{Fe^{3+}} 2H_2SO_4$$

$$H_2SO_4+CaCO_3+H_2O \longrightarrow CaSO_4 \cdot 2H_2O \downarrow +CO_2 \uparrow$$

其工艺流程如图 3-11 所示。

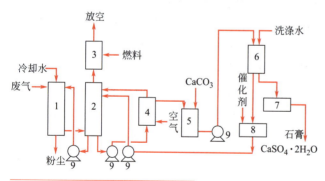

图 3-11　稀硫酸 - 石膏法脱硫流程示意图
1—冷却塔；2—吸收塔；3—加热塔；4—氧化塔；5—结晶塔；6—离心机；7—输送机；8—吸收液贮槽；9—泵

千代田法简单，操作容易，不需特殊设备和控制仪表，能适应操作条件的变化，脱硫率可达 98%，投资和运转费用较低。缺点是稀硫酸腐蚀性较强，必须采用合适的防腐材料。同时，所得稀硫酸浓度过低，不便于运输和使用。

⑤ **金属氧化物吸收法**　此法是用 MgO、ZnO、MnO_2、CuO 等金属氧化物的碱性水化物浆液作为吸水剂。吸收 SO_2 后的溶液中含有亚硫酸盐、亚硫酸氢盐和氧化产物硫酸盐，它们在较高温度下分解并再生出浓度较高的 SO_2 气体。现以 MgO 为例进行介绍，称作氧化镁法。

吸收过程反应：

$$MgO+H_2O \longrightarrow Mg(OH)_2$$

$$Mg(OH)_2+SO_2+5H_2O \longrightarrow MgSO_3 \cdot 6H_2O$$

$$MgSO_3+6H_2O+SO_2 \longrightarrow Mg(HSO_3)_2+5H_2O$$

$$Mg(HSO_3)_2+Mg(OH)_2+10H_2O \longrightarrow 2(MgSO_3 \cdot 6H_2O)$$

若烟气中 O_2 过量时：

$$Mg(HSO_3)_2+\frac{1}{2}O_2+6H_2O \longrightarrow MgSO_4 \cdot 7H_2O+SO_2$$

$$MgSO_3+\frac{1}{2}O_2+7H_2O \longrightarrow MgSO_4 \cdot 7H_2O$$

干燥过程反应：

$$MgSO_3 \cdot 6H_2O \xrightarrow{\triangle} MgSO_3+6H_2O$$

$$MgSO_4 \cdot 7H_2O \xrightarrow{\triangle} MgSO_4+7H_2O$$

分解过程反应：

$$MgSO_3 \xrightarrow{800 \sim 1100℃} MgO+SO_2 \uparrow$$

$$MgSO_4+\frac{1}{2}C \longrightarrow MgO+SO_2 \uparrow +\frac{1}{2}CO_2 \uparrow$$

我国的氧化镁（菱苦土）资源丰富，该法在我国有发展前途。

⑥ **海水吸收法**　该法是近年来发展起来的一项新技术，它利用海水中和烟气中的 SO_2，经反应生成可溶性的硫酸盐排回大海。海水 pH 为 $8.0 \sim 8.3$，所含碳酸盐对酸性物质有缓冲作用，海水吸收 SO_2 生成的产物是海洋中的天然成分，不会对环境造成严重污染。

海水脱硫的主要反应是：

$$2SO_2+2H_2O+O_2 \longrightarrow 2SO_4^{2-}+4H^+$$

$$HCO_3^-+H^+ \longrightarrow H_2O+CO_2$$

海水脱硫工艺依靠现场的自然碱度，产生的硫酸盐完全溶解后返回大海，无固体生成物；所需设备少，运行简单。但此法只能在海洋地区使用，有一定的局限性。挪威西海岸 Mongstadt 炼油厂于 1989 年建成第一套海水吸收 SO_2 装置，SO_2 脱除率可达 98.8%。我国深圳西部电力有限公司于 1998 年 7 月建成运行海水脱硫装置，脱硫率也大于 90%。

⑦ **尿素吸收法**　此法是用尿素溶液作吸收剂，pH 为 $5 \sim 9$，SO_2 的去除率与其在烟气中的浓度无关，吸收液可回收硫酸铵。其反应如下：

$$2SO_2+O_2+2CO(NH_2)_2+4H_2O \longrightarrow 2(NH_4)_2SO_4+2CO_2$$

此法可同时去除 NO_x，去除率大于 95%。

$$NO+NO_2+CO(NH_2)_2 \longrightarrow 2H_2O+CO_2+2N_2$$

尿素吸收 SO_2 工艺由俄罗斯门捷列夫化学工艺学院开发，SO_2 去除率可达 100%。

（2）NO_x 废气的吸收法治理

采用吸收法脱出氮氧化物，是化学工业生产过程中比较常用的方法。可以归纳为：水吸收法；酸吸收法，如硫酸、稀硝酸作吸收剂；碱液吸收法，如烧碱、纯碱、氨水作吸收剂；还原吸收法，如氯-氨、亚硫酸盐法等；氧化吸收法，如次氯酸钠、高锰酸钾、臭氧作氧化剂；生成配合物吸收法，如硫酸亚铁法；分解吸收法，如酸性尿素水溶液作吸收剂。

现具体简单介绍几种。

① **水吸收法**　NO_2 或 N_2O_4 与水接触，发生以下反应。

$$2NO_2（或 N_2O_4）+H_2O \longrightarrow HNO_3+HNO_2$$

$$2HNO_2 \longrightarrow H_2O+NO+NO_2（或 \frac{1}{2}N_2O_4）$$

$$2NO+O_2 \longrightarrow 2NO_2（或 N_2O_4）$$

水对氮氧化物的吸收率很低，主要由一氧化氮被氧化成二氧化氮的速率决定。当一氧化氮浓度高时，吸收速率有所增高。一般水吸收法的效率为 30% ～ 50%。

此法制得浓度为 5% ～ 10% 的稀硝酸，可用于中和碱性污水，作为废水处理的中和剂，也可用于生产化肥等。另外，此法是在 588 ～ 686kPa 的高压下操作，操作费及设备费均较高。

② **稀硝酸吸收法**　此法是用 30% 左右的稀硝酸作为吸收剂，先在 20℃ 和 $1.5×10^5$Pa 压力下，NO_x 被稀硝酸进行物理吸收，生成很少的硝酸；然后将吸收液在 30℃ 下用空气进行吹脱，吹出 NO_x 后，硝酸被漂白；漂白酸经冷却后再用于吸收 NO_x。由于氮氧化物在漂白稀硝酸中的溶解度要比在水中溶解度高，一般采用此法 NO_x 的去除率可达 80% ～ 90%。稀硝酸吸收法流程示意图见图 3-12。

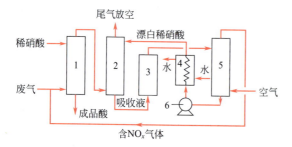

图 3-12　稀硝酸吸收法流程示意图

1—第一吸收塔；2—第二吸收塔；3—加热器；4—冷却塔；5—漂白塔；6—泵

③ **碱性溶液吸收法**　此法的原理是利用碱性物质来中和所生成的硝酸和亚硝酸，使之变为硝酸盐和亚硝酸盐。使用的吸收剂主要有氢氧化钠、碳酸钠和石灰乳等。

烧碱作吸收剂时反应为：

$$2NaOH+2NO_2 \longrightarrow NaNO_3+NaNO_2+H_2O$$

$$2NaOH+NO_2+NO \longrightarrow 2NaNO_2+H_2O$$

该法氮氧化物的脱除率可以达到 80% ～ 90%。

纯碱作吸收剂时反应为：

$$Na_2CO_3+2NO_2 \longrightarrow NaNO_3+NaNO_2+CO_2 \uparrow$$

$$Na_2CO_3+NO_2+NO \longrightarrow 2NaNO_2+CO_2 \uparrow$$

该法氮氧化物的脱除率约为 $70\% \sim 80\%$。

氨水作吸收剂时反应为：

$$2NO_2+2NH_3 \longrightarrow NH_4NO_3+N_2+H_2O$$

$$2NO+\frac{1}{2}O_2+2NH_3 \longrightarrow NH_4NO_2+N_2+H_2O$$

该法氮氧化物的脱除率可达 90%。

④ **还原吸收法**　此法是利用氯的氧化能力与氨的中和还原能力治理氮氧化物，称氯 - 氨法。

其反应是：

$$2NO+Cl_2 \longrightarrow 2NOCl$$

$$NOCl+2NH_3 \longrightarrow NH_4Cl+N_2 \uparrow +H_2O$$

$$2NO_2+2NH_3 \longrightarrow NH_4NO_3+N_2 \uparrow +H_2O$$

此种方法 NO_x 的去除率比较高，可达 $80\% \sim 90\%$，产生的 N_2 对环境也不存在污染问题。但是，由于同时还有氯化铵及硝酸铵产生，呈白色烟雾，需要进行电除尘分离，使本方法的推广使用受到限制。

⑤ **氧化吸收法**　用氧化剂先将 NO 氧化成 NO_2，然后再用吸收液加以吸收。例如日本的 NE 法采用碱性高锰酸钾溶液作为吸收剂，其反应是：

$$KMnO_4+NO \longrightarrow KNO_3+MnO_2 \downarrow$$

$$3NO_2+KMnO_4+2KOH \longrightarrow 3KNO_3+H_2O+MnO_2 \downarrow$$

此法 NO_x 去除率达 $93\% \sim 98\%$。这类方法效率高，但运转费用也比较高。

总之，尽管有许多物质可以作为吸收 NO_x 的吸收剂，使含 NO_x 废气的治理可以采用多种不同的吸收方法，但从工艺、投资及操作费用等方面综合考虑，目前使用较多的还是碱性溶液吸收和氧化吸收这两种方法。

2. 吸附法

吸附法就是使废气与大表面多孔性固体物质相接触，使废气中的有害组分吸附在固体表面上，使其与气体混合物分离，从而达到净化的目的。具有吸附作用的固体物质称为吸附剂，被吸附的气体组分称为吸附质。

吸附过程是可逆的过程，在吸附质被吸附的同时，部分已被吸附的吸附质分子还可因分子的热运动而脱离固体表面回到气相中去，这种现象称为脱附。当吸附与脱附速度相等时，就达到了吸附平衡，吸附的表观过程停止，吸附剂就丧失了吸附能力，此时应当对吸附剂进行再生，即采用一定的方法使吸附质从吸附剂上解脱下来。吸附法治理气态污染物包括吸附及吸附剂再生的全部过程。

吸附净化法的净化效率高，特别是对低浓度气体仍具有很强的净化能力。吸附法常常应用于排放标准要求严格或有害物浓度低，用其他方法达不到净化要求的气体净化。但是由于吸附剂需要重复再生利用，以及吸附剂的容量有限，使得吸附方法的应用受到一定的限制，如对高浓度废气的净化，一般不宜采用该法，否则需要对吸附剂频繁进行再生，既影响吸附剂的使用寿命，同时会增加操作费用及操作上的繁杂程序。

合理选择与利用高效率吸附剂，是提高吸附效果的关键。应从几方面考虑吸附剂选择：大的比表面积和孔隙率；良好的选择性；吸附能力强，吸附容量大；易于再生；机械强度大；化学稳定性强；热稳定性好；耐磨损，寿命长；价廉易得。

根据以上特点，常用的吸附剂如表 3-8 所示。

表 3-8　不同吸附剂及应用范围

吸附剂	可吸附的污染物种类
活性炭	苯、甲苯、二甲苯、丙酮、乙醇、乙醚、甲醛、煤油、汽油、光气、醋酸乙酯、苯乙烯、恶臭物质、H_2S、Cl_2、CO、SO_2、NO_x、CS_2、CCl_4、$CHCl_3$、CH_2Cl_2
活性氧化铝	H_2S、SO_2、C_nH_m、HF
硅胶	NO_x、SO_2、C_2H_2、烃类
分子筛	NO_x、SO_2、CO、CS_2、H_2S、NH_3、C_nH_m、Hg（气）
泥煤、褐煤	NO_x、SO_2、SO_3、NH_3

吸附效率较高的吸附剂如活性炭、分子筛等，价格一般都比较昂贵。因此必须对失效吸附剂进行再生而重复使用，以降低吸附法的费用。常用的再生方法有热再生（或升温脱附）、降压再生（或减压脱附）、吹扫再生、化学再生等。由于再生的操作比较麻烦，且必须专门供应蒸汽或热空气等满足吸附剂再生的需要，使设备费用和操作费用增加，限制了吸附法的广泛应用。

（1）吸附法烟气脱硫

应用活性炭作吸附剂吸附烟气中的 SO_2 较为广泛。当 SO_2 气体分子与活性炭相遇时，就被具有高度吸附力的活性炭表面所吸附，这种吸附是物理吸附，吸附的数量是非常有限的。由于烟气中有氧气存在，因此已吸附的 SO_2 就被氧化成 SO_3，活性炭表面起着催化氧化的作用。如果有水蒸气存在，则 SO_3 就和水蒸气结合形成 H_2SO_4，吸附于微孔中，这样就增加了对 SO_2 的吸附量。整个吸附过程可表示为：

$$SO_2 \longrightarrow SO_2^*（物理吸附）$$

$$O_2 \longrightarrow O_2^*（物理吸附）$$

$$H_2O \longrightarrow H_2O^*（物理吸附）$$

$$2SO_2^* + O_2^* \longrightarrow 2SO_3^*（化学反应）$$

$$SO_3^* + H_2O^* \longrightarrow H_2SO_4^*（化学反应）$$

$$H_2SO_2^* + nH_2O^* \longrightarrow H_2SO_4 \cdot nH_2O^*（稀释作用）$$

*表示已被吸附在活性炭内。

利用 H_2S 将活性炭再生，称为还原再生法。其反应是：

$$3H_2S + H_2SO_4 \longrightarrow 4S + 4H_2O$$

用 H_2 作还原剂，在 540℃ 左右将 S 转化成 H_2S：

$$S + H_2 \xrightarrow{540℃} H_2S$$

H_2S 又可用来再生 S。

图 3-13 是活性炭脱硫和还原再生法流程。此法可以在较低温度下进行，过程简单，

无副反应，脱硫效率约为 80% ～ 95%。但由于它的负载能力较小，吸附时气速不宜过大，因此活性炭的用量较大，设备庞大，不宜处理大流量的烟气。

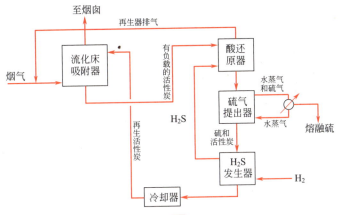

图 3-13　活性炭脱硫和还原再生法流程

（2）吸附法排烟脱硝

吸附法排烟脱硝具有很高的净化效率。常用的吸附剂有分子筛、硅胶、活性炭、含氨泥煤等，其中分子筛吸附 NO_x 是最有前途的一种。

丝光沸石就是分子筛的一种。它是一种硅铝比大于 10 ～ 13 的铝硅酸盐，其化学式为 $Na_2O \cdot Al_2O_3 \cdot 10SiO_2 \cdot 6H_2O$，耐热、耐酸性能好，天然蕴藏量较多。用 H^+ 代替 Na^+ 即得氢型丝光沸石。

丝光沸石脱水后孔隙很大，其比表面积达 500 ～ 1000m^2/g，可容纳相当数量的被吸附物质。其晶穴内有很强的静电场和极性，对低浓度的 NO_x 有较高的吸附能力。当含 NO_x 的废气通过丝光沸石吸附层时，由于水和 NO_2 分子极性较强，被选择性地吸附在丝光沸石分子筛的内表面上，两者在内表面上进行如下反应：

$$3NO_2 + H_2O \longrightarrow 2HNO_3 + NO \uparrow$$

放出的 NO 连同废气中的 NO 与 O_2 在丝光沸石分子筛的内表面上被催化氧化成 NO_2 而被继续吸附。

$$2NO + O_2 \longrightarrow 2NO_2$$

经过一定的吸附层高度，废气中的水和 NO_x 均被吸附。达到饱和的吸附层用热空气或水蒸气加热，将被吸附的 NO_x 和在沸石内表面上生成的硝酸脱附出来。脱附后的丝光沸石经干燥后得以再生。流程如图 3-14 所示。

流程中设置两台吸附器交替吸附和再生。影响丝光沸石吸附过程的因素主要有废气中 NO_x 的浓度、水蒸气的含量、吸附温度和吸附器内的空间速度。影响吸附层再生过程的因素主要有脱吸温度、时间、方法和干燥时间的长短。总之，吸附法的净化效率高，可回收 NO_x 制取硝酸。缺点是装置占地面积大，能耗高，操作复杂。

3．催化法

催化法净化气态污染物是利用催化剂的催化作用，将废气中的有害物质转化为无害物质或易于去除的物质的一种废气治理技术。

催化法与吸收法、吸附法不同，其**优点**是在治理污染过程中，无需将污染物与主气

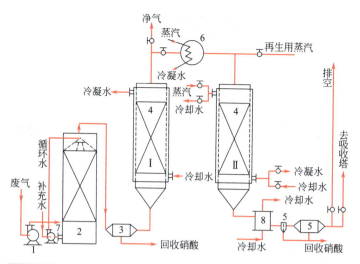

图 3-14　氢型丝光沸石吸附法工艺流程简图

1—通风机；2—冷却塔；3—除雾器；4—吸附器；5—分离器；6—加热器；7—循环水泵；8—冷凝冷却器

流分离，可直接将有害物质转变为无害物质，这不仅可避免产生二次污染，而且可简化操作过程。此外，所处理的气体污染物的初始浓度都很低，反应的热效应不大，一般可以不考虑催化床层的传热问题，从而大大简化了催化反应器的结构。由于上述优点，可使用催化法使废气中的碳氢化合物转化为二氧化碳和水，氮氧化物转化为氮，二氧化硫转化为三氧化硫后加以回收利用，有机废气和臭气催化燃烧，以及气体尾气的催化净化等。该法的**缺点**是催化剂价格较高，废气预热需要一定的能量，即需添加附加的燃料使得废气催化燃烧。

催化剂一般是由多种物质组成的复杂体系，按各成分所起作用的不同，主要分为活性组分、载体、助催化剂。催化剂的活性除表现为对反应速度具有明显的改变之外，还具有如下特点。

① 催化剂只能缩短反应到平衡的时间，而不能使平衡移动，更不可能使热力学上不可发生的反应进行。

② 催化剂性能具有选择性，即特定的催化剂只能催化特定的反应。

③ 每一种都有它的特定活性温度范围。低于活性温度，反应速率低，催化剂不能发挥作用；高于活性温度，催化剂会很快老化甚至被烧坏。

④ 每一种催化剂都有中毒、衰老的特性。根据活性、选择性、机械强度、热稳定性、化学稳定性及经济性等来筛选催化剂是催化净化有害气体的关键。常用的催化剂一般为金属盐类或金属，如钒、铂、铅、镉、氧化铜、氧化锰等物质，载在具有巨大表面积的惰性载体上，典型的载体为氧化铝、铁矾土、石棉、陶土、活性炭和金属丝等。表 3-9 为净化气态污染物常用几种催化剂的组成。

表 3-9　净化气态污染物常用几种催化剂的组成

用途	主活性物质	载体
有色冶炼烟气制酸，硫酸厂尾气回收制酸等 SO_2-SO_3	V_2O_5 含量 6% ～ 12%	SiO_2 （助催化剂 K_2O 或 Na_2O）

用途	主活性物质	载体
硝酸生产及化工等工艺尾气 NO_x-N_2	Pt、Pd 含量 0.5%	Al_2O_3-SiO_2
	$CuCrO_2$	Al_2O_3-MgO
碳氢化合物的净化 $CO+H_2$ CO_2+H_2O	Pt、Pd、Rh	Ni、NiO、Al_2O_3
	CuO、Cr_2O_3、Mn_2O_3	Al_2N_3
	稀土金属氧化物	
汽车尾气净化	Pt（0.1%）	硅铝小球、蜂窝陶瓷
	碱土、稀土和过渡金属氧化物	α-Al_2O_3、γ-Al_2O_3

催化法包括催化氧化和催化还原两种，主要用于 SO_2 和 NO_x 的去除。

（1）催化氧化脱除 SO_2

NO_2 在 150℃时，可以使 SO_2 氧化成 SO_3。烟气中有 SO_2、NO_x、H_2O 和 O_2 等，它们在催化剂存在下有如下反应。

$$SO_2+NO_2 \longrightarrow SO_3+NO$$

$$SO_3+H_2O \longrightarrow H_2SO_4$$

$$NO+\frac{1}{2}O_2 \longrightarrow NO_2$$

$$NO+NO_2 \longrightarrow N_2O_3$$

$$N_2O_3+2H_2SO_4 \longrightarrow 2HNSO_5+H_2O$$

$$4HNSO_5+O_2+2H_2O \longrightarrow 4H_2SO_4+4NO_2 \uparrow$$

此法为低温干式催化氧化脱硫法，既能净化氧气中 SO_2，又能部分脱除烟气中 NO_x，所以在电厂烟气脱硫中应用较多。

（2）催化还原法排烟脱硝

用氨作还原剂，铜铬作催化剂，废气中 NO_x 被 NH_3 有选择地还原为 N_2 和 H_2O，其反应式为：

$$6NO+4NH_3 \xrightarrow{\text{催化剂}} 5N_2+6H_2O$$

$$6NO_2+8NH_3 \xrightarrow{\text{催化剂}} 7N_2+12H_2O$$

本法脱硝效率在 90% 以上，技术上是可行的，不过 NO_x 未能得到利用，而要消耗一定量的氨。本法适用硝酸厂尾气中 NO_x 的治理。流程见图 3-15。

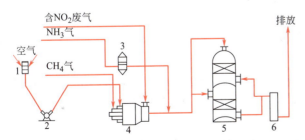

图 3-15　氨选择催化还原法工艺流程

1—空气过滤器；2—鼓风机；3—NH_3 过滤器；4—锅炉；5—反应器；6—水封

以甲烷作还原剂，铂、钯或铜、镍等金属氧化物为催化剂，在 $400 \sim 800℃$ 条件下，也可将氮氧化物还原成氮气。

$$CH_4 + 4NO_2 \longrightarrow 4NO + CO_2 + 2H_2O$$

$$CH_4 + 4NO \longrightarrow 2N_2 + CO_2 + 2H_2O$$

$$CH_4 + 2O_2 \longrightarrow CO_2 + 2H_2O$$

此法效率高，但需消耗大量还原剂，不经济。

（3）燃烧法

燃烧法是对含有可燃有害组分的混合气体加热到一定温度后，组分与氧反应进行燃烧，或在高温下氧化分解，从而使这些有害组分转化为无害物质。该方法主要应用于碳氢化合物、一氧化碳、恶臭、沥青烟、黑烟等有害物质的净化治理。燃烧法工艺简单，操作方便，净化程度高，并可回收热能，但不能回收有害气体，有时会造成二次污染。实用中的燃烧净化有如下三种方法。见表 3-10。

表 3-10　燃烧法分类及比较

方法	适用方法	燃烧温度 /℃	燃烧方法	设备	特点
直接燃烧	含可燃烧组分浓度高或热值高的废气	>1100	CO_2、H_2O、N_2	一般窑炉或火炬管	有火焰燃烧，燃烧温度高，可燃烧掉废气中的炭粒
热力燃烧	含可燃烧组分浓度低或热值低的废气	$720 \sim 820$	CO_2、H_2O	热力燃烧炉	有火焰燃烧，需加辅助燃料，火焰为辅助燃料的火焰，可烧掉废气中炭粒
催化燃烧	基本上不受可燃组分的浓度与热值限制，但废气中不许有尘粒、雾滴及催化剂毒物	$300 \sim 450$	CO_2、H_2O	催化燃烧炉	无火焰燃烧，燃烧温度最低，有时需电加热点火或维持反应温度

① 直接燃烧法　将废气中的可燃有害组分当作燃料直接烧掉，此法只适用于净化含可燃性组分浓度较高或有害组分燃烧时热值较高的废气。直接燃烧是有火焰的燃烧，燃烧温度高（大于 $1100℃$），一般的窑炉均可作为直接燃烧的设备。在石油工业和化学工业中，主要是"火炬"燃烧，它是将废气连续通入烟囱，在烟囱末端进行燃烧。此法安全、简单、成本低，但不能回收热能。

② 热力燃烧　利用辅助燃料燃烧放出的热量将混合气体加热到要求的温度，使可燃的有害物质进行高温分解变为无害物质，可分三步。

a. 燃烧辅助燃料提供预热能量；

b. 高温燃气与废气混合以达到反应温度；

c. 废气在反应温度下充分燃烧。

热力燃烧可用于可燃性有机物含量较低的废气及燃烧热值低的废气治理，可同时去除有机物及超微细颗粒，结构简单，占用空间小，维修费用低。缺点是操作费用高。

③ 催化燃烧　此法是在催化剂的存在下，废气中可燃组分能在较低的温度下进行燃烧反应，这种方法能节约燃料的预热，提高反应速率，减少反应器的容积，提高一种或

几种反应物的相对转化率。图 3-16 是回收热量的催化燃烧过程示意图。

催化燃烧的主要优点是操作温度低，燃料耗量低，保温要求不严格，能减少回火及火灾危险。但催化剂较贵，需要再生，基建投资高。而且大颗粒物及液滴应预先除去，不能用于易使催化剂中毒的气体。

（4）冷凝法

冷凝法是利用物质在不同温度下具有不同饱和蒸气压这一性质，采用降低废气温度或提高废气压力的方法，使处于蒸气状态的污染物冷凝并从废气中分离出来的过程。该法特别适用于处理污染物浓度在 $10000cm^3/m^3$ 以上的高浓度有机废气。冷凝法不宜处理低浓度的废气，常作为吸附、燃烧等净化高浓度废气的前处理，以便减轻这些方法的负荷。如炼油厂、油毡厂的氧化沥青生产中的尾气，先用冷凝法回收，然后送去燃烧净化；氯碱及炼金厂中，常用冷凝法使汞蒸气成为液体而加以回收；此外，高湿度废气也用冷凝法使水蒸气冷凝下来，大大减少了气体量，便于下步操作。

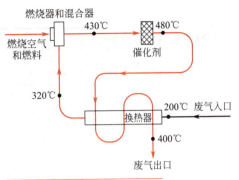

图 3-16　回收热量的催化燃烧过程

二、其他气态污染物的治理方法

有关其他气态污染物的治理方法见表 3-11。

表 3-11　其他气态污染物治理方法简介

污染物种类	治理方法	方法要点
含碳氢化合物废气及恶臭	燃烧法	在废气中有机物浓度高时，将其作为燃料在燃烧炉中直接烧掉，而在有机物浓度达不到燃烧条件时，将其在高温下进行氧化分解，燃烧温度 600～1100℃，适于中、高浓度的废气净化
	催化燃烧法	在催化氧化剂作用下，将碳氢化合物氧化为 CO_2 和 H_2O，燃烧温度范围 200～240℃，适用于连续排气的各种浓度废气的净化
	吸附法	用适当吸附剂（主要是活性炭）对废气中的 HCl 组分进行吸附，吸附剂经再生后可重复使用，净化效率高，适用于低浓度废气的净化
	吸收法	用适当液体吸收剂洗涤废气净化有害组分，吸收剂可用柴油、柴油-水混合物及水基吸收剂，对废气浓度限制小，适用于含有颗粒物（如漆粒）废气净化
	冷凝法	采用低温或高压，使废气中的 HCl 组分冷却至露点以下液化回收，可回收有机物，只适用于高浓度废气净化或作为多级净化中的初级处理；冷凝法不适用于治理恶臭
含 H_2S 废气	克劳斯法（干式氧化法）	使用铝矾土为催化剂，燃烧炉温度在 600℃，转化炉温度控制在 400℃，并控制 H_2S 和 SO_2 气体摩尔比为 2：1，可回收硫，净化效率可达 97%，适用于处理含 H_2S 浓度较高的气体
	活性炭法	用活性炭吸附剂，吸附 H_2S，然后通 O_2 将 H_2S 转化为 S，再用 15% 硫化铵水溶液洗去硫黄，使活性炭再生，效率可达 98%，适用于天然气或其他不含焦油的 H_2S 废气
	氧化铁法	用 $Fe(OH)_3$ 作脱硫剂并充以木屑和 CaO，可回收硫，净化效率可达 99%，主要处理焦炉煤气等，脱硫剂需定期更换或再生，但再生使用不够经济

污染物种类	治理方法	方法要点
含 H_2S 废气	氧化锌法	以 ZnO 为脱硫剂，净化温度 350 ~ 400℃，效率高可达 99%，适用于处理 H_2S 浓度较低的气体
	溶剂法	使用适当溶剂采用化学结合或物理溶解方式吸收 H_2S，然后使用升温或降压的方法使 H_2S 解析，常用溶剂有一乙醇胺、二乙醇胺、环丁砜、低温甲醇等
	中和法	用碱性吸收液与酸性 H_2S 中和，中和液经加热、减压，使 H_2S 脱吸，吸收液主要用碳酸钠、氨水等，操作简单，但效率较低
	氧化法	用碱性吸收液吸收 H_2S 生成硫氢化物，在催化剂作用下进一步氧化为硫黄，常用吸收剂为碳酸钠、氨水等，常用催化剂为铁氰化物、氧化铁等
含氟废气	湿法	使用 H_2O 或 NaOH 溶液作为吸收剂，其中碱溶液吸收效果更好，可副产冰晶石和氟硅酸盐等；若不回收利用，吸收液需用石灰石/石灰进行中和、沉淀、澄清后才可排放，净化率可达 90%；应注意设备的腐蚀和堵塞问题
	干法	可用氟化钠、石灰石或 Al_2O_3 作为吸收剂，在电解铝等行业中最常用的吸附剂是 Al_2O_3，吸附了 HF 的 Al_2O_3 可作为电解铝的生产原料，净化率 99%，无二次污染，可用输送床流程，也可用沸腾床流程
含汞（Hg）废气	吸附法	用充氯活性炭或软锰矿作吸附剂，效率 99%
	吸收法	吸收剂可用高锰酸钾、次氯酸钠、热硫酸等，它们均为氧化剂，可将 Hg 氧化为 HgO 或 $HgSO_4$，并可通过电解等方法回收汞
	气相反应法	用某种气体与含汞废气发生反应，常用的为碘升华法，将结晶碘加热使其升华形成碘蒸气与汞反应，特别是对弥散在室内的汞蒸气具有良好去除作用
含铅（Pb）废气	吸收法	含铅废气多为含有细小铅粒的气溶胶，由于它们可溶于硝酸、醋酸及碱液中，故常用 0.025% ~ 0.3% 稀醋酸或 1% 的 NaOH 溶液作吸收剂，净化效率较高，但设备需耐腐蚀，有二次污染
	掩盖法	为防止铅在二次熔化中向空气散发铅蒸发物，可采用物理隔挡方法，即在熔融铅表面撒上一层覆盖粉，常用物有碳酸钙粉、氯盐、石墨粉等，以石墨粉效果最好
含 Cl_2 废气	中和法	使用氢氧化钠、石灰乳、氨水等碱性物质吸收，其中以氢氧化钠应用较多，反应快、效果好；但吸收液不能回收利用
	氧化还原法	以氯化亚铁溶液作吸收剂，反应生成物为三氯化铁，可用于污水净化；反应较慢，效率较低
含 HCl 废气	冷凝法	在石墨冷凝器中，以冷水或深井水为冷却介质，将废气温度降至露点以下，将 HCl 和废气中的水冷凝下来，适于处理高浓度 HCl 废气
	水吸收法	HCl 易溶于水，可用水吸收废气中的 HCl，副产盐酸

第四节
了解颗粒污染物的净化方法

随着工业的不断发展，人为排放的气溶胶粒子所占的比例逐渐增加。据估计，至目前为止，人为活动所造成的气溶胶粒子的排放量是 1968 年的 2 ~ 3 倍，城市大气首要污染物主要是悬浮颗粒物。在化学工业中所排放的废气中的粉尘物质主要含有硅、铝、铁、镍、钒、钙等氧化物及粒度在 $10^3\mu m$ 以下的浮游物质。控制这些粉尘污染物的排放数量，是大气环境保护的重要内容。

一、粉尘的控制与防治

从不同的角度进行粉尘的控制与防治工作，主要有以下四个工程技术领域。

① **防尘规划与管理** 主要内容包括：园林绿化的规划管理以及对有粉状物料加工过程和生产中产生粉尘的过程实现密封化和自动化。园林绿化带具有阻滞粉尘和收集粉尘的作用，合理地对生产粉尘的单位尽量用园林绿化带保卫起来或隔开，可使粉尘向外扩散减少到最低限度；而对于在生产过程中需要对物料进行破碎、研磨等工序时，要使生产过程在采用密闭技术及自动化技术的装置中进行。

② **通风技术** 对工作场所引进清洁空气，以替换含尘浓度较高的污染空气。通风技术分为自然通风和人工通风两大类。人工通风又包括单纯换气技术及带有气体净化措施的换气技术。

③ **除尘技术** 包括对悬浮在气体中的粉尘进行捕集分离，以及对已落到地面或物体表面上的粉尘进行清除。前者可采用干式除尘和湿式除尘等不同方法；后者采用各种定型的除（吸）尘设备进行处理。

④ **防护罩技术** 包括个人使用的防尘面罩及整个车间的防护措施。

二、除尘装置

1. 分类

根据各种除尘装置作用原理的不同，可以分为机械除尘器、湿式除尘器、电除尘器和过滤除尘器等四大类。另外声波除尘器除依靠机械原理除尘外，还利用了声波的作用使粉尘凝集，故有时将声波除尘器分为另一类。

机械除尘器还可分为重力除尘器、惯性力除尘器和离心除尘器。

近年来，为提高对微粒的捕集效率，还出现了综合几种除尘机制的新型除尘器，如声凝聚器、热凝聚器、高梯度磁分离器等，但目前大多仍处于试验研究阶段，还有些新型除尘器由于性能、经济效果等方面原因不能推广应用。

3-2 除尘原理

2. 除尘器的除尘机理及适用范围

如表 3-12 所示。

3. 除尘装置的选择和组合

除尘器的性能指标通常有下列六项：①除尘器的除尘效率；②除尘器的处理气体量；③除尘器的压力损失；④设备基建投资与运转管理费用；⑤使用寿命；⑥占地面积或占用空间体积。以上六项性能指标中，前三项属于技术性能指标，后三项属于经济指标。这些项目是互相关联、相互制约的。其中压力损失与除尘效率是一对主要矛盾，前者代

表 3-12　常用除尘器的除尘机理及适用范围

除尘装置	除尘机理								适用范围
	沉降作用	离心作用	静电作用	过滤	碰撞	声波吸引	折流	凝集	
沉降室	○								烟气除尘、磷酸盐、石膏、氧化铝、石油精制催化剂回收
挡板式除尘器					○		△	△	
旋风式除尘器		○			△			△	
湿式除尘器	△				○		△	△	硫铁矿焙烧，硫酸、磷酸、硝酸生产等
电除尘器			○						除酸雾、石油裂化催化剂回收、氧化铝加工等
过滤式除尘器				○	△		△	△	喷雾干燥、炭黑生产、二氧化钛加工等
声波式除尘器					△	○	△	△	尚未普及应用

注：○指主要机理，△指次要机理。

表除尘器所消耗的能量，后者表示除尘器所给出的效果，从除尘器的除尘技术角度来看，总是希望所消耗的能量最少，而达到最高的除尘效率。然而要使上面六项指标都能面面俱到，实际上是不可能的。所以在选用除尘器时，要根据气体污染的具体要求，通过分析比较来确定除尘方案和选定除尘装置。

表 3-13、表 3-14 分别列出了各种主要设备的优缺点和性能情况，便于比较和选择。

表 3-13　各种主要除尘设备优缺点比较

除尘器	原理	适用粒径/μm	除尘效率 η/%	优点	缺点
沉降室	重力	100～50	40～60	① 造价低 ② 结构简单 ③ 压力损失小 ④ 磨损小 ⑤ 维修容易 ⑥ 节省运转费	① 不能除小颗粒粉尘 ② 效率较低
挡板式（百叶窗）除尘器	惯性力	100～10	50～70	① 造价低 ② 结构简单 ③ 处理高温气体 ④ 几乎不用运转费	① 不能除小颗粒粉尘 ② 效率较低
旋风式分离器	离心式	5 以下 3 以上	50～80 10～40	① 设备较便宜 ② 占地小 ③ 处理高温气体 ④ 效率较高 ⑤ 适用于高浓度烟气	① 压力损失大 ② 不适于湿、黏气体 ③ 不适于腐蚀性气体
湿式除尘器	湿式	1 左右	80～99	① 除尘效率高 ② 设备便宜 ③ 不受温度、湿度影响	① 压力损失大，运转费用高 ② 用水量大，有污水需要处理 ③ 容易堵塞

3-3 重力沉降室

3-4 碰撞式惯性除尘器

3-5 旋风除尘器

3-6 喷淋式洗涤除尘器

除尘器	原理	适用粒径/μm	除尘效率η/%	优点	缺点
过滤除尘器（袋式除尘器）	过滤	20～1	90～99	① 效率高 ② 使用方便 ③ 低浓度气体适用	① 容易堵塞，滤布需替换 ② 操作费用高
电除尘器	静电	20～0.05	80～99	① 效率高 ② 处理高温气体 ③ 压力损失小 ④ 低浓度气体适用	① 设备费用高 ② 粉尘黏附在电极上时，对除尘有影响，效率降低 ③ 需要维修费用

3-7 板式电除尘器

3-8 电除尘器除尘过程

3-9 气环反吹清灰袋式除尘器

3-10 逆气流吹风清灰袋式除尘器

表3-14　常用除尘装置的性能一览表

除尘装置名称	捕集粒子的能力/%			压力损失/Pa	设备费	运行费	装置的类别
	50μm	5μm	1μm				
重力除尘器	—	—	—	100～150	低	低	机械
惯性力除尘器	95	16	3	300～700	低	低	机械
旋风除尘器	96	73	27	500～1500	中	中	机械
文丘里除尘器	100	>99	98	3000～10000	中	高	湿式
静电除尘器	>99	98	92	100～200	高	中	静电
袋式除尘器	100	>99	99	100～200	较高	较高	过滤
声波除尘器	—	—	—	600～1000	较高	中	声波

根据含尘气体的特性，可以从以下几方面考虑除尘装置的选择和组合。

① 若尘粒粒径较小，几微米以下粒径占多数时，应选用湿式、过滤式或电除尘式除尘器；若粒径较大，以 10μm 以上粒径占多数时，可选用机械除尘器。

② 若气体含尘浓度较高时，可用机械除尘器；若含尘浓度低时，可采用文丘里除尘器；若气体的进口含尘浓度较高而又要求气体出口的含尘浓度低时，则可采用多级除尘器串联组合方式除尘，先用机械式除去较大尘粒，再用电除尘或过滤式除尘器等，去除较小粒径的尘粒。

③ 对于黏附性较强的尘粒，最好采用湿式除尘器。不宜采用过滤式除尘器，因为易造成滤布堵塞；也不宜采用静电除尘器，因为尘粒黏附在电极表面上将使电除尘器的效率降低。

④ 如采用电除尘器，一般可以预先通过温度、湿度调节或添用化学药品的方法，使尘粒的电阻率在 10^4～10^{11}Ω·cm 范围内。另外，电除尘器只适用在 500℃ 以下的情况。

⑤ 气体的温度增高，黏性将增大，流动时的压力损失增加，除尘效率也会下降。而温度过低，低于露点温度时，会有水分凝出，增大尘粒的黏附性，故一般应在比露点温度高 20℃ 的条件下进行除尘。

⑥ 气体成分中如含有易爆、易燃的气体，如 CO 等，应将 CO 氧化为 CO_2 后再进行除尘。

由于除尘技术的方法和设备种类很多，各具有不同的性能和特点。除需考虑当地大气环境质量、尘的环境容许标准、排放标准、设备的除尘效率及有关经济技术指标外，还必须了解尘的特性，如它的粒径、粒度分布、形状、密度、比电阻、黏性、可燃性、凝集特性以及含尘气体的化学成分、温度、压力、湿度、黏度等。总之，只有充分了解所处理含尘气体的特性，又能充分掌握各种除尘装置的性能，才能合理地选择出既经济又有效的除尘装置。

第五节
典型化工废气治理技术简述

一、合成氨及尿素生产常见废气治理技术

合成氨装置的废气主要为合成放空气和氨贮罐驰放气，采用层压炉造气的装置还有吹风气，采用铜洗工艺的有铜洗再生气。尿素生产装置的废气主要是造粒塔排气。见表3-15。

表3-15 合成氨及尿素生产中常见的废气治理技术

技术名称	处理效果和效益	技术特点
合成氨装置：等压回收合成放空气和氨贮罐驰放气中氨的回收技术	① 氨的回收率约95%，回收氨水浓度为130～180滴度①，可直接回炭化系统，排气含氨0.1% ② 吨氨回收氨52.77kg，脱氨后的气体可作为燃料 ③ 减轻氨对环境的污染 ④ 年产5000t的氨厂可解决350～600户职工的燃料问题	工艺简单，操作方便，氢气回收率高，具有良好的经济、环境和社会效益
铜洗装置：铜洗再生气中氨的回收技术	① 回收氨水浓度约为60滴度，回收率约为95%，再生回收气含Ar 0.02%～0.5% ② 回收氨可回生产系统，综合经济效益较好 ③ 可减少排放氨对环境的影响	① 工艺流程短，操作简便，生产稳定，效益显著 ② 装置设计采用组合设备，占地面积少，适于老厂或小厂技术改造 ③ 生产集中控制
综合碳铵水平衡回收"三气"和尾气中氨的技术	① 可提高生产系统氨的利用率至92% ② 使跑冒回收率从35.5%增至78.7% ③ 回收后排放气中NH₃可降至0.1%～0.2% ④ 平均每吨氨增加利润几十元 ⑤ 避免氨水的排放	① 达到了碳铵生产水平衡，避免了稀氨水的排放 ② 充分利用了生产过程的压力差 ③ 自动调节，可确保安全运行 ④ 氨回收率仍然偏低
变压吸附回收合成放空气中氢的技术	① 氢回收率70%～80%，纯度98%～99% ② 如果每小时放空气量500m³（标准状态），全年可节煤750t，增产氨750t，回收放空气氨121t ③ 不仅可回收氢和氨，增加收入，而且可减轻氨对环境的影响	① 由于合成放空气本身带压，故整个过程不用加压而不耗能 ② 常温操作，操作弹性大 ③ 氢气纯度高，其他杂质如Ar可进一步回收 ④ 氢回收率偏低
普里森分离装置回收合成放空气中氢的技术	① 氢回收率>90%，纯度约90% ② 引进该装置的厂家一般日增产氨约20～25t ③ 吨氨节能（12.5～25）×10⁴kJ ④ 排放气中氨浓度降至约200×10⁻⁶	① 技术先进，自动化程度高，生产过程简单，操作方便，占地面积少 ② 可同时回收H₂和N₂，并可提高H₂的浓度 ③ H₂纯度较低

技术名称	处理效果和效益	技术特点
深冷法回收合成放空气中氢的技术	① 产氨 4.5t/h 为例，氢回收率为 90%，每吨氨可节约标准煤 60kg 左右 ② NH_3 的回收率高，燃料气中 $NH_3 < 1 \times 10^{-6}$，可大大降低 NH_3 对大气的污染	① 可同时回收 NH_3 和 H_2，且 H_2 纯度高 ② 采用深冷二级部分冷凝分离技术，解决了甲烷在设备内可能冻结的问题 ③ 与合成氨系统相互独立，互不影响正常操作
日本 Mitsui Toatsu 公司尿素造粒粉尘治理技术	① 能有效地降低尿素粉尘的排放，可使尿素粉尘排放浓度从 $160mg/m^3$ 降低到 $60 \sim 80mg/m^3$ ② 可回收 NH_3 和尿素，某厂每年可回收尿素 57t ③ 可有效地控制尿素和氨对环境的污染	① 除尘效率高，但设备复杂 ② 只适用于强制通风造粒塔

① 滴度或称效价。某一物质与一定容量的另一物质产生反应所需的量。在化学反应中，指产生某一结果所需标准试剂的量；在免疫学中，指通过血清学方法能显示一定反应的抗体或抗血清的最高稀释倍数；如终点稀释度为 1/100，则血清的效价（每毫升血清中的抗体效价）为 100 抗体单位。在病毒学中，指用噬菌斑方法测得的噬菌体浓度。

二、国内氯碱工业常用废气治理技术

表 3-16 给出了国内氯碱工业常用的废气治理技术。

表 3-16 氯碱工业常用废气治理技术

技术名称	处理效果	特点
含氯废气治理技术： ① 含氯废气制水合肼 ② 含氯废水制次氯酸盐	处理后，尾气中氯含量可达 0.05% 以下	① 工艺简单，处理效果好 ② 工艺简单，处理效果好。吸收液可自用或销售
含汞废气治理技术： ① 次氯酸钠溶液吸收法 ② 活性炭吸附法	① 处理后尾气中汞含量为 $0.02mg/m^3$ ② 处理后尾气中汞含量在 $10 \mu g/m^3$	① 工艺简单，原料易得，投资费用低，吸收液可综合利用，无二次污染 ② 流程简单，除汞效果好，缺点是活性炭不能再生，需要后处理
氯乙烯废气治理技术： ① 活性炭吸附法 ② 三氯乙烯吸收法 ③ N-甲基吡咯烷酮法	① 处理后尾气中 VCM 含量可小于 1% ② 处理后尾气中 VCM 含量可降低到 0.2% ~ 0.3% ③ 处理后尾气中 VCM 含量小于 2%	① 吸附解吸过程较复杂，处理成本高。VCM 回收量可达产品产量的 1%，降低电石消耗 18% ② 处理效果好，成本低。处理量 $100m^3/a$ 装置中，每年可回收 VCM 200t ③ 吸收效率高，易于解吸分离，回收 VCM 量为年产量的 0.9% ~ 1%。但吸收剂昂贵，且再生后吸收率下降

三、国内石油化工常用工艺废气治理技术

表 3-17 列出了国内石油化工常见废气治理技术。

表 3-17　国内石油化工常见废气治理技术

产品	生产工艺	排放位置	排放量 / (m³/h)	污染物组成	处理措施	去除效率及效果
苯酚、丙酮	1.5 万吨 / 年异丙苯法	氧化尾气冷凝器	12000	N_2: 91 ～ 94 O_2: 5 ～ 8 C_xH_y: 0.1 ～ 0.2 异丙苯等芳烃： (200 ～ 300) × 10^{-6}	催化燃烧法	① 去除率 95% ～ 97%，尾气异丙苯等小于 $10×10^{-6}$ ② 减少 N_2 用量 70% ③ 可少排异丙苯 145.5t/a
对苯二甲酸二甲酯	9 万吨 / 年空气氧化法	反应器尾气冷凝器	26754	N_2、O_2、CO_2 等 95% 甲醇 <1% 醋酸 <1% 对二甲苯 85μg/m³	活性炭吸附法	① 去除率 99%，尾气对二甲苯小于 10mg/m³ ② 每年回收对二甲苯 2200t
甲醇	22 万吨 / 年低压法	气 - 液分离器不凝气	21800	H_2: 60.1 N_2: 2.63 CO: 9.28 CO_2: 20.98 CH_4: 3.69 CH_3OH: 0.64 $(CH_3)_2O$ <0.01 O_2 等: 2.69	变压吸附分离法，制氢	① H_2 回收率 75%，剩余解吸气作燃料 ② 每年可提高甲醇产量 10%
丙烯腈	6000t/a 丙烯氨氧化法（Sohio 法）	脱氢氰酸塔	170	HCN: 93.6 乙腈: 0.5 N_2: 5.8	回收氢氰酸制丙酮氰醇	① 变废为宝，解决了 HCN 焚烧带来的事故风险 ② 降低了有机玻璃和腈纶生产成本

四、有机废气治理技术

含有机污染物的废气治理主要有吸收、吸附、冷凝、催化燃烧、热力燃烧和直接燃烧等方法。表 3-18 介绍了常见有机污染物废气的治理方法。

表 3-18　常见有机污染物废气治理方法

方法	废气来源与污染物	净化方法要点
冷凝法	喷涂胶液废气中的苯、二甲苯及醋酸乙酯	用直接冷凝法冷凝废气
冷凝 / 吸收法	苯酐生产废气中萘二甲酸、萘醌、顺丁烯二酸	用淌球塔以水直接冷凝并进行吸收
	癸二腈生产中产生的高温含癸二腈蒸气	用引射式冷凝器并吸收
吸收法	氯乙烯精馏塔尾气中的氯乙烯	用氯苯作吸收剂喷淋吸收
	汽油蒸气	低压压缩后以汽油、重油作吸收剂吸收
吸附法	凹版印刷废气中的苯、甲苯、二甲苯	用活性炭在固定床吸附器中吸附
	氯乙烯精馏塔尾气中的氯乙烯	用活性炭在固定床吸附器中吸附
	喷漆废气中的有机溶剂	用活性炭在固定床吸附器中吸附
吸附 / 冷凝法	粗乙烯精制时产生的含乙醚气体	用活性炭吸附乙醚，脱附后将浓集的乙醚冷凝为液体进行回收
直接燃烧法	石油裂解尾气中的低碳烃	用火炬燃烧

方法	废气来源与污染物	净化方法要点
直接燃烧法	烘箱废气中的有机溶剂	在锅炉或燃烧炉内燃烧
	油贮槽排气中的低碳烃	送至加热炉作为辅助燃料燃烧
催化燃烧法	漆包线烘干时产生的有机废气	用催化燃烧热风循环烘漆机催化燃烧
	环氧乙烷生产尾气中的乙烯	用铂/镍铬带状催化剂进行燃烧
	有机溶剂苯酚、甲醛蒸气	用铜催化剂在 Y 型分子筛上催化燃烧

要选择一种经济上较合理、符合生产实际、达到排放标准的最佳处理方案，重点考虑的因素主要有以下几个方面。

① 污染物的性质　如利用有机污染物易氧化、燃烧的特点，可采用催化燃烧或直接燃烧的方法，而卤代烃的燃烧处理则要考虑燃烧后氢卤酸的吸收净化措施。

② 污染物浓度　如污染物浓度高，可采用火炬直接燃烧（不能回收热量）或引入锅炉或工业炉直接燃烧（可回收能量）。而浓度低时，则需要补充一部分燃料，采用热力燃烧或催化燃烧。

③ 生产的具体情况及净化要求　如锦纶生产中，用粗环己酮、环己烷为吸收剂，回收氧化工序排出的尾气中的环己烷，由于粗环己酮、环己烷本身就是生产的中间产品，因而不必再生吸收液，令其返回生产流程即可。因此结合生产的具体情况，有时可以简化净化工艺。另外不同的净化要求，有不同的适宜的净化方案。

④ 经济性　经济性包括设备投资和运转费用两个方面，所选择的方案，尽可能回收有价值的物质或热量，以减少运转费用。

选择净化方法时，应始终兼顾实用性和经济性。若使用中操作很不方便，导致净化设备经常停用或损坏，再好的净化方法也是没有意义的。同时，若运行成本很高，导致净化设备无法正常运行，再高的净化效率也是无意义的。

第六节
大气污染的综合防治

一、我国大气污染防治历程及成效

大气污染防治工作是我国生态环境保护的重要组成部分，并随社会经济发展过程中出现的主要大气环境问题的演变而不断深化。在 20 世纪 70 年代中期以前，对大气污染的治理主要采用的是尾气的治理方法。随着人口的增加、生产的发展以及多种类型污染源的出现，大气中污染物总量非但没有减少，反而不断增加，空气质量不断恶化。特别是在 20 世纪 80 年代以后，大面积生态破坏、酸雨区扩大、城市空气质量继续恶化及全球性污染的出现，使大气污染呈现了范围大、危害严重、持续恶化等特点。几十年来，我国在大气污染控制和空气质量管理方面做了大量的工作并取得了显著成效。表 3-19 总结了我国大气污染防治的主要几个阶段，从表中不难看出，大气颗粒物污染防治一直是我国政府大气污染防治的重点。我国大气污染防治工作可以分为五个阶段。

表 3-19　我国大气污染防治历程

阶段	1970～1980 年	1980～1990 年	1990～2000 年	2000～2010 年	2011 年至今
主要污染源	工业点源治理	燃煤、工业	燃煤、工业、扬尘	燃煤、工业、机动车、扬尘	燃煤、工业、机动车
主要污染物	烟、尘	SO_2、TSP、PM_{10}	SO_2、NO_x、TSP、PM_{10}	SO_2、PM_{10}、$PM_{2.5}$、NO_x、VOC、NH_3	SO_2、$PM_{2.5}$、PM_{10}、VOCs 和臭氧
主要控制措施	改造锅炉、消烟除尘	消烟除尘	消烟除尘、搬迁/关停/综合治理	脱硫除尘、工业污染治理、机动车治理、总量控制	多种污染源综合控制、多污染物协同减排、大气污染联防联控
主要大气污染问题	烟、尘	煤烟	煤烟、酸雨、颗粒物	煤烟、酸雨、光化学污染、灰霾/细粒子、有毒有害物质	煤烟、酸雨、光化学污染、灰霾/细粒子、有毒有害物质
大气污染尺度	工业行业	局地	局地+区域	区域+半球	区域+半球

以 1973 年国务院第一次全国环境保护会议为标志的第一阶段，开展了以工业点源治理为主的大气污染防治工作。这一时期，我国大气污染防治工作主要以改造锅炉、消烟除尘、控制大气点源污染为主。

第二阶段是从 20 世纪 80 年代国家正式颁布《中华人民共和国大气污染防治法》开始，确立了以防治煤烟型污染为主的大气污染防治基本方针，燃煤烟尘污染防治成为我国当时的大气污染防治重点。在这一时期，我国将大气污染防治从点源治理进入了综合防治阶段，结合国民经济调整，改变城市结构和布局，编制污染防治规划；结合企业技术改造和资源综合利用，防治工业污染；节约能源和改变城市能源结构，综合防治煤烟型污染。通过企业和工业布局调整，对污染严重的企业实行关、停、并、转、迁。这些手段和措施对控制大气环境的急剧恶化发挥了一定作用。

20 世纪 90 年代至 2000 年为第三阶段。我国大气污染防治工作开始从浓度控制向总量控制转变，从城市环境综合整治向区域污染控制转变，进入了一个新的历史阶段。在制定法律法规、建立监督管理体系、加强大气污染防治措施、防治技术开发和推广等方面做了大量工作，有效地推动了大气颗粒物污染防治工作。在此期间，国务院批准了 SO_2 和酸雨控制为主的"两控区"划分方案，并提出了相应的配套政策，两控区的划分不仅促进了我国酸雨和二氧化硫的综合防治工作，而且在我国大气颗粒物污染防治进程中发挥了重要的作用。

进入 21 世纪，大气污染控制全面进入了主要大气污染物排放总量控制的新的阶段（第四阶段）。2000 年 4 月，《中华人民共和国大气污染防治法》第二次修订，规定了重点区域实行排放总量控制与排污许可证制度，严格规定了大气污染物排放底线，对污染物排放种类和数量实行排污费征收制度，加大了超标排放的处罚和机动车污染控制的力度，提出划定大气污染控制重点城市和规定达标期限，加强城市扬尘污染防治措施等。

2011 年至今是我国大气污染发展的攻坚阶段。该阶段我国大气防治的主要对象为灰霾、$PM_{2.5}$ 和 PM_{10}，VOCs 和臭氧，控制目标转变为关注排放总量与环境质量改善相协调，控制重点为多种污染源综合控制与多污染物协同减排，全面开展大气污染的联防联控。该阶段初期，我国 SO_2 的排放量已有明显削减，但是其他主要大气污染物排放量很大，仍呈增长趋势或未有明显下降，区域性 $PM_{2.5}$ 污染严重，出台了史上最为严格的《大气污染防治行动计划》，进一步加快产业结构调整、能源清洁利用和机动车污染防治。2018 年原环境保护部调整为生态环境部，对环境保护职责进行整合，从此告别多头管理的不利局面。至今，我国主要大气染物的排放量与浓度已有明显降低，重点区域、主要城市的环境空气质量明显改善。

从我国大气污染控制历程看出，大气污染控制只靠单项治理或末端治理解决不了大气污染问题，必须从城市和区域整体出发，统一规划并综合运用各种手段及措施，才有可能有效地控制大气污染。

大气污染综合防治应坚持以下原则：

① 以源头控制为主实施全过程控制的原则；
② 合理利用大气自净能力与人为措施相结合的原则；
③ 分散治理与综合防治相结合的原则；
④ 按功能区实行总量控制与浓度控制相结合的原则；
⑤ 技术措施与管理措施相结合的原则。

2018～2020 年，污染防治攻坚战实施以来，全国生态环境质量状况持续改善。空气质量方面，6 项生态环境目标指标全面超额完成，具体数据见表 3-20。其中 2020 年全国 337 个地级及以上城市优良天数比率平均值为 87.0%，近五年上升 5.8 个百分点，呈现持续改善向好态势；2020 年全国 PM2.5 未达标地级及以上城市浓度为 37 微克 / 立方米，较 2015 年下降 28.8%，北京 PM2.5 浓度 5 年降幅达到 51.3%，以创纪录的速度打赢了这场污染治理工程。

蓝天保卫战方面，截至 2020 年年底，共有 6 项重点任务指标全部完成，具体数据见表 3-21。全国煤炭消费占一次能源消费的比重由 60.4% 下降至 56.8%，清洁能源占比从 20.8% 提高到 24.0%，推动能源发展由"保障供给优先"向"生态环境优先"新发展阶段转变，逐步建立起较为完备的能源供应体系，根本扭转了能源短缺的局面。北方地区累计完成清洁取暖改造超 2500 万户，全国累计燃煤发电机组超低排放改造 9.5 亿千瓦，发电煤耗达世界先进水平，建成世界最大规模的超低排放清洁煤电供应体系。6.2 亿吨粗钢产能已完成或正在开展超低排放改造，建成了最大规模的钢铁工业清洁生产体系。

二、控制大气污染源

1. 改革能源结构，大力节约能源

要有效地解决城市大气污染问题，必须改善能源结构并大力节能。可采取如下一些措施。

（1）集中供热

城市集中供热可分为热电厂供热系统和锅炉房集中供热系统两种。集中供热比分散可

节约 30% ～ 35% 的燃煤，且便于提高除尘效率和采取脱硫措施，减少粉尘和 SO_2 的排放。

（2）清洁燃料

气态燃料是清洁燃料，燃烧完全，使用方便，是节约能源和减轻大气污染的较好燃料形式。天然燃气（如天然气、煤制气等）均可作为城市煤气的气源。大力发展和普及城市煤气化，是当前和今后解决煤烟型大气污染的有效措施。

（3）普及民用型煤

烧型煤比烧散煤可节煤 20%，减少烟尘排放量 50% ～ 60%。如在型煤中加入固硫剂还可减少 SO_2 排放量 30% ～ 50%，因此普及民用型煤是解决分散的生活面源以及解决小城镇煤烟型大气污染的可行的有效措施。

（4）积极开发清洁能源

因地制宜地开发水电、地热、风能、海洋能、核电以及利用太阳能等。

2. 减少污染排放，实行全过程控制

从严从紧从实控制高耗能、高排放项目建设，坚决淘汰落后产能，加快限制类产能装备升级改造，持续推进环保产业发展，深化转型升级和技术改造，从源头上大幅度减少污染物排放，促进经济社会发展全面绿色转型。

实行清洁生产（即源削减法）可体现两个全过程控制：一个是从原料到成品的全过程，即"清洁的原料、清洁的生产过程、清洁的产品"；一个是从产品进入市场到使用价值丧失这个全过程控制。通过清洁生产，不但可以提高原料、能源利用率，还可通过原料控制、综合利用、净化处理等手段，将污染消灭在生产过程中，有效地减少污染排放量。近年来经过"节能减排"等措施，我国废气中主要污染物排放量有所减少。

2018 年 7 月，国务院印发《打赢蓝天保卫战三年行动计划》，对未来三年国家大气污染防治工作进行部署。根据《行动计划》目标，到 2020 年，二氧化硫、氮氧化物排放总量分别比 2015 年下降 15% 以上，$PM_{2.5}$ 未达标地级及以上城市浓度比 2015 年下降 18%以上，地级及以上城市空气质量优良天数比率达到 80%，重度及以上污染天数比率比2015 年下降 25% 以上。

三、提高大气自净能力

（1）完善城市绿化系统

完善的城市绿化系统不仅可以美化环境，而且对改善城市大气质量有着不可低估的作用。绿化可以调节水循环和"碳 - 氧"循环，调节城市小气候；可以防风沙、滞尘、降低地面扬尘；可以增大大气环境容量，且可吸收有害气体，具有净化作用。表 3-20 列出了对不同有害气体有吸收作用的不同树种。

表 3-20　抗有害气体的树种

地区	抗性	树种名称
北方地区（包括东北、华北）	抗二氧化硫	构树、皂荚、华北卫矛、榆树、白蜡树、沙枣、柽柳、臭椿、旱柳、侧柏、瓜子黄杨、紫穗槐、加拿大白杨、刺槐、泡桐等
	抗氯气	构树、皂荚、榆树、白蜡树、沙枣、柽柳、臭椿、侧柏、紫藤、华北卫矛等

地区	抗性	树种名称
北方地区（包括东北、华北）	抗氟化氢	构树、皂荚、华北卫矛、榆树、白蜡树、沙枣、柽柳、臭椿、云杉、侧柏等
中部地区（包括华东、华中、西南部分地区以及河南、陕西、甘肃等省的南部地区）	抗二氧化硫	大叶黄杨、海桐、蚊母、夹竹桃、构树、凤尾兰、女贞、珊瑚树、梧桐、臭椿、朴树、紫薇、龙柏、木槿、枸橘、无花果、青网杨等
	抗氯气	大叶黄杨、龙柏、蚊母、夹竹桃、木槿、海桐、凤尾兰、构树、无花果、梧桐、棕榈、小叶女贞等
	抗氟化氢	大叶黄杨、蚊母、海桐、棕榈、朴树、凤尾兰、构树、桑树、珊瑚树、女贞、龙柏、梧桐、山茶等
南部地区（包括华南和西南部分地区）	抗二氧化硫	夹竹桃、棕榈、构树、印度榕、高山榕、樟叶槭、楝树、广玉兰、木麻黄、黄槿、鹰爪、石栗、红果仔、红背桂等
	抗氯气	夹竹桃、构树、棕榈、樟叶槭、细叶榕、广玉兰、黄槿、木麻黄、海桐、石栗、米仔兰、蝴蝶果等
	抗氟化氢	夹竹桃、棕榈、构树、广玉兰、桑树、银桦、蓝桉等

在城市绿化系统的完善配置上，应注意以下几方面的改善。

① **使各类绿地保持合理比例**　城市中的公共绿地、防护绿地、专用绿地、街道绿地、风景游览和自然保护绿地以及生产绿地等，功能不同，应具有合理的面积比例。

② **改变城市植物群落的结构和组成**　不同城市的地理位置、气候条件不同，生物群落构成的特点也不同。如果生物群落结构单一，存在明显缺陷，抗干扰和冲击的能力差，则绿化系统就难以在生态系统中发挥应有的作用。改善生物群落的结构和组成，主要是确定骨干树种，优化乔、灌、草的组合，因地制宜地选择抗污树种。

③ **制定并实施改善绿化系统的规划**　改善城市绿化系统，要确保切实可行的、可操作的绿化规划的实施。

（2）合理利用大气自净能力、废气高空排放技术和净化装置

对于那些难以除去的有毒物质，要降到很低的浓度（如小于几毫克每升），其净化费用可能是相当高的，而以净化脱除为主，辅之以烟囱排放稀释，经济上是合理的。烟囱越高，烟气上升力越强；高空风速大，有利于污染物的扩散稀释，减少地面污染，同时可改善燃料燃烧状态。

四、加强大气环境质量管理

1. 搞好城镇规划和环境功能分区，加强管理

在城乡规划及企业布局时，应充分分析、研究地形及气象条件对大气污染物扩散能力的影响，考虑生产规模和性质、回收利用技术及净化处理效率等因素，做出合理规划布局和调整，进行合理功能分区。对不同的功能区要有各自明确的环境目标，强化大气环境质量管理，提高环境效益。

大气环境质量管理首先要强化对大气污染源的监控，对污染源管理的目标分三个层次：

① 控制污染源污染物的排放达到国家或地方规定的浓度标准；

② 在污染物排放浓度达标基础上的污染物排放总量控制；

③ 环境容量所允许的污染物排放总量控制。

其次对城市空气质量现状进行报告。

第三对可能出现的大气污染状况进行预报，这是为了更好地反映环境污染变化的态势，针对可能出现的空气污染情况采取必要的应对措施，同时还可为环境管理决策提供及时、准确、全面的环境质量信息。

2. 加强污染源治理

实践证明，即使采用了源削减及综合利用措施，也无法避免废气的排放。通过末端治理使污染源排放达到规定的排放标准，对防治大气污染仍是一个积极而有效的措施。尤其是化工生产所排废气，更应坚持"增产节约、化害为利、变废为宝、消除污染"的原则，加强治理的力度。

 环保技术

水热反应让二氧化碳变资源

同济大学碳资源循环技术研究所进行的"二氧化碳资源化"研究，以一种模拟自然的方式将二氧化碳"还原"成类似汽油的车用燃料和有机资源。在实验室的加热箱中，由不锈钢或铸铁制成的水热反应罐里，各种废弃物与亚临界甚至超临界水之间发生着意想不到的交融与组合。根据反应内容和反应条件不同，几秒到几小时内，水热反应即可完成。当反应环境达到 $200 \sim 300℃$、$5 \sim 8MPa$ 时，二氧化碳在 $30min \sim 2h$ 内可转变成甲醇、甲烷或甲酸，转化率高达 $70\% \sim 80\%$。本研究的目标是寻找合适的催化剂，把二氧化碳水热转化的温度降低，让反应更快，进一步降低技术成本。将来钢厂、电厂的大烟囱一旦与水热反应装置连接，不但可大幅减排，还能生产车用燃料、化工原料等高附加值产品。

 复习思考题

一、简答论述题

1. 简述大气与生命的关系。

2. 大气的污染源有哪些？

3. 哪些过程可以产生大气污染物？

4. 大气中的污染物有哪些？

5. 大气主要污染物的危害是什么？

6. 治理大气污染物有哪些方法？

7. 吸收法治理 SO_2 废气有哪几种具体方法？

8. 选择吸收剂应考虑哪些因素？

9. 催化法治理污染物所需催化剂的特性是什么？

10. 目前治理汽车尾气有哪几种方法？

11. 粉尘的控制与防治包括哪几个领域？

12. 如何选择除尘设备？

13. 大气污染综合防治的原则是什么？

14. 控制大气污染源的措施有哪些？

二、选择题

1. 空气污染是（　　　）。

A. 指进入空气中的有害物质（如二氧化硫、氮氧化物、一氧化碳、二氧化碳、碳氢化合物等）

B. 指进入空气中的有害物质（如二氧化硫、氮氧化物、一氧化碳、氧气、碳氢化合物等）

C. 指进入空气中的有害物质（如二氧化硫、氮氧化物、一氧化碳、氧气、烟尘等）

D. 指进入空气中的有害物质（如二氧化硫、氮氧化物、一氧化碳、烟尘、碳氢化合物等）

2. 1987年通过的《蒙特利尔议定书》是保护（　　　）的历史文件。

A. 动物　　　　　　　B. 植物　　　　　　　C. 大气臭氧层　　　　D. 水

3. 世界三大酸雨地区分布在（　　　）。

A. 北美、南美、欧洲　　　　　　　　　B. 北美、欧洲、中国长江以南

C. 南美、欧洲、中国长江以北　　　　　D. 南美、欧洲、非洲

4. 以下大气污染物属于一次污染物的是（　　　）。

A. 一氧化碳　　　　　B. 光化学烟雾　　　　C. 碳氢化合物

D. 一氧化氮　　　　　E. 氯化氢

5. 颗粒污染物中，粒径在 10μm 以下的，为称为（　　　）。

A. TSP　　　　　　　B. PM_{10}　　　　　　C. 降尘　　　　　　D. 烟尘

6. 造成全球气候的温室气体，主要有（　　　）。

A. 一氧化碳　　　　　B. 甲烷　　　　　　　C. 氮氧化物

D. 二氧化碳　　　　　E. 氟氯烃

7. 我国的酸雨类型是由二氧化硫排放而形成的硫酸型，而欧美等工业发达国家的酸雨则是（　　　）。

A. 碳酸型　　　　　　B. 硝酸型　　　　　　C. 硫酸型　　　　　　D. 盐酸型

8. 大气污染主要控制对策与措施是（　　　）。

A. 加高烟筒向高空释放污染物　　　　　B. 多设置废气治理设施

C. 采用清洁能源及清洁煤技术　　　　　D. 加强对汽车尾气的治理

三、判断题

1. 我国大气污染属燃料型，其主要污染物是二氧化碳、二氧化硫、臭氧和烟尘。（　　　）

2. 酸雨是指 pH 小于 7 的降水。现今全球的主要酸雨区是北美洲、欧洲大陆和中国华南地区。（　　　）

3. 造成臭氧层空洞的原因是由于 CO 对臭氧的消耗所致。（　　　）

4. 光化学烟雾污染属于一次污染。（　　　）

5. 大气具有的易使太阳短波辐射到达地面而其中的二氧化碳和水等微量组分对地球长波辐射吸收作用，使近地面热量得以保持，从而导致全球气温升高的现象称为"温室效应"。（　　　）

6. 大气中的氮氧化物在阳光作用下，与共存的二氧化硫、一氧化硫、碳氧化物等污染物相互作用，生成"光化学烟雾"。（　　　）

7. 颗粒物悬浮在空气中形成的气态分散体系，称为气溶胶。（　　　）

8. 由于臭氧层在不断地消耗，因此在低空环境中增加臭氧浓度有助于补充臭氧。（　　）

四、填空题

1. 大气圈中，对人类生产、生活影响最大的一个层是（　　　）。

2. 根据大气温度垂直分布的特点，在结构上可将大气分为（　　　）、（　　　）、（　　　）、（　　　）、（　　　）等5个大气层。

3. 大气污染的形成过程由（　　　）、（　　　）、（　　　）三个环节组成。

4. 与大气中正常组分发生化学反应而生成新污染物质称为二次污染物，（　　　）和（　　　）是最常见的二次污染物。

5. 汽车排气是大气中氮氧化物的主要来源，而氮氧化物主要指（　　　）和（　　　）。

6. 从排烟中去除 SO_2 的技术简称"排烟脱硫"。目前常用的脱除 SO_2 的方法有（　　　）和（　　　）。

 项目训练

单场雨 pH 的测定

一、目的

了解本地区降水的 pH 及其变化情况。

二、用品

（1）pHS-2C 型精密酸度计。这是用玻璃电极法取样测定水溶液酸度的一种测量仪器，其面板各调节钮位置如图 3-17。

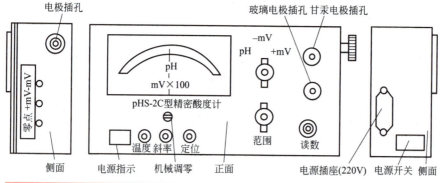

图 3-17　pHS-2C 型酸度计面板各调节旋钮位置示意图

（2）广泛 pH 试纸。

（3）50mL 烧杯。

（4）温度计。

三、试验内容

（1）先用广泛 pH 试纸测出样品的 pH 大致范围，并将样品倒入 50mL 烧杯中，测量温度。

（2）打开酸度计电源开关，通电 30min，并将酸度计上"选择"开关置"pH"挡，然后进行校正（校正由教师完成）。

（3）用蒸馏水清洗甘汞电极和玻璃电极2～3次，然后用滤纸吸干电极。

（4）将仪器的"温度"旋钮调至被测样品溶液的温度值，将电极放入被测样品中，仪器的"范围"开关置于此样品可能的pH挡（已由pH试纸测定）上，按下"读数"开关（若此时表针打出左面刻度线则应减少"范围"开关值；若表针打出右刻度线，则应增加"范围"开关值）。此时表针所指示的值加上"范围"开关值，即为样品的pH。

四、测定结果

采样时间_____采样地点_____测定时间_____

本次降水的pH_____是否属于酸雨_____测定人_____

五、注意事项

（1）样品由学生课余收集，采集样品所用容器及测定时所需容器必须清洁干燥。

（2）测定时，学生绝对不能再旋转"定位"和"斜率"旋钮。

（3）甘汞电极玻璃壁和玻璃电极球泡很薄，在使用时勿与烧杯及硬物相碰，防止破碎。不要用手去摸玻璃电极，以免影响测量精度。

（4）pHS-2C型精密酸度计最小分度值为0.02个pH单位，读数时应保留小数点后两位。

（5）本实验以连续跟踪测定为佳。

阅读材料

新能源汽车的实践动态

当前全球汽车工业热衷于开发新能源汽车。

通用汽车公司推出EV1型电动汽车，采用铅酸蓄电池，最高时速128km。1997年2月又推出了雪佛兰C2500H和GMC塞乐皮卡双燃料压缩天然气汽车。

福特公司提出"新能源2010"概念车的目标：在不牺牲6座载客量、续驶里程、性能、行李空间和销售能力的前提下，达到每百公里耗油2.99L的目标。这种车的动力系统是一台后置式1.0L直喷式柴油机带动一台高效发电机，产生的电力供应汽车的四个轮边马达，车的前部有一个飞轮用以储存发电机的剩余能量和再生性制动系统回收的能量。该车没有干扰空气流的车外后视镜，而是通过两个朝后的摄像机将图像显示在组合仪表板上的两个屏幕上；仪表板上设有控制件，全部功能是声控的。

克莱斯勒和萨特康尔公司设计的"爱国者"赛车，使用内燃机与节能飞轮。刹车时，由飞轮收集能量，又在加速时释放出来。1998年克莱斯勒公司利用与普通饮料瓶类似的塑料，制造了组合概念车的车身，车身用相当于2132个塑料瓶的原料制成，车体由四个不同面组成，十分美观。

丰田公司在RAV4越野车上装设了新改良的镍氢金属电池（HI-MH），充电一次可行驶200km。1997年12月该公司推出的Prius混合动力汽车，装有1.5L的汽油发动机和300kW的电动机。

三菱公司近年来先后研制出喷气稀薄燃烧发动机、可变工作缸数发动机、缸内喷注汽油发动机，在节能方面取得了较大的成绩。

大众汽车公司的子公司奥迪公司从1996年10月开始每天生产50辆全铝A8型车。A8型车采用铝材制作面板和内部构件，车身重量只有290kg。

大宇汽车公司 LANOS 轿车采用了"T-TEC"发动机，功率大、噪声低，且有节油、耐久的特点。

雷诺汽车公司建立了"绿色网络"来回收它在欧洲各地的商业机构产生的废弃物。

比亚迪在电动汽车的自主研发方面投入巨资，在上海建立的汽车研发中心承担起电动汽车和新款轿车的研发任务。

电动车实现了零排放、零污染和零噪声，其车载储能装置由 8 块锂电池构成，已具备能耗大幅降低、汽车电子控制水平进入国际前列等技术特点，并通过了触电防护及动力性能等相关测试，最高时速达到 150km/h，一次性充电的续驶里程达到 570 公里。完全实现了家用电流充电，一个半小时即能达到充电饱和状态。据悉，比亚迪还攻克了电池寿命关，常态下电池寿命已超过了汽车报废年限。

养成低碳生活习惯

低碳生活就是把生活作息时间所耗用的能量要尽量减少，从而减低二氧化碳的排放量。低碳生活，对于普通人来说是一种生活态度。它提出的是一个愿不愿意和大家共创造低碳生活的问题，是人们急需建立的绿色生活方式。低碳生活虽然是新概念，但提出的却是世界可持续发展的老问题，它反映了人类因气候变化而对未来产生的担忧，世界对此问题的共识日益增多。温室气体使地球气温升高。200 多年来，随着工业化进程的深入，大量温室气体，主要是二氧化碳的排出，导致全球气温升高、气候发生变化，这已是不争的事实。世界气象组织公布的"2009 年全球气候状况"报告指出，近 10 年是有记录以来全球最热的 10 年。全球变暖等气候问题致使人类不得不考虑目前的生态环境。人类意识到生产和消费过程中出现的过量碳排放是形成气候问题的重要因素之一，因而要减少碳排放就要相应优化和约束某些消费和生产活动。低碳生活理念也就渐渐被世界各国所接受。

低碳生活的出现不仅告诉人们，你可以为减碳做些什么，还告诉人们，你可以怎么做。"低碳"是一种生活习惯，是一种自然而然的去节约身边各种资源的习惯，只要你愿意主动去约束自己，改善自己的生活习惯，你就可以加入进来。当然，低碳并不意味着就要刻意去节俭，刻意去放弃一些生活的享受，只要你能从生活的点点滴滴做到多节约、不浪费，同样能过上舒服的"低碳生活"。

简单理解，低碳生活就是返璞归真地去进行人与自然的活动，主要从节电、节气和回收三个环节来改变生活细节，包括以下一些低碳的良好生活习惯。

① 每天的淘米水可以用来洗手、擦家具、浇花等，干净卫生，自然滋润；

② 将废旧报纸铺垫在衣橱的最底层，不仅可以吸潮，还能吸收衣柜中的异味；

③ 用过的面膜纸也不要扔掉，用它来擦首饰、擦家具的表面或者擦皮带，不仅把物品擦得亮还能留下面膜纸的香气；

④ 把喝过的茶叶渣晒干，做一个茶叶枕头，既舒适又能帮助改善睡眠；

⑤ 出门购物，尽量自己带环保袋，无论是免费或者收费的塑料袋，都减少使用；

⑥ 出门自带喝水杯，减少使用一次性杯子；

⑦ 多用永久性的筷子、饭盒，尽量避免使用一次性的餐具；

⑧ 养成随手关闭电器电源的习惯，避免浪费用电；

⑨ 尽量不使用冰箱、空调、电风扇，热时可用蒲扇或其他材质的扇子。

经过手工 DIY 的再创造，你会发现原来废物也是宝，这样的家居环境健康且充满了创意的小欢乐。低碳一族正以自己生活细节的改变证明：气候变化已经不再只是环保主义者、政府官员和专家学者关心的问题，而是与每个人息息相关。在提倡健康生活已成潮流的今天，低碳生活不再只是一种理想，更是一种值得期待的新的生活方式。

还有一些不容易注意的几点：

① 每天使用传统的发条闹钟，取代电子闹钟；

② 在午休和下班后关掉电脑电源；

③ 一旦不用电灯、空调，随手关掉；手机一旦充电完成，立即拔掉充电插头；

④ 选择晾晒衣物，避免使用滚筒式干衣机；用在附近公园等适合跑步的空气清新的地方中的慢跑取代在跑步机上的 45 分钟锻炼；

⑤ 用节能灯替换 60 瓦的灯泡；不开汽车改骑自行车，或步行；

⑥ 在使用电脑时，尽量使用低亮度，开启程序少些等，这样可以节电；

⑦ 如果可以，尽量少看电视。建议多看书，既可节电，也可以增长知识；

⑧ 用剩的小块肥皂香皂，收集起来装在不能穿的小丝袜中，可以接着用。

碳排放计算器进入百姓生活

任亚芬在网上使用"碳排放计算器"算了算——"我一年的碳排放量竟然有 20 多吨！"任亚芬说，在全球越来越多地关注气候变化的今天，这个数字太高了。

在北京、上海的许多写字楼里，公司白领们的生活方式，越来越受到这种"碳排放计算器"软件的影响。它可以用简单的计算方式，帮助人们了解起居、出行、购物等行为所产生的碳排放状况。

为什么人们要算碳的排放量？因为碳排放是指在能源消费过程中所产生的二氧化碳，这与气候变化直接相关。目前，越来越多的公众逐渐开始关注碳排放与全球气候变暖的关系，中国家庭的年平均碳排放量约为 2.7t。

碳在大气圈、水圈和生物圈间循环，是一切生物体中最基本的成分，有机体干重的 45% 以上是碳。所有生命体中的碳均来自大气中的二氧化碳。

人类的发明和工业化生产活动，使化石燃料中的碳以越来越大的规模参与到全球的碳循环中。直到现在，科学家们终于确认，日益增多的人工"碳源"在给人类带来福祉的同时，也给地球带来了麻烦。

无论是煤炭、石油还是天然气，这些燃料在燃烧提供能源时都会释放出"温室气体"——二氧化碳（CO_2）。大量温室气体进入大气层后，使地球上的热难以散发出去，形成温室效应，以致地球气温升高，导致恶劣天气增多，灾害频繁。

任亚芬比普通人"生产"的碳更多，是因为她频繁地乘飞机赶赴国际会议、自己驾车上班、住较宽敞的房子，还使用不少家用电器。

任亚芬这种工作、生活状

日常生活中二氧化碳排放量

人体 人均呼吸释放 1140g/d

电脑 平均间接排放 10.5kg/a

冰箱 间接排放 6.3kg/a

电视 间接排放 1.7kg/a

汽车 一台发动机每燃烧1L燃料排放 2.5kg

暖气 二氧化碳排放量
- 煤油作燃料 2400kg/a
- 天然气作燃料 1900kg/a
- 电暖气 600kg/a

态，在今天众多白领中司空见惯。正是这样紧张忙碌的生活和看来普通的生活方式，也影响到地球气候的变化——迅速增加的碳涌向天空，把地球包裹起来。科学家警告说，如果人们不采取更有效的措施减缓气候变暖的速度，不改变现在的生活方式，地球将给人类严重的惩罚。

任亚芬说，她所在的企业领导层已调整了工作方式——尽量减少公差和国际间飞行，更多地采用电话会议和网络办公，鼓励员工乘公交车和地铁上下班，自己开车的人尽量与附近的同事一起搭车。

像任亚芬一样，"用行动减缓气候变化"成为最新时尚，开始冲击中国民众的生活与消费观念。

水体污染防治与化工废水处理

第一节
认识水体污染

  水污染是指水资源在使用过程中由于丧失了使用价值而被废弃排放，并以各种形式使受纳水体受到影响的现象。水体❶的概念包括两方面的含义：一方面是指海洋、湖

---

❶ 水和水体：通常所说的水的污染实际上是指水体的污染，其实"水"和"水体"的概念是不同的。水是最简单的氢氧化合物，包括地球上所有的水；而水体作为水的贮存体，不仅包括水，还包括水中的悬浮物、底泥及水中生物等。在研究某些污染物对水的污染时，区分"水"和"水体"的概念十分重要。如重金属污染物易于从水中转移到底泥（生成沉淀，或被吸附和整合），水中重金属的含量一般都不高，仅从水着眼，似乎水未受污染；但从整个水体来看，则可能受到较严重的污染。重金属污染由水转向底泥可称为水的自净作用，但对整个水体来说，沉积在底泥中的重金属将成为该水体的一个长期次生污染源，很难治理，它们将逐渐向下游移动，扩大污染面。

泊、河流、沼泽、水库、地下水的总称；另一方面在环境领域中，则把水体中的悬浮物、溶解性物质、水生生物和底泥等作为一个完整的生态系统或完整的自然综合体来看。

一、水体污染物的来源

水体污染源于人类的生产和生活活动。向水体排放或释放污染物的来源和场所称为水体的污染源，根据来源不同，可分为**工业污染源**、**生活污染源**、**农业污染源**三大类。

1．工业污染源

各种工业生产中所产生的废水排入水体就成了工业污染源。不同工业所产生的工业废水中所含污染物的成分有很大差异。

冶金工业（包括黑色工业、有色冶金工业）所产生的废水主要有冷却水、洗涤水和冲洗水等。冷却水（分直接冷却水和循环冷却水）中的直接冷却水由于与产品接触，其中含有油、铁的氧化物、悬浮物等；洗涤水为除尘和净化煤气、烟气用水，其中含有酚、氰、硫化氰酸盐、硫化物、钾盐、焦油悬浮物、氧化铁、石灰、氟化物、硫酸等；冲洗水中含有酸、碱、油脂、悬浮物和锌、锡、铬等。在上述废水中，含氰、酚的废水危害最大。

化学工业废水的成分很复杂，常含有多种有害、有毒甚至剧毒物质，如氰、酚、砷、汞等。虽然有的物质可以降解，但通过食物链在生物体内富集，仍可造成危害，如 DDT、多氯联苯等。此外，化工废水中有的具有较强的酸度，有的则显较强的碱性，pH 不稳定，对水体的生态环境、建筑设施和农作物都有危害。一些废水中含氮、磷均很高，易造成水体富营养化。

电力工业中，电厂冷却水则是热污染源。

炼油工业中大量含油废水排出，由于排放量大，超出水体的自净能力，形成油污染。

由此可见，工业污染源向水体排放的废水具有量大、面广、成分复杂、毒性大、不易净化、处理难的特点，是需要重点解决的污染源。

2．生活污染源

生活污染源主要指城市居民聚集地区所产生的生活污水。这种污染源排放的多为洗涤水、冲刷物所产生的污水。因此，主要由一些无毒有机物如糖类、淀粉、纤维素、油脂、蛋白质、尿素等组成，其中含氮、磷、硫较高。在生活污水中还含有相当数量的微生物，其中一些病原体如病菌、病毒、寄生虫等，对人的健康有较大危害。

3．农业污染源

农业污染源包括农业牲畜粪便、污水、污物、农药、化肥、用于灌溉的城市污水、工业污水等。由于农田施用化学农药和化肥，灌溉后经雨水将农药和化肥带入水体造成农药污染或富营养化，使灌溉区、河流、水库、地下水出现污染。此外，由于地质溶解作用以及降水淋洗也会使诸多污染物进入水体。农业污染源的主要特点是面广、分散，难于收集、难于治理，含有机质、植物营养素及病原微生物较高。

二、水体污染物的分类及其危害

水体污染物是指造成水体的水质、生物质、底质质量恶化的各种物质或能量。水体中的污染物大致分类见表4-1。

表4-1　水体中的污染物

分类	主要污染物
无机有害物	水溶性氯化物、硫酸盐、酸、碱等无机酸碱盐中的无毒物质、硫化物
无机有毒物	铅、汞、砷、镉、氟化物、氰化物等重金属元素及无机有毒化学物质
耗氧有机物	碳水化合物、蛋白质、油脂、氨基酸等
植物营养物	铵盐、磷酸盐和磷、钾等
有机有毒物	酚类、有机磷农药、有机氯农药、多环芳烃、苯等
病原微生物	病菌、病毒、寄生虫等
放射性污染	铀、钚、锶、铯等
热污染	含热废水

1. 无毒污染物

（1）无机无毒污染物

废水中的无机无毒污染物，大致可分为以下三种类型。

① **悬浮状污染物**　是指砂粒、土粒及纤维一类的悬浮状污染物质。对水体的直接影响是：大大地降低了光的穿透能力，减少了水中生物的光合作用并妨碍水体的自净作用；水中悬浮物的存在，对鱼类的生存产生危害，可能堵塞鱼鳃，导致鱼的死亡，以制浆造纸废水中的纤维最为明显；水中的悬浮物又可能是各种污染物的载体，它可能吸附一部分水中的污染物并随水流动迁移。

② **酸、碱、无机盐类污染物**　污染水体中的酸主要来自化工厂、矿山、金属酸洗工艺等排出的废水；水体中的碱主要来源于制碱厂、碱法造纸厂、漂染厂、化纤厂、制革及炼油等工业废水。酸性废水与碱性废水相互中和产生各种盐类，它们与地表物质相互反应，也可能生成无机盐类，因此酸和碱的污染必然伴随着无机盐类的污染。

酸、碱进入水体后会使水体的pH发生变化，抑制或杀灭细菌和其他微生物的生长，妨碍水体的自净作用。水中无机盐的存在能增加水的渗透压，对淡水生物和植物生长不利。

酸、碱污染物造成水体的硬度增加对地下水的影响尤为显著。如水的硬度增加，易结垢使能源消耗增大。如水垢传热系数是金属的1/50，水垢厚度为 1～5mm，锅炉耗煤量将增加2%～20%。据北京统计，用于降低硬度而软化水，每年要耗资两亿多元。

③ **氮、磷等植物营养物**　所谓营养物质是指促使水中植物生长并加速水体富营养化的各种物质，如氮、磷等。天然水体中过量的植物营养物质主要来自农田施肥、植物秸秆、牲畜粪便、城市生活污水（粪便、洗涤剂等）和某些工业废水。氮、磷等植物营养物质大量而连续地进入湖泊、水库及海湾等缓流水体，将促进各种水生生物的活性，刺

激它们异常繁殖。特别是藻类，它们在水体中占据的空间越来越大，使鱼类活动的空间越来越少；藻类的呼吸作用和死亡的藻类的分解作用消耗大量的氧，有可能在一定时间内使水体处于严重缺氧状态，严重影响鱼类生存。

目前在欧、美及日本，由植物营养物污染而引起的水体富营养化已成为极其严重的问题。我国天津的海河、昆明的滇池、济南大明湖等也都曾发生"水体富营养（水华）"现象，2007年6月太湖蓝藻泛滥，造成严重污染，导致无锡居民无水可用。

（2）有机无毒污染物

这一类物质多属于碳水化合物、蛋白质、脂肪等自然生成的有机物，它们易于生物降解，向稳定的无机物转化。在有氧条件下，在好氧微生物作用下进行转化，这一转化进程快，产物一般为CO_2、H_2O等稳定物质。在无氧条件下，则在厌氧微生物的作用下进行转化，这一进程较慢，而且分两阶段进行。首先在产酸菌的作用下，形成脂肪酸、醇等中间产物，继之在甲烷菌的作用下形成H_2O、CH_4、CO_2等稳定物质，同时放出硫化氢、硫醇、粪臭素等具有恶臭的气体。在一般情况下，进行的都是好氧微生物起作用的好氧转化，由于好氧微生物的呼吸要消耗水中的溶解氧，因此这类物质可称耗氧物质或需氧污染物。

有机污染物对水体污染的危害主要在于对渔业水产资源的破坏。水中含有充足的溶解氧是保证鱼类生长、繁殖的必要条件之一。一旦水中溶解氧下降，各种鱼类就要产生不同的反应。某些鱼类，如鳟鱼对溶解氧的要求特别严格，必须达$8 \sim 12mg/L$，鲤鱼为$6 \sim 8mg/L$。当溶解氧不能满足这些鱼类的要求时，它们即将力图游离这个缺氧地区，而当溶解氧降至$1mg/L$时，大部分的鱼类就要窒息而死。当水中溶解氧消失时，水中厌氧菌大量繁殖，在厌氧菌的作用下，有机物可能分解放出甲烷和硫化氢等有毒气体，更不适于鱼类生存。

（3）热污染

因能源的消费而引起环境增温效应的污染称为热污染。水体热污染主要来源于工矿企业向江河排放的冷却水。其中以电力工业为主，其次是冶金、化工、石油、造纸、建材和机械等工业。

热污染致使水体水温升高，增加水体中化学反应速率，使水体中有毒物质对生物的毒性提高。如当水温从8℃升高到18℃时，氰化钾对鱼类的毒性将提高1倍；鲤鱼的48h致死剂量，水温$7 \sim 8$℃时为$0.14mg/L$，当水温升到$27 \sim 28$℃时仅为$0.005mg/L$。水温升高还会降低水生生物的繁殖率。此外，水温增高可使一些藻类繁殖增快，加速水体"富营养化"的过程，使水体中溶解氧下降，破坏水体的生态和影响水体的使用价值。

2. 有毒污染物

（1）无机有毒污染物

根据毒性发作的情况，此类污染物可分为两大类。

① 非重金属的无机毒性物质

a. 氰化物（CN^-）。水体氰化物主要来自于电镀废水，焦炉和高炉的煤气洗涤冷却水，某些化工厂的含氰废水及金、银选矿废水等。氰化物排入水体后，可在水体的自净作用下去除，一般有以下两个途径。

一是氰化物易挥发逸散。氰化物与水体中的CO_2作用生成氰化氢气体逸入大气，反应式为：

$$CN^- + CO_2 + H_2O \longrightarrow HCN \uparrow + HCO_3^-$$

水体中的氰化物主要是通过这一途径而得到去除的，其数量可达90%以上。

二是氰化物易氧化分解。氰化物与水中的溶解氧作用生成铵离子和碳酸根，反应式为：

$$2CN^- + O_2 \longrightarrow 2CNO^-$$

$$CNO^- + 2H_2O \longrightarrow NH_4^+ + CO_3^{2-}$$

氰化物的毒害是极其严重的。作为剧毒物质，它只要介入人体就会引起急性中毒，抑制细胞呼吸，造成人体组织严重缺氧，人只要口服 0.3～0.5mg 就会致死。氰化物对许多生物有害，只要 0.1mg/L 就能杀死虫类；0.3mg/L 能杀死水体赖以自净的微生物。

b. 砷（As）。砷也是常见的水体污染物质，工业生产排放含砷废水的有化工、有色冶金、炼焦、火电、造纸、皮革等，其中以冶金、化工排放量较高。

它对人体的毒性作用十分严重，三价砷的毒性大大高于五价砷。对人体来说，亚砷酸盐的毒性作用比砷酸盐大 60 倍，因为亚砷酸盐能够和蛋白质中的巯基反应，而三甲基砷的毒性比亚砷酸盐更大。砷也是累积性中毒的毒物，当饮用水中砷含量大于 0.05mg/L 时，就会导致累积，近年来发现砷还是致癌元素（主要是皮肤癌）。

② **重金属毒性物质** 重金属与一般耗氧有机物不同，在水体中不能为微生物所降解，只能产生各种形态之间的相互转化以及分散和富集，这个过程称为重金属的迁移。重金属在水体中的迁移主要与沉淀、配位、螯合、吸附和氧化还原等作用有关。

从毒性和对生物体的危害来看，重金属污染的特点有如下几点。

a. 在天然水体中只要有微量浓度即可产生毒性效应，一般重金属产生毒性的浓度大致在 1～10mg/L 之间，毒性较强的如汞、镉等，产生毒性的浓度在 0.01～0.001mg/L 以下。

b. 微生物不能降解重金属，相反地某些重金属有可能在微生物作用下转化为金属有机化合物，产生更大的毒性。如汞在厌氧微生物作用下，转化为毒性更大的有机汞（甲基汞、二甲基汞）。

c. 金属离子在水体中的转移或转化与水体的酸、碱条件有关，如六价铬在碱性条件下的转化能力强于酸性条件；在酸性条件下二价镉离子易于随水迁移，并易为植物吸收。镉是累积富集型毒物，进入人体后主要累积在肾脏和骨骼中，引起肾功能失调，使骨骼软化。

d. 重金属进入人体后能够和生理高分子物质如蛋白质和酶等发生强烈的相互作用，使它们失去活性，也可能累积在人体的某些器官中，造成慢性累积性中毒，最终造成危害。

（2）有机有毒污染物

有机有毒物质多属于人工合成的有机物质，如农药（DDT、六六六等有机氯农药）、醛、酮、酚以及多氯联苯、芳香族氨基化合物、高分子合成聚合物（塑料、合成橡胶、人造纤维）、染料等。它们主要来源于石油化工的合成生产过程及有关的产品使用过程中排放出的污水，这些污水不经处理排入水体后造成严重污染并引起危害。有机有毒物质种类繁多，其中危害最大的有以下两类。

① **有机氯化合物** 目前人们使用的有机氯化物有几千种，但其中污染广泛、引起普

遍注意的是多氯联苯（PCB）和有机氯农药。

多氯联苯流入水体后只微溶于水（每升水中最多只溶 1mg），大部分以浑浊状态存在，或吸附在微粒物质上；它化学性质稳定，不易氧化、水解并难于生化分解，所以多氯联苯可长期保存在水中。多氯联苯可通过水体中生物的食物链富集作用，在鱼、贝体内浓度累积到几万甚至几十万倍，然后在人体脂肪组织和器官中蓄积，影响皮肤、神经、肝脏，破坏钙的代谢，导致骨骼、牙齿的损害，并有亚急性、慢性致癌和致遗传变异等可能性。

有机氯农药是疏水性亲油物质，能够为胶体颗粒和油粒所吸附并随其在水中扩散。水生生物对有机氯农药同样有很强的富集能力，在水生生物体内的有机氯农药含量可比水中的含量高几千到几百万倍，通过食物链进入人体，累积在脂肪含量高的组织中，达到一定浓度后，即将显示出对人体的毒害作用。

② **多环有机化合物** 它是指含有多个苯环的有机化合物，一般具有很强的毒性。例如，多环芳烃可能有致遗传变异性，其中 3，4- 苯并芘和 1，2- 苯并蒽等具有强致癌性。多环芳烃存在于石油和煤焦油中，能够通过废油、含油废水、煤气站废水、柏油路面排水以及淋洗了空气中煤的雨水而径流入水体中，造成污染。

三、水体污染的水质指标

水体污染主要表现为水质在物理、化学、生物学等方面的变化特征。为了更好地对水体进行准确监测、评价、利用以及对其污染进行治理，在考虑和研究废水处理流程和其最终处理方法时，首先要全面掌握水体污染的水质指标。所谓水质指标就是指水中杂质具体衡量的尺度。水质指标的类别及含义见表 4-2。

表 4-2 水质指标的类别及含义

类别	含义
色度	水的感官性状指标之一。当水中存在着某种物质时，可使水着色，表现出一定的颜色，即色度。规定 1mg/L 以氯铂酸离子形式存在的铂所产生的颜色，称为 1 度
浊度	表示水因含悬浮物而呈浑浊状态，即对光线透过时所发生阻碍的程度。水的浊度大小不仅与颗粒的数量和性状有关，而且同光散射性有关，我国采用 1L 蒸馏水中含 1mg 二氧化硅为一个浊度单位，即 1 度
硬度	水的硬度是由水中的钙盐和镁盐形成的。硬度分为暂时硬度（碳酸盐）和永久硬度（非碳酸盐），两者之和称为总硬度。水中的硬度以 "度" 表示，1L 水中的钙和镁盐的含量相当于 1mg/L 的 CaO 时，叫做 1 度
溶解氧（DO）	溶解在水中的分子态氧，叫溶解氧。20℃时，0.1MPa 下，饱和溶解氧含量为 9×10^{-6}。它来自大气和水中化学、生物化学反应生成的分子态氧
化学需氧量（COD）	是在一定的条件下，采用一定的强氧化剂处理水样时，所消耗的氧化剂量。它是表示水中还原性物质多少的一个指标，以 mg/L 表示。目前应用最普遍的是酸性高锰酸钾氧化法与重铬酸钾氧化法，但两种氧化剂都不能氧化稳定的苯等有机化合物。它是水质污染程度的重要指标，COD 的数值越大表明水体的污染情况越严重
生化需氧量（BOD）	在好氧条件下，微生物分解水中有机物质的生物化学过程中所需要的氧量。目前，国内外普遍采用在 20℃下，五昼夜的生化耗氧量作为指标，即用 BOD_5 表示，单位 mg/L

类别	含义
总有机碳（TOC）	水体中所含有机物的全部有机碳的数量。其测定方法是将所有有机物全部氧化成 CO_2 和 H_2O，然后测定所生成的 CO_2 量
总需氧量（TOD）	氧化水体中总的碳、氢、氮和硫等元素所需的氧量。测定全部氧化所生成的 CO_2、H_2O、NO 和 SO_2 等的总需氧量
残渣和悬浮物	在一定温度下，将水样蒸干后所留物质称为残渣。它包括过滤性残渣（水中溶解物）和非过滤性物质（沉降物和悬浮物）两大类。悬浮物就是非过滤性残渣
电导率（EC）	是截面 $1cm^2$、高度为 $1cm$ 的水柱所具有的电导。它随水中溶解盐的增加而增大。电导率的单位为 S/cm
pH	指水溶液中，氢离子（H^+）浓度的负对数，即 $pH=-lg[H^+]$，为了便于书写，如 $pH=7$，实际上是，$n(H^+)=0.0000001=10^{-7}mol/L$，pH 的范围从 0～14。pH 等于 7 时表示中性，小于 7 时表示酸性，大于 7 时，则为碱性

四、化工废水的来源与特点

化工行业是一个多行业、多品种的工业部门，包括化学矿山、石油化工、煤炭化工、酸碱工业、化肥工业、塑料工业、医药工业、染料工业、洗涤剂工业、橡胶工业、炸药和起爆药工业、感光材料工业等。

1. 化工废水的分类及主要来源

化工废水可分为三大类：第一类为含有机物的废水，主要来自基本有机原料、合成材料（如合成塑料、合成橡胶、合成纤维）、农药、染料等行业排出的废水；第二类为含无机物的废水，如无机盐、氮肥、磷肥、硫酸、硝酸及纯碱等行业排出的废水；第三类为既含有有机物又含有无机物的废水，如氯碱、感光材料、涂料等行业。

按废水中所含主要污染物分，则有含氰废水、含酚废水、含硫废水、含铬废水、含有机磷废水、含有机物废水等。化工废水的主要来源如下。

　　① 化工生产的原料和产品在生产、包装、运输、堆放的过程中因一部分物料流失又经雨水或用水冲刷而形成的废水；
　　② 化学反应不完全而产生的废料，如残余浓度低且成分不纯的物料常常以废水的形式排放出来；
　　③ 化学反应中副反应过程生成的废水；
　　④ 冷却水，若采用冷却水与反应物料直接接触的直接冷却方式，则不可避免地排出含有物料的废水；
　　⑤ 一些特定生产过程排放的废水，如焦炭生产的水力割焦排水、酸洗或碱洗过程排放的废水等；
　　⑥ 地面和设备冲洗水和雨水，因常夹带某些污染物最终形成废水。

2. 化工废水的特点

① **废水排放量大**　化工生产中需进行化学反应，化学反应要在一定的温度、压力及催化剂等条件下进行。因此在生产过程中工艺用水及冷却水用量很大，故废水排放量大。

 第四章　水体污染防治与化工废水处理　**091**

废水排放量约占全国工业废水总量的30%，据各工业系统之首。

② **污染物种类多** 水体中的烷烃、烯烃、卤代烃、醇、酚、醚、酮及硝基化合物等有机物和无机物，大多是化学工业生产过程中或一些应用化工产品的过程中所排放的。水质分析表明，黄浦江水质含有的18项主要污染物，化学工业都有不同程度的排放。如合成氨生产排放的废水含有氰废水、含硫废水、含炭黑废水及含氨废水等，农药、染料产品的化学结构复杂，生产流程长、工序多，排出的种类更多。

③ **污染物毒性大**、不易生物降解 所排放的许多有机物和无机物中不少是直接危害人体的毒物。许多有机化合物十分稳定，不易被氧化，不易为生物所降解。许多沉淀的无机化合物和金属有机物可通过食物链进入人体，对健康极为有害，甚至在某些生物体内不断富集。

④ **废水中含有有害污染物较多** 化工废水中主要有害污染物年排放总量为215万吨左右，其中主要有害污染物如废水中氰化物排放量占总氰化物排放量的一半，而汞的排放量则占全国排放总量的2/3。

⑤ **化工废水的水量和水质差异大** 由于原料路线、生产工艺方法及生产规模不同而有很大差异，即一种化工产品的生产，随着所用原料的不同、采用生产工艺路线的不同或生产规模的不同，所排放废水的水量及水质也不相同。

⑥ **污染范围广** 化学工业厂点多、行业多、品种多、生产方法多及原料和能源消耗多等特点，造成污染面广。

表4-3列出了几种典型的化工生产所排出的废水情况。

表4-3 主要化工行业废水来源及主要污染物

行业	主要来源	废水中主要污染物
氮肥	合成氨、硫酸铵、尿素、氯化铵、硝酸铵、氨水、石灰氮	氰化物、挥发酚、硫化物、氨氮、SS、CO、油
磷肥	普通过磷酸钙、钙镁磷肥、重过磷酸钙、磷酸铵类氮磷复合肥、磷酸、硫酸	氟、砷、P_2O_5、SS、铅、镉、汞、硫化物
无机盐	重铬酸钠、铬酸酐、黄磷、氰化钠、三盐基硫酸铅、二盐基亚磷酸铅、氯化锌、七水硫酸锌	六价铬、元素磷、氰化物、铅、锌、氟化物、硫化物、镉、砷、铜、锰、锡和汞
氯碱	聚氯乙烯、盐酸、液氯	氯、乙炔、硫化物、Hg、SS
有机原料及合成材料	脂肪烃、芳香烃、醇、醛、酮、酸、烃类衍生物及合成树脂（塑料）、合成橡胶、合成纤维	油、硫化物、酚、氰、有机氯化物、芳香族胺、硝基苯、含氮杂环化合物、铅、铬、镉、砷
农药	敌百虫、敌敌畏、乐果、氧化乐果、甲基对硫磷、对硫磷、甲胺磷、马拉硫磷、磷胺	有机磷、甲醇、乙醇、硫化物、对硝基酚钠、NaCl、NH_3-N、NH_4Cl、粗酯
染料	染料中间体、原染料（含有机颜料）、商品染料、纺织染整助剂	卤化物、硝基物、氨基物、苯胺、酚类、硫化物、硫酸钠、NaCl、挥发酚、SS、六价铬
涂料	涂料：树脂漆、油脂漆；无机颜料：钛白粉、立德粉、铬黄、氧化锌、氧化铁、红丹、黄丹、金属粉、华兰	油、酚、醇、醛、SS、六价铬、铅、锌、镉
感光材料	三醋酸纤维素酯、三醋酸纤维素酯片基、乳胶制备及胶片涂布、照相有机物、废胶片及银回收	明胶、醋酸、硝酸、照相有机物、醇类、苯、银、乙二醇、丁醇、二氯甲烷、卤化银、SS

行业	主要来源	废水中主要污染物
焦炭、煤气粗制和精制化工产品	焦炉气进入集气管，用氨水喷洒冷却煤气产生剩余氨水 回收煤气中化工产品产生的煤气冷却水 粗制提取和精制蒸馏加工的产品分离水 煤气水封和煤气总管冷凝水	酚、氰化物、氨氮、COD_{Cr}、油类、硫化物
硫酸（硫铁矿制酸）	净化设备中产生的酸性废水	pH（酸性）、砷、硫化物、氟化物、悬浮物

第二节
掌握化工废水的处理技术

废水治理，就是采用各种方法将废水中所含的污染物质分离出来，或将其转化为无害和稳定的物质，从而使废水❶得以净化。根据其作用原理可划分为四大类别，即物理法、化学法、物理化学法和生物处理法。

一、物理法

通过物理作用和机械力分离或回收废水中不溶解悬浮污染物质（包括油膜和油珠），并在处理过程中不改变其化学性质的方法称为**物理法**（或物理处理法）。

物理法一般较为简单，多用于废水的一级处理中，以保护后续处理工序的正常进行并降低其他处理设施的处理负荷。

1. 均衡与调节

多数废水（如工业企业排出的废水）的水质、水量常常是不稳定的，具有很强的随机性，尤其是当操作不正常或设备产生泄漏时，废水的水质就会急剧恶化，水量也大大增加，往往会超出废水处理设备的处理能力。这时，就要进行**水量的调节**与**水质的均衡**。调节和均衡主要通过设在废水处理系统之前的调节池来实现。

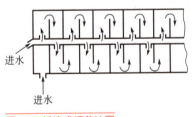

图4-1 折流式调节池图

4-1 折流调节池

图4-1是长方形调节池的一种，它的特点是在池内

---

❶ 废水和污水：在实际应用中，"废水"和"污水"两个术语的用法比较混乱。就科学概念而言，"废水"是指废弃外排的水，强调其"废弃"的一面；"污水"是指被脏物污染的水，强调其"脏污"的一面。但是，有相当数量的生产排水是并不脏的（如冷却水等），因而用"废水"一词统称所有的废水比较合适。在水质污浊的情况下，两种术语可以通用。

设有若干折流隔墙，使废水在池内来回折流。配水槽设在调节池上，废水通过配水孔口溢流到池内前后各位置而得以均匀混合。起端入口流量一般为总流量的1/4左右，其余通过各投配孔口流入池内。

2. 沉淀

沉淀是利用废水中悬浮物密度比水大，可借助重力作用下沉的原理而达到液固分离目的的一种处理方法。可分为四种类型，即自由沉淀、絮凝沉淀、拥挤沉淀和压缩沉淀。它们均是通过沉淀池来进行沉淀的。

沉淀池是一种分离悬浮颗粒的构筑物，根据构造不同可分为普通沉淀池和斜板斜管沉淀池。普通沉淀池应用较为广泛，按其水流方向的不同可分为平流式、竖流式和辐射式三种。

图4-2所示的是一种带有刮泥机的平流式沉淀池。废水由进水槽通过进水孔流入池中，进口流速一般应低于25mm/s，进水孔后设有挡板能稳流使废水均匀分布，沿水平方向缓缓流动，水中悬浮物沉至池底，由刮泥机刮入污泥斗，经排泥管借助静水压力排出。沉淀池出水处设置浮渣收集槽及挡板以收集浮渣，清水溢过沉淀池末端的溢流堰，经出水槽排出池外。

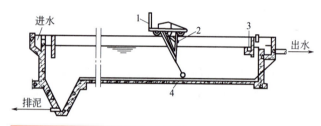

4-2 平流式沉淀池

图4-2 设行车刮泥机的平流式沉淀池
1—行车；2—浮渣刮板；3—浮渣槽；4—刮泥板

为了防止已沉淀的污泥被水流冲起，在有效水深下面和污泥区之间还应设一缓冲区。平流式沉淀池的优点是构造简单、沉淀效果好、性能稳定，缺点是排泥困难、占地面积大。

3. 筛除与过滤

利用过滤介质截留废水中的悬浮物，也叫筛滤截留法。这种方法有时用于废水处理，有时作为最终处理，出水供循环使用或循序使用。筛滤截留法的实质是让废水通过一层带孔眼的过滤装置或介质，尺寸大于孔眼尺寸的悬浮颗粒则被截留。当使用到一定时间后，过水阻力增大，就需将截留物从过滤介质中除去，一般常用反洗法来实现。过滤介质有钢条、筛网、滤布、石英砂、无烟煤、合成纤维、微孔管等，常用的过滤设备有格栅、筛网、微滤机、砂滤器、真空滤机、压滤机等（后两种滤机多用于污泥脱水）。

（1）格栅

格栅是由一组平行钢质栅条制成的框架，缝隙宽度一般为15～20mm，倾斜架设在废水处理构筑物前或泵站集水池进口处的渠道中，用以拦截废水中大块的漂浮物，以防阻塞构筑物的孔洞、闸门和管道，或损坏水泵的机械设备。因此，格栅实际上是一种起保护作用的安全设施。

格栅的栅条多用圆钢或扁钢制成。扁钢断面多采用50mm×10mm或40mm×10mm，其特点是强度大，不易弯曲变形，但水头损失较大；圆钢直径多用10mm，其特点恰好与

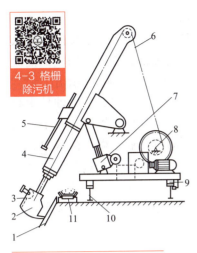

图4-3 移动伸缩臂式格栅除污机
1—格栅；2—耙斗；3—卸污板；4—伸缩臂；5—卸污调整杆；6—钢丝绳；7—臂角调整机构；8—卷扬机构；9—行走轮；10—轨道；11—皮带运输机

扁钢相反。被拦截在栅条上的栅渣有人工和机械两种清除方法。图4-3是一种移动伸缩臂式格栅除污机，主要用于粗、中格栅，深度中等的宽大格栅。其**优点**是设备全部在水面上，钢绳在水面上运行，寿命长，可不停水检修；**缺点**是移动较复杂，移动时耙齿与栅条间隙对位困难。

（2）筛网

筛网是用金属丝或纤维丝编制而成的。与格栅相比，筛网主要用来截留尺寸较小的悬浮固体，尤其适宜于分离和回收废水中细碎的纤维类悬浮物（如羊毛、棉布毛、纸浆纤维和化学纤维等），也可用于城市污水和工业废水的预处理以降低悬浮固体含量。筛网可以做成多种形式，如固定式、圆筒式、板框式等。表4-4是几种常用筛网除渣机的比较。

表4-4 常用筛网除渣机的比较

类型		适用范围	优点	缺点
筛网	固定式	从废水中除低浓度固体杂质及毛和纤维类，安装在水面以上时，需要水头落差或水泵提升	平面筛网构造简单，造价低；梯形筛丝筛面不易堵塞，不易磨损	平面筛网易磨损，易堵塞，不易清洗；梯形筛丝筛面构造复杂
	圆筒式	从废水中除中低浓度杂质及毛和纤维类，进水深度一般<1.5m	水力驱动式构造简单，造价低；电动梯形筛丝转筒筛不易堵塞	水力驱动式易堵塞；电动梯形筛丝转筒筛构造较复杂，造价高
	板框式	常用深度1～4m 可用深度10～30m	驱动部分在水上，维护管理方便	造价高，更换较麻烦；构造较复杂，易堵塞

4．隔油

隔油主要用于对废水中浮油的处理，它是利用水中油品与水密度的差异与水分离并加以清除的过程。隔油过程在隔油池中进行，目前常用的隔油池有两类——平流式隔油池与斜流式隔油池。

平流式隔油池除油率一般为60%～80%，粒径150μm以上的油珠均可除去。它的**优点**是构造简单，运行管理方便，除油效果稳定。**缺点**是体积大、占地面积大、处理能力低、排泥难，出水中仍含有乳化油和吸附在悬浮物上的油分，一般很难达到排放要求。

图4-4所示的是一种CPI型波纹板式隔油池。池中以45°倾角安装许多塑料波纹板，废水在板中通过，使所含的油和泥渣进行分离。斜板的板间距为2～4cm，层数为24～26层。

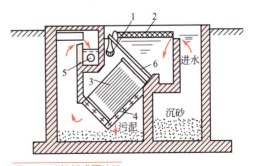

图4-4 波纹板式隔油池
1—撇油管；2—泡沫塑料浮盖；3—波纹板；4—支撑；5—出水管；6—整流板

设计中采用的雷诺数 Re 为 360～400，板间水流处于层流状况。

经预处理（除去大的颗粒杂质）后的废水，经溢流堰和整流板进入波纹板间，油珠上浮到上板的下表面，经波纹板的小沟上浮，然后通过水平的撇油管收集，回收的油流到集油池。污泥则沉到下板的上表面，通过小沟下降到池底，然后通过排泥管排出。

另外，近年来国内外对含油废水处理取得不少新进展，出现了一些新型除油技术和设备。主要有粗粒化装置和多层波纹板式隔油池（MWS 型）。粗粒化装置是一种小型高效的油水分离装置，目前已广泛用于化工、交通、海洋、食品等行业含微量油或含乳化油废水处理。多层波纹板式隔油池（MWS 型）装置设计原理与 CPI 型波纹式隔油池相同，但它是用多层波纹板把水池分成许多相同的小水池，而不是分成带状空间，油滴上浮和油泥的沉降分别在池的两端进行，避免了返混，使出水保持干净。该装置结构简单，占地面积小，易管理，能除去水中立径为 15μm 以上的油粒。

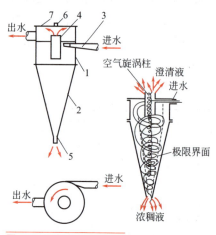

图 4-5　压力式水力旋流器

1—圆筒；2—圆锥体；3—进水管；4—上部清液排出管；5—底部清液排出管；6—放气管；7—顶盖

5．离心分离

废水中的悬浮物借助离心设备的高速旋转，在离心力作用下与水分离的过程叫**离心分离**。

离心分离设备按离心力产生的方式不同可分为水力旋流器和高速离心机两种类型。水力旋流器有压力式（见图 4-5）和重力式两种，其设备固定，液体靠水泵压力或重力（进出水头差）由切线方向进入设备，造成旋转运动产生离心力。高速离心机依靠转鼓高速旋转，使液体产生离心力。压力式水力旋流器，可以将废水中所含的粒径 5μm 以上的颗粒分离出去。进水的流速一般应在 6～10m/s，进水管稍向下倾 3°～5°，这样有利于水流向下旋转运动。

压力式水力旋流器具有一些**优点**，即体积小，单位容积的处理能力高，构造简单，使用方便，易于安装维护。**缺点**是水泵和设备易磨损，所以设备费用高，耗电较多。一般只用在小批量的、有特殊要求的废水处理。

二、化学法

化学法（或化学处理法）是利用化学作用处理废水中的溶解物质或胶体物质，可用来去除废水中的金属离子、细小的胶体有机物、无机物、植物营养素（氮、磷）、乳化油、色度、臭味、酸、碱等，对于废水的深度处理也有着重要作用。

化学法包括**中和法**、**混凝法**、**氧化还原法**、**电化学法**等方法。在此主要介绍中和法和混凝法。

1．中和法

中和就是酸碱相互作用生成盐和水，也即 pH 调整或称为酸碱度调整。酸、碱废水的中和方法有酸、碱废水互相中和，投药中和及过滤中和。

（1）酸、碱废水互相中和

酸、碱废水互相中和是一种以废治废、既简便又经济的办法。如果酸、碱废水互相中和后仍达不到处理要求时，还可以补加药剂进行中和。

酸、碱废水互相中和的结果，应该使混合后的废水达到中性。若酸性废水的物质的量浓度为 $c(B_1)$、水量为 Q_1，碱性废水的物质的量浓度为 $c(B_2)$、水量为 Q_2，则二者完全中和的条件，根据化学反应基本定律——等物质的量规则就为：

$$c(B_1)Q_1=c(B_2)Q_2 \qquad (4-1)$$

酸、碱废水如果不加以控制，一般情况下不一定能完全中和，则混合后的水仍具有一定的酸性或碱性，其酸度或碱度为 $c(P)$，则有

$$c(P)=\frac{|c(B_1)Q_1-c(B_2)Q_2|}{Q_1+Q_2} \qquad (4-2)$$

若 $c(P)$ 值仍高，则需用其他方法再进行处理。

（2）投药中和

投药中和可以处理任何浓度、任何性质的酸碱废水，可以进行废水的 pH 调整，是应用最广泛的一种中和方法。

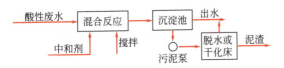

图 4-6　酸性废水投药中和流程

① **酸性废水投药中和**　投药中和的一般流程如图 4-6 所示。中和反应一般都设沉淀池，沉淀时间为 1～1.5h。

酸性废水的中和剂有石灰（CaO）、石灰石（$CaCO_3$）、碳酸钠（Na_2CO_3）、苛性钠（NaOH）等。石灰是最常用的中和剂。采用石灰可以中和任何浓度的酸性废水，且氢氧化钙对废水中的杂质具有凝聚作用，有利于废水处理。

酸碱中和的反应速率很快，因此，混合与反应一般在一个设有搅拌设备的池内完成。混合反应时间一般情况下应根据废水水质及中和剂种类来确定，然后再确定反应器容积，其计算公式如下。

$$V=Qt \qquad (4-3)$$

式中　t——混合反应时间，min；

　　　V——混合反应池的容积，m^3；

　　　Q——废水实际流量，m^3/h。

中和药剂的理论计算用量可以根据化学反应式及等物质的量规则求得，然后考虑所用药剂产品或工业废料的纯度及反应效率，综合确定实际投加量。

如果酸性废水中只含某一类酸时，中和药剂的消耗量可按下式计算：

$$G=\frac{Q\rho_S\alpha_S K}{1000\alpha} \qquad (4-4)$$

式中　G——中和药剂的消耗量，kg/h；

　　　Q——废水流量，m^3/h；

　　　ρ_S——废水中酸的质量浓度，mg/L；

　　　α_S——中和剂的比耗量，由表4-5查得；

　　　K——反应不均匀系数（反应效率的倒数），一般采用1.1～1.2，但以石灰中和

硫酸时，干投采用1.4～1.5，湿投采用1.05～1.10，中和盐酸、硝酸时采用1.05；

α——药品纯度，以%计，一般生石灰中含有效CaO 60%～80%，熟石灰中Ca（OH）$_2$含量为65%～75%。

表4-5　碱性中和剂的比耗量 α_s

酸的名称	中和1g酸所需碱性物质的质量/g中和剂				
	CaO	CaCO$_3$	MgCO$_2$	Ca（OH）$_2$	CaCO$_3$·MgCO$_3$
H$_2$SO$_4$	0.57	1.02	0.86	0.755	0.946
HCl	0.77	1.38	1.15	1.01	1.27
HNO$_3$	0.445	0.795	0.668	0.590	0.735
CH$_3$COOH	0.466	0.840	0.702	0.616	—

在实际情况下，工业废水中所含酸的成分可能比较复杂，并不只是单纯一种，不能直接应用化学反应式计算。这时需要测定废水的酸度，然后根据等物质的量原理进行计算。

② 碱性废水投药中和　碱性废水的中和剂有硫酸、盐酸、硝酸，常用的为工业硫酸。烟道中含有一定量的CO$_2$、SO$_2$、H$_2$S等酸性气体，也可以用作碱性废水的中和剂，但其缺点是杂质太多，易引起二次污染。

碱性废水中和药剂的计算方法与酸性废水相同。酸性中和剂的比耗量见表4-6。

表4-6　酸性中和剂的比耗量 α_s

碱的名称	中和1g碱所需酸性物质的质量/g中和剂					
	H$_2$SO$_4$		HCl		HNO$_3$	
	100%	98%	100%	36%	100%	65%
NaOH	1.22	1.24	0.91	2.53	1.37	2.42
KOH	0.88	0.90	0.65	1.80	1.13	1.74
Ca（OH）$_2$	1.32	1.34	0.99	2.74	1.70	2.62
NH$_3$	2.88	2.93	2.12	5.90	3.71	5.70

2. 混凝法

混凝法处理的对象是废水中利用自然沉淀法难以沉淀除去的细小悬浮物及胶体微粒，可以用来降低废水的浊度和色度，去除多种高分子有机物、某些重金属和放射性物质；此外，混凝法还能改善污泥的脱水性能，因此，混凝法在废水处理中得到广泛应用。

混凝法的优点是设备简单，操作易于掌握，处理效果好，间歇或连续运行均可以。缺点是运行费用高，沉渣量大，且脱水较困难。

（1）混凝原理

对混凝过程的作用原理有两种说法：一种是双电层作用；另一种是化学架桥作用。

① 双电层作用原理　这一原理主要考虑低分子电解质对胶体微粒产生电中和作用，以引起胶体微粒凝聚。以废水中胶体带负电荷，投加低分子电解质硫酸铝［Al$_2$（SO$_4$）$_3$］

作混凝剂进行混凝为例说明。

a. 硫酸铝 $[Al_2(SO_4)_3]$ 首先在废水中离解，产生正离子 Al^{3+} 和负离子 SO_4^{2-}。

$$Al_2(SO_4)_3 \longrightarrow 2Al^{3+}+3SO_4^{2-}$$

Al^{3+} 是高价阳离子，它大大增加了废水中的阳离子浓度，在带负电荷的胶体微粒吸引下 Al^{3+} 由扩散层进入吸附层，使 ζ 电位降低。于是带电的胶体微粒趋向电中和，消除了静电斥力，降低了它们的悬浮稳定性，当胶体再次相互碰撞时，即凝聚结合为较大的颗粒而沉淀。

b. Al^{3+} 在水中水解后最终生成 $Al(OH)_3$ 胶体。

$$Al^{3+}+3H_2O \Longleftrightarrow Al(OH)_3(胶体)+3H^+$$

$Al(OH)_3$ 是带电胶体，当 pH<8.2 时，带正电。它与废水带负电的胶体微粒互相吸引，中和其电荷，使胶体凝结成较大的颗粒而沉淀。

c. $Al(OH)_3$ 胶体具有长的条形结构，表面积很大，活性较高，可以吸附废水中的悬浮颗粒，使呈分散状态的颗粒形成网状结构，成为更粗大的絮凝体（矾花）而沉淀。

② **化学架桥作用原理** 当废水中加入少量的高分子聚合物时，聚合物即被迅速吸附结合在胶体微粒表面上。开始时，高聚物分子链节的一端吸附在一个微粒表面上，该分子未被吸附的一端就伸展到溶液中去，这些伸展的分子链节又会被其他的微粒所吸附，于是形成一个高分子链状物同时吸附在两个以上的胶体微粒表面的情况。各微粒依靠高分子的连接作用构成某种聚集体，结合为絮状物，这种作用称为吸附架桥作用。

在废水的混凝沉淀处理中，影响混凝效果的因素很多，主要有 pH、温度、药剂种类和投加量、搅拌强度及反应时间等。常用的混凝剂可分为无机和有机两大类，见表 4-7。

表 4-7　混凝剂分类

分类			混凝剂
无机类	低分子	无机盐类酸、碱类金属电解产物	硫酸铝、硫酸铁、硫酸亚铁、铝酸钠、氯化铁、氯化铝、碳酸钠、氢氧化钠、氧化钙、硫酸、盐酸氢氧化铝、氢氧化铁
	高分子	阳离子型 阴离子型	聚合硫酸铝、聚合氯化铝 活性硅酸
有机类	表面活性剂	阴离子型 阳离子型	月桂酸钠、硬脂酸钠、油酸钠、松香酸钠、十二烷基苯磺酸钠 十二烷基乙酸铵、十八烷基乙酸铵、松香基乙酸铵、烷基三甲基氯化铵、氯化铵、十八烷基二甲基二苯二酮
	低聚合度高分子（分子量约一千至数万）	阴离子型 阳离子型 非离子型 两性型	藻朊酸钠、羧甲基纤维素钠盐 水溶性苯胺树脂盐酸盐、聚乙烯亚胺 淀粉、水溶性脲醛树脂 动物胶、蛋白质
	高聚合度高分子（分子量十万至数百万）	阴离子型 阳离子型 非离子型	聚丙烯酸钠、聚丙烯酰胺、马来酸共聚物 聚乙烯吡啶盐、乙烯吡啶共聚物 聚丙烯酰胺、聚氧化乙烯

（2）混凝过程及投药方法

混凝沉淀处理流程包括投药、混合、反应及沉淀分离几个部分。其流程如图 4-7 所示。

图 4-7　混凝沉淀示意流程

混凝沉淀分为混合、反应、沉淀三个阶段。混合阶段的作用主要是将药剂迅速、均匀地投加到废水中，以压缩废水中的胶体颗粒的双电层，降低或消除胶粒的稳定性，使废水中胶体能互相聚集成较大的微粒——绒粒。混合阶段需要快速地进行搅拌，作用时间要短，以达到瞬时混合效果最好的状态。

反应阶段的作用是促使失去稳定的胶体粒子碰撞结合，成为可见的矾花绒粒，所以反应阶段需要足够的时间，而且需保证必要的速度、梯度。在反应阶段，由聚集作用所生成的微粒与废水中原有的悬浮微粒之间或相互之间，由于碰撞、吸附、黏着、架桥作用生成较大的绒体，然后送入沉淀池进行分离。

投药方法有干法和湿法。**干法**是把经过破碎、易于溶解的药剂直接投入废水中。干法操作占地面积小，但对药剂的粒度要求高，投量控制较严格，同时劳动条件也较差，目前国内使用较少。**湿法**是将混凝剂和助凝剂配成一定浓度的溶液，然后按处理水量大小定量投加。

三、物理化学法

废水经过物理方法处理后，仍会含有某些细小的悬浮物以及溶解的有机物。为了进一步去除残存在水中的污染物，可以进一步采用物理化学方法进行处理。常用的物理化学方法有吸附法、浮选法、萃取法和其他方法（电渗析、反渗透、超过滤）等。

1．吸附法

（1）吸附过程原理

吸附是利用多孔性固体吸附剂的表面活性，吸附废水中的一种或多种污染物，达到废水净化的目的。根据固体表面吸附力的不同，吸附可分为以下三种类型。

① **物理吸附**　吸附剂和吸附质之间通过分子间力产生的吸附称为物理吸附。被吸附的分子由于热运动还会离开吸附剂表面，这种现象称为解吸，它是吸附的逆过程。降温有利于吸附，升温有利于解吸。

② **化学吸附**　吸附剂和吸附质之间发生由化学键力引起的吸附称为化学吸附。化学吸附一般在较高温度下进行，吸附热较大。一种吸附剂只能对某种或几种吸附质发生化学吸附，因此化学吸附具有选择性。化学吸附比较稳定，当化学键力大时，化学吸附是不可逆的。

③ **离子交换吸附**　离子交换吸附就是通常所指的离子交换。

（2）活性炭吸附　活性炭是一种非极性吸附剂，是由含碳为主的物质作原料，经高温炭化和活化制得的疏水性吸附剂。其外观呈暗黑色，有粒状和粉状两种，目前工业上大量采用的是粒状活性炭。活性炭主要成分除碳以外，还有少量的氧、氢、硫等元素，以及含有水分、灰分。它具有良好的吸附性能和稳定的化学性质，可以耐强酸、强碱，能经受水浸、高温、高压作用，不易破碎。

与其他吸附剂相比，活性炭具有巨大的比表面积，通常可达 $500 \sim 1700m^2/g$，因而形成了强大的吸附能力。但是，比表面积相同的活性炭，其吸附容量并不一定相同。因为吸附容量不仅与比表面积有关，而且还与微孔结构和微孔分布，以及表面化学性质有关。粒状活性炭的孔径（半径）大致分为以下三种：①大孔孔径 $10^{-7} \sim 10^{-5}m$；②过渡孔孔径 $2 \times 10^{-9} \sim 10^{-7}m$；③微孔孔径小于 $2 \times 10^{-9}m$。

活性炭是目前废水处理中普遍采用的吸附剂，已广泛用于化工行业如印染、氯丁橡胶、腈纶、三硝基甲苯等的废水处理和水厂的污染水源净化处理（见表4-8）。

表 4-8　粒状活性炭用于污染水源净化实例

水厂名称	处理量 / (m^3/d)	处理工艺流程	活性炭滤池的个数与参数	再生装置情况	活性炭的作用
美国新英格兰曼彻斯特市水厂	114000	高速混合、混凝沉淀、砂滤和活性炭滤池	4 个滤池，$4.9m \times 33.6m$，炭层 $1.2m$		除味及有机物
日本柏井净水厂	750000	流化床活性炭吸附装置		设流化床再生炉	除味及有机物
法国梅利水厂	100000	预氯化、混凝沉淀、粒状活性炭、臭氧消毒、后氧化	6 个滤池，接触时间 15min	再生周期 12 个月	除味、氯及有机物
中国某有色金属公司动力厂	30000	砂滤池、活性炭吸附塔	6 个吸附塔，直径 4.5m，高 7.6m	1kg 活性炭处理 $11 \sim 14m^3$ 水，直接电流法再生	除味及有机物

2. 萃取法

萃取法是利用与水不相溶解或极少溶解的特定溶剂同废水充分混合接触，使溶于废水中的某些污染物质重新进行分配而转入溶剂，然后将溶剂与除去污染物质后的废水分离，从而达到废水净化和回收有用物质的目的。采用的溶剂称为萃取剂，被萃取的物质称为溶质，萃取后的萃取剂称萃取液（萃取相），残液称为萃余液（萃余相）。萃取法具有处理水量大，设备简单，便于自动控制，操作安全、快速，成本低等优点，因而该法具有广阔的应用前景。

（1）液 - 液萃取过程和原理

液 - 液萃取属于传质过程，它的主要作用原理是基于传质定律和分配定律。

① **传质定律**　物质从一相传递到另一相的过程称为质量传递过程（简称传质过程）。

在传质过程中，两相之间质量的传递速率 G 与传质过程的推动力 Δc 和两相接触面积 F 的乘积成正比，可用下式表示：

$$G = KF\Delta c \tag{4-5}$$

式中　G——物质的传递速度，即单位时间内从一相传递到另一相的物质的质量，kg/h；

F——两相的接触面积，m^2；

Δc——传质过程的推动力，即废水中杂质的实际浓度与平衡时的浓度差，kg/m^3；

K——传质系数，与两相的性质、浓度、温度、pH等有关系。

随着传质过程的进行，废水中杂质的实际浓度逐渐减小，而在另一相中杂质浓度逐渐增加。所以，为了加快传质速度，在工艺上多采用逆流操作来增大传质过程的推动力。由于传质速度与两相的接触面积成正比，因此在工艺上采用喷淋、鼓泡、泡沫等方式使某一相呈分散状态，而且分散得越细，两相接触面积就越大。另外，采用搅拌可以增加相间的运动速度，有利于萃取剂与废水中的溶质不断接触，从而加速传质过程的进行。

② **分配定律**　某溶剂和废水互不相溶，溶质在溶剂和废水中虽然都能溶解，但它在溶剂中比在废水中有更高的溶解度。当溶剂与废水接触后，溶质在废水和溶剂之间进行扩散，溶质在废水中传递到溶剂中去，一直达到某一相平衡时为止，这个过程称为萃取过程。

对稀溶液的实验表明，在一定温度和压力下，如果溶质在两相中以同样形式的分子存在的话，则溶质在两液相中的浓度比为一常数，这个规律称为分配定律。可用下式表示：

$$K_2 = \frac{c_1}{c_2} \tag{4-6}$$

式中　K_2——分配系数；

c_1——溶质在萃取液中的浓度；

c_2——溶质在萃余液中的浓度。

很明显，溶剂的选择性越好，这个比例常数越高，也就是分配系数值越高。

由萃取作用原理可知，要提高萃取速度和设备生产能力，其途径主要有：①增大两相接触界面积；②增大传质系数；③增大传质推动力。

（2）萃取工艺设备

萃取工艺包括**混合、分离**和**回收**三个主要工序。根据萃取剂与废水的接触方式不同，萃取操作有间歇式和连续式两种。连续逆流萃取设备常用的有填料塔、筛板塔、脉冲塔、转盘塔和离心萃取机。

① 往复叶片式脉冲筛板塔　往复叶片式脉冲筛板塔分为三段，废水与萃取剂在塔中逆流接触。在萃取段内有一纵轴，轴上装有若干块钻有圆孔的圆盘型筛板，纵轴由塔顶的偏心轮装置带动，作上下往复运动，既强化了传质，又防止了返混。如图4-8所示。

② 离心萃取机　图4-9是离心萃取机转鼓式示意图，其外形为圆形卧式转鼓，转鼓

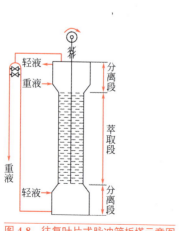

图4-8　往复叶片式脉冲筛板塔示意图

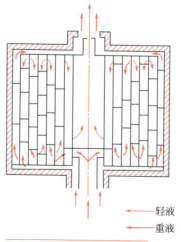

图4-9　离心萃取机转鼓示意图

4-4 离心萃取机

内有许多层同心圆筒，每层都有许多孔口相通。轻液由外层的同心圆筒进入，重液由内层的同心圆筒进入。转鼓高速旋转（1500～5000r/min）产生离心力，使重液由里向外、轻液由外向里流动，进行连续的逆流接触，最后由外层排出萃余相，由内层排出萃取相。萃取剂的再生（反萃取）也同样可用萃取机完成。

离心萃取机的**优点**是结构紧凑，分离效率高，停留时间短，特别适用于密度较小、易产生乳化及变质的物系分离，但**缺点**是构造复杂，制造困难，电耗大。

3. 浮选法

浮选法就是利用高度分散的微小气泡作为载体去黏附废水中的污染物，使其密度小于水而上浮到水面，实现固液或液液分离的过程。在废水处理中，浮选法已广泛应用于：

① 分离地面水中的细小悬浮物、藻类及微絮体；

② 回收工业废水中的有用物质，如造纸厂废水中的纸浆纤维及填料等；

③ 代替二次沉淀池，分离和浓缩剩余活性污泥，特别适用于那些易于产生污泥膨胀的生化处理工艺中；

④ 分离回收油废水中的可浮油和乳化油；

⑤ 分离回收以分子或离子状态存在的目的物，如表面活性剂和金属离子等。

（1）浮选法的基本原理

浮选法的根据是表面张力的作用原理。当液体和空气相接触时，在接触面上的液体分子与液体内部液体分子的引力，使之趋向于被拉向液体的内部，引起液体表面收缩至最小，使得液珠总是呈圆球形存在。这种企图缩小表面面积的力，称为液体的表面张力，其单位为 N/m^2。

将空气注入废水时，与废水中存在的细小颗粒物质，共同组成三相系统。细小颗粒黏附到气泡上时，使气泡界面发生变化，引起界面能的变化。在颗粒黏附于气泡之前和黏附于气泡之后，气泡的单位界面面积上的界面能之差以 ΔE 表示。如果 $\Delta E>0$，说明界面能减少了，颗粒为疏水物质，可与气泡黏附；反之，如果 $\Delta E<0$，则颗粒为亲水物质，不能与气泡黏附。

浮选剂的种类很多，如松香油、石油及煤油产品、脂肪酸及其盐类、表面活性剂等。

（2）浮选法设备及流程

浮选法的形式比较多，常用的浮选方法有加压溶气浮选、曝气浮选、真空浮选、电解浮选和生物浮选等。

加压浮选法在国内应用比较广泛。其操作原理是，在加压的情况下将空气通入废水中，使空气在废水中溶解达饱和状态，然后由加压状态突然减至常压，这时水中空气迅速以微小的气泡析出，并不断向水面上升。气泡在上升过程中，将废水中的悬浮颗粒黏附带出水面，然后在水面上将其加以去除。

加压溶气浮选法有全部进水加压溶气、部分进水加压溶气和部分处理水加压溶气三种基本流程。全部进水加压溶气气浮流程的系统配置如图 4-10 所示。全部原水由泵加压至 0.3～0.5MPa，压入溶气罐，用空压机或射流器向溶气罐压入空气。溶气后的水气混合物再通过减压阀或释放器进入气浮池进口处，析出气泡进行气浮。在分离区形成的浮渣用刮渣机将浮渣排入浮渣槽，这种流程的缺点是能耗高，溶气罐较大。

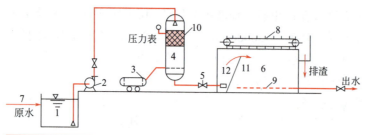

图 4-10　加压溶气气浮流程图

1—吸水井；2—加压泵；3—空压机；4—压力溶气罐；5—减压释放阀；6—分离室；7—原水进水管；
8—刮渣机；9—集水系统；10—填料层；11—隔板；12—接触室

4．其他方法

（1）电渗析

电渗析是在直流电场的作用下，利用阴、阳离子交换膜对溶液中阴、阳离子的选择透过性（即阳膜只允许阳离子通过，阴膜只允许阴离子通过），而使溶液中的溶质与水分离的一种物理化学过程。此方法应用在废水处理已取得良好的效果，但是由于其耗电量很高，多数还仅限于在以回收为目的的情况下使用。

（2）反渗透

反渗透是利用半渗透膜进行分子过滤来处理废水的一种新的方法，又称**膜分离技术**。因为在较高的压力作用下，这种膜可以使水分子通过，而不能使水中溶质通过，可以除去水中比水分子大的溶解固体、溶解性有机物和胶状物质。近年来应用范围在不断扩大，多用于海水淡化、高纯水制造及苦咸水淡化等方面。

（3）超过滤法

也称超滤法，是利用半透膜对溶质分子大小的选择透过性而进行的膜分离过程。因化工废水中含有各种各样的溶质物质，所以只采用单一的超滤方法，不可能去除不同分子量的各类溶质，一般多是与反渗透法或者其他处理法联合使用，多用于物料浓缩。

四、生物处理法

生物处理法就是利用微生物新陈代谢功能，使废水中呈溶解和胶体状态的有机污染物被降解并转化为无害的物质，使废水得以净化。根据参与的微生物种类和供氧情况，生物处理法的工艺分为好氧生物处理及厌氧生物处理，分类如下。

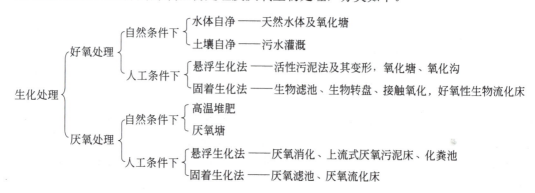

1．好氧生化法

依据好氧微生物在处理系统中的生长状态可分为活性污泥法和生物膜法。

（1）活性污泥法

活性污泥是活性污泥中曝气池的净化主体，生物相较为齐全，具有很强的吸附和氧化分解有机物的能力。

根据运行方式的不同，活性污泥法主要可分为普通活性污泥法（常规或传统活性污泥法）、逐步曝气活性污泥法、生物吸附活性污泥法（吸附再生曝气法）和完全混合活性污泥法（包括加速曝气法和延时曝气法）等。其中普通活性污泥法是处理废水的基本方法，其他各法均在此基础上发展而来。

普通活性污泥法（如图 4-11 所示）采用窄长形曝气池，水流是纵向混合的推流式，按需氧量进入空气，使活性污泥与废水在曝气池中互相混合，并保持 4～8h 的接触时间，将废水中的有机污染物转化为 CO_2、H_2O、生物固体及能量。曝气池出水，活性污泥在二次沉淀池进行固液分离，一部分活性污泥被排除，其余的回流到曝气池的进口处重新使用。

图 4-11　活性污泥法流程
1—初次沉淀池；2—曝气池；3—二次沉淀池

普通活性污泥法**优点**是对溶解性有机污染物的去除效率为 85%～90%，运行效果稳定可靠，使用较为广泛。其**缺点**是抗冲击负荷性能较差，所供应的空气不能充分利用，在曝气池前段生化反应强烈，需氧量大，后段反应平缓而需氧量相对减少，但空气的供给是平均分布的，结果造成前段供氧不足，后段氧量过剩的情况。

（2）生物膜法

生物膜法是靠生物滤池实现的。普通生物滤池的工作原理是废水通过布水器均匀地分布在滤池表面，滤池中装满滤料，废水沿滤料向下流动，到池底进入集水沟、排水渠并流出池外。在滤料表面覆盖着一层黏膜，在黏膜上长着各种各样的微生物，这层膜被称为生物膜。生物滤池的工作实质，主要靠滤料表面的生物膜对废水中有机物的吸附氧化作用。

生物滤池主要**设计参数**如下。

① **水力负荷**，即每单位体积滤料或每单位面积滤池每天可以处理的废水水量，单位是 m^3（废水）/[m^3（滤料）·d] 或 m^3（废水）/[m^2（滤池）·d]。

② **有机物负荷或氧化能力**，即每单位体积的滤料每天可以去除废水中的有机物数量，单位是 g/[m^3（滤料）·d]。

4-5 生物滤池

生物滤池的种类有普通生物滤池、高负荷生物滤池（见图 4-12）、塔式滤池等。

高负荷生物滤池采用实心拳状复合式塑料滤料，旋转布水器进水，运行中多采用处理水回流。其**优点**是：增大水力负荷，促使生物膜脱落，防止滤池堵塞；稀释进水，降低有机负荷，防止浓度冲击，使系统工作稳定；向滤池连续接种污泥，促进生物膜生长；增加水中溶解氧，减少臭味；防止滤池滋生蚊蝇。**缺点**是：水力停留时间缩短；降低进水浓度，将减慢生化反应速度；回流水中难降解的物质产生积累；在冬季回流将降低滤池内水温。

塔式滤池（见图 4-13）是根据化学工业填料塔的经验建造的。它的直径小而高度大

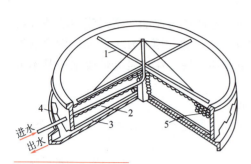

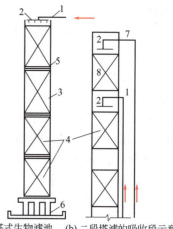

图 4-12　高负荷生物滤池

1—旋转布水器；2—滤料；3—集水沟；4—总排水沟；
5—渗水装置

(a) 塔式生物滤池　　(b) 二段塔滤的吸收段示意

图 4-13　塔式生物滤池

1—进水管；2—布水器；3—塔身；4—滤料；
5—填料支撑；6—塔身底座；7—吸收段进水
管；8—吸收段填料

（20m 以上），使得废水与生物膜的接触时间长，生物膜增长和脱落快，提高了生物膜的更新速度，塔内通风得到改善。其上层滤料去除大部分有机物，下层滤料起着改善水质的作用。因塔高且分层对进水的水量水质变化适应性强，对含酚、氰、丙烯腈、甲醛等有毒废水都有较好的去除效果。

2．厌氧生化法

（1）厌氧生物处理的基本原理

废水的厌氧生物处理是指在无分子氧的条件下通过厌氧微生物（或兼氧微生物）的

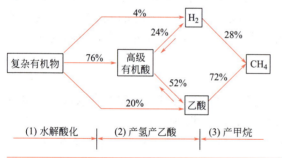

图 4-14　厌氧发酵的三个阶段和 COD（化学需氧量）转化率

作用，将废水中的有机物分解转化为甲烷和二氧化碳的过程。厌氧过程主要依靠三大主要类群的细菌，即水解产酸细菌、产氢产乙酸细菌和产甲烷细菌的联合作用完成。因而应**划分为三个连续的阶段**，如图 4-14 所示。

第一阶段为水解酸化阶段。复杂的大分子有机物、不溶性的有机物先在细胞外酶水解为小分子、溶解性有

机物，然后渗透到细胞体内，分解产生挥发性有机酸、醇类、醛类物质等。

第二个阶段为产氢产乙酸阶段。在产氢产乙酸细菌的作用下，将第一个阶段所产生的各种有机酸分解转化为乙酸和 H_2，在降解奇数碳素有机酸时还形成 CO_2。

第三个阶段为产甲烷阶段。产甲烷细菌利用乙酸、乙酸盐、CO_2 和 H_2 或其他一碳化合物，将有机物转化为甲烷。

上述三个阶段的反应速率因废水性质的不同而异。而且厌氧生物处理对环境的要求比好氧法要严格。一般认为，控制厌氧生物处理效率的基本因素有两类，一类是基础因素，包括微生物量（污泥浓度）、营养比、混合接触状况、有机负荷等；另一类是周围的

环境因素，如温度、pH、氧化还原电位、有毒物质的含量等。

（2）厌氧生物处理的工艺和设备

由于各种厌氧生物处理工艺和设备各有优缺点，究竟采用什么样的反应器以及如何组合，要根据具体的废水水质及处理需要达到的要求而定。表4-9列举了几种常见厌氧处理工艺的一般性特点和优缺点。

表4-9　几种常见厌氧处理工艺的比较

工艺类型	特点	优点	缺点
普通厌氧消化	厌氧消化反应与固液分离在同一个池内进行，甲烷气和固液分离（搅拌或不搅拌）	可以直接处理悬浮固体含量较高或颗粒较大的料液，结构较简单	缺乏保留或补充厌氧活性污泥的特殊装置，消化器中难以保持大量的微生物；反应时间长，池容积大
厌氧接触法	通过污泥回流，保持消化池内较高污泥浓度，能适应高浓度和高悬浮物含量的废水	容积负荷高，有一定的抗冲击负荷能力，运行较稳定，不受进水悬浮物的影响，出水悬浮固体含量低，可以直接处理悬浮固体含量高或颗粒较大的料液	负荷高时污泥仍会流失；设备较多，需增加沉淀池、污泥回流和脱气等设备，操作要求高；混合液难于在沉淀池中进行固液分离
上流式厌氧污泥床	反应器内设三相分离器，反应器内污泥浓度高	有机容积负荷高，水力停留时间短，能耗低，无需混合搅拌装置，污泥床内不填载体，节省造价，无堵塞问题	对水质和负荷突然变化比较敏感；反应器内有短流现象，影响处理能力；如设计不善，污泥会大量流失；构造较复杂
厌氧滤池	微生物固着生长在滤料表面，滤池中微生物含量较高，处理效果较好，适于悬浮物含量低的废水	有机容积负荷高，且耐冲击；有机物去除速度快；不需污泥回流和搅拌设备；启动时间短	处理含悬浮物浓度高的有机废水，易发生堵塞，尤其进水部位更严重，滤池的清洗比较复杂
厌氧流化床	载体颗粒细，比表面积大，载体处于流化状态	具有较高的微生物浓度，容积负荷大，耐冲击，有机物净化速度高，占地少，基建投资省	载体流化能耗大，系统的管理技术要求比较高
两步厌氧法和复合厌氧法	水解酸化和甲烷化在两个反应器中进行，两个反应器内也可以采用不同的反应温度	耐冲击负荷能力强，消化效率高，尤其适于处理含悬浮固体多、难消化降解的高浓度有机废水，运行稳定	两步法设备较多，流程和操作复杂
厌氧转盘和挡板反应器	对废水的净化靠盘片表面的生物膜和悬浮在反应槽中的厌氧菌完成，有机物容积负荷高	无堵塞问题，适于高浓度废水；水力停留时间短；动力消耗低；耐冲击能力强，运行稳定	盘片造价高

3. 生物处理法的技术进展

（1）活性污泥法的新进展

在污泥负荷率方面，按照污泥负荷率的高低，分为低负荷率法、常负荷率法和高负荷率法；在进水点位置方面，出现了多点进水和中间进水的阶段曝气法和生物负荷法、污泥再曝气法；在曝气池混合特征方面，改革了传统的推流式，采用了完全混合式；为了提高溶解氧的浓度、氧的利用率和节省空气量，研究了渐减曝气法、纯氧曝气法和深井曝气法。

为了提高进水有机物浓度的承受能力，提高污水处理的效能，强化和扩大活性污泥法的净化功能，人们又研究开发了两段活性污泥法、粉末炭-活性污泥法、加压曝气法等处理工艺；开展了脱氮、除磷等方面的研究与实践；同时，采用化学法与活性污泥法相结合的处理方法，在净化含难降解有机物污水等方面也进行了探索。目前，活性污泥法正在朝着快速、高效、低耗等方面发展。

① **纯氧曝气法** 其优点是水中溶解氧的浓度可增加到 6 ～ 10mg/L，氧的利用率可提高到 90% ～ 95%，而一般的空气曝气法仅为 4% ～ 10%。在曝气时间相同的情况下，纯氧曝气法比空气曝气法的 BOD$_5$ 和 COD 的去除率可以分别提高 3% 和 5%，在处理规模较小时可采用。

② **深层曝气法** 增加曝气池的水深，提高水中氧的溶解速度，因此深层曝气池水中的溶解氧要比普通曝气池高，而且采用深层曝气法可提高氧的转移效率和减少装置的占地面积。

③ **深井曝气池** 深井曝气法也可称为超深层曝气法。井内水深 50 ～ 150m，因此溶解氧浓度高，生化反应迅速。适用于处理场地有限、工业废水浓度高的情况。

④ **生物接触氧化法** 近年来出现的生物接触氧化法是兼有活性污泥法和生物膜法特点的生物处理法，它是以接触氧化池代替传统的曝气池，以接触沉淀池代替常用的沉淀池。其流程如图 4-15 所示。

初次沉淀后的废水 → 一次接触氧化池 → 一次接触沉淀池 → 二次接触氧化池 → 二次接触沉淀池 → 出水

图 4-15 生物接触氧化法流程示意图

因其空气用量少，动力消耗比较低，电耗可比活性污泥法减少 40% ～ 50%，无需污泥回流，运行方便可靠，具有活性污泥法和生物膜法两者的许多优点，所以越来越受到人们的重视。

（2）生物膜法的新进展

早期出现的生物滤池（普通生物滤池）虽然处理污水效果较好，但其负荷比较低，占地面积大，易堵塞，应用受到了限制。后来人们对其进行了改进，如将处理后的水回流等，从而提高了水力负荷和 BOD 负荷，这就是高负荷生物滤池（见图 4-12）。

生物转盘在构造形式、计算理论等方面均得到了较大发展，如改进转盘材料性能可改善转盘的表面积特性，有利于微生物的生长。近年来，人们开发了采用空气驱动的生物转盘、藻类转盘等。在工艺形式上，进行了生物转盘与沉淀池或曝气池等优化组合的研究，如根据转盘的工作原理，新近又研制了生物转筒，即将转盘改成转筒，筒内可以增加各种滤料，从而使生物膜的表面积增大。

第三节
认识典型的化工废水处理

一、炼油废水的处理流程

1. 炼油废水的来源、分类及性质

炼油厂的生产废水一般是根据废水水质进行分类分流的，主要是冷却水、含油废水、含硫废水、含碱废水，有时还会排出含酸废水。

① **冷却废水**　是冷却馏分的间接冷却水，温度较高，有时由于设备渗漏等原因，冷却废水经常含油，但污染程度较轻。

② **含油废水**　它直接与石油及油品接触，废水量在炼油厂中是最大的。主要污染物是油品，其中大部分是浮油，还有少量的酚、硫等。含油废水大部分来源于油品与油气冷凝油、油气洗涤水、机泵冷却水、油罐洗涤水以及车间地面冲洗水。

③ **含硫废水**　主要来源于催化及焦化装置、精馏塔塔顶分离器、油气洗涤水及加氢精制等。主要污染物是硫化物、油、酚等。

④ **含碱废水**　主要来自汽油、柴油等馏分的碱精制过程。主要含过量的碱、硫、酚、油、有机酸等。

⑤ **含酸废水**　来自水处理装置、加酸泵房等。主要含硫酸、硫酸钙等。

⑥ **含盐废水**　主要来自原油脱盐脱水装置，除含大量盐分外，还有一定量的原油。

2. 炼油废水的处理方法

炼油废水的处理一般都是以含油废水为主，处理对象主要是浮油、乳化油、挥发酚、COD、BOD 及硫化物等。对于其他一些废水（如含硫废水、含碱废水）一般是进行预处理，然后汇集到含油废水系统进行集中处理。集中处理的方法以生化处理为主。含油废水要先通过上浮、气浮、粗粒化附聚等方法进行预处理，除去废水中浮油和乳化油后再进行生化处理；含硫废水要先通过空气氧化、蒸汽汽提等方法，除去废水中的硫和氨等再进行生化处理。另外，用湿式空气氧化法来处理石油精炼废液也是一项较为理想的污染治理技术。

大庆石化公司炼油厂采用无药气浮和自助力式纤维束过滤组合技术，使污水排放指标合格率达到 100%，污水处理厂每年可节约药剂费和电耗 200 多万元。

无药气浮法是在不加任何浮选药剂的条件下，去除污水中表面不带电荷的悬浮物及部分分散油、乳化油，可使一级浮选池出水油含量降至 30mg/L。该技术通过在污水中产生大量的微细气泡，形成气、水及污染物质三相非均一体系，在界面张力、气泡上浮力和静水压力差的作用下，使气泡和污染物质的结合体上浮至水面，实现与水分离。

自助力式高效纤维束过滤技术可显著提高排放水质，其滤速是石英砂过滤技术的2～3 倍，过滤效率高，设备占地面积小且维护方便。而滤元可以使用 15 年以上，在运行期间基本上不用维护费用。

采用这两项组合技术优化了污水处理工艺，减少了污染物排放量，外排水化学需氧量小于 100mg/L，同时进一步提高了装置的抗冲击能力及应对突发性事件的能力。该组合技术每年节省的絮凝剂复合聚氯化铝铁和磷酸氢二钠价值近 75 万元；鼓风机功率降低 180kW，年节省费用 122.4 万元；回收废油年节省费用 18.24 万元；年节省排污费用23.5 万元。

3. 炼油废水处理实例

某炼油厂废水量 1200m³/h，含油 300～200000mg/L，含酚 8～30mg/L。采用隔油池、两级气浮、生物氧化、矿滤、活性炭吸附等组合处理工艺流程，见图 4-16。废水首先经沉砂池除去固体颗粒，然后进入平流式隔油池去除浮油；隔油池出水再经两级全部废水加压气浮，以除去其中的乳化油；二级气浮池出水流入推流式曝气池进行生化处理。曝气池出水经沉淀后基本上达到国家规定的工业废水排放标准。为达到地面水标准

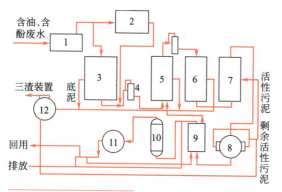

图 4-16　炼油废水处理流程

1—沉砂池；2—调节池；3—隔油池；4—溶气罐；5——级浮选池；6—二级浮选池；7—生物氧化池；8—沉淀池；9—砂滤池；10—吸附塔；11—净水池；12—渣池

和实现废水回用，沉淀池出水经砂滤池过滤后一部分排放，一部分经活性炭吸附处理后回用于生产。废水净化效果见表 4-10。

隔油池的底泥、气浮池的浮渣和曝气池的剩余污泥经自然浓缩、投加铝盐和消石灰絮凝、真空过滤脱水后送焚烧炉焚烧。隔油池撇出的浮油经脱水后作为燃料使用。

该废水处理系统的**主要参数**如下。

① **隔油池**：停留时间 2～3h，水平流速 2mm/s。

表 4-10　炼油废水处理效果

取样点	主要污染物浓度 /mg·L^{-1}				
	油	酚	硫	COD$_{Cr}$	BOD$_5$
废水总入口	300～200000	8～30	5～9	280～912	100～200
隔油池出口	50～100				
一级气浮池出口	20～30				
二级气浮池出口	15～20				
沉淀池出口	4～10	0.1～1.8	1.01～0.01	60～100	30～70
活性炭塔出口	0.3～4.0	未检出～0.05	未检出～0.01	<30	<5

② **气浮系统**：采用全溶气两级气浮流程，废水在气浮池停留时间 65min，一级气浮铝盐投量为 40～50mg/L，二级气浮铝盐投量为 20～30mg/L。进水释放器为帽罩式。溶气罐溶气压力 294～441kPa，废水停留时间 2.5min。

③ **曝气池**：推流式曝气池废水停留时间 4.5h，污泥负荷（每日每千克混合液悬浮固体能承受的 BOD$_5$）0.4kgBOD$_5$/（kg·d），污泥浓度为 2.4g/L，回流比 40%，标准状态下空气量，相对于 BOD$_5$ 的为 99m^3/kg，相对于废水的为 17.3m^3/m^3。

④ **二次沉淀池**：表面负荷 2.5m^3/（m^2·h），停留时间 1.08h。

⑤ **活性炭吸附塔**：处理能力为 500m^3/h，失效的活性炭用移动床外热式再生炉进行再生。

二、小氮肥废水的处理流程

在化工生产中，氮肥厂是耗水大户，同时又是水污染大户。由于氮肥厂废水成分复杂，废水经过常规工艺处理后各项指标同时达标仍有困难。这里介绍处理氮肥厂废水效果显著的周期循环活性污泥法（CASS 法）工艺流程及工程设计。

1．废水来源及水质水量

某化肥厂目前年产合成氨 1.5 万吨，属于小型化肥厂。该厂合成氨的原料为煤、焦炭，生产过程分三步：第一步为 N_2、H_2 的制造；第二步为 N_2、H_2 的净化；第三步为 N_2、H_2 压缩及 NH_3 的合成。在以上生产工艺过程中有大量的工艺废水排放，废水水量约为 $60 \sim 80t/h$，24h 排放，每天最大排水量约 1920t。经监测，废水中含有氰化物、硫化物、氨氮、酚及悬浮物，水质监测数据见表 4-11。

表 4-11　某化肥厂废水水质及要求处理后出水达到的指标　　　　单位：mg/L

项目	pH	COD	ρ（硫化物）	ρ（氰化物）	ρ（挥发酚）	ρ（悬浮物）	ρ（氨氮）
原废水	$7 \sim 9$	420	1.0	0.02	27	400	250
出水	$6 \sim 9$	$\leqslant 150$	$\leqslant 1.0$	$\leqslant 0.4$	$\leqslant 0.2$	$\leqslant 150$	$\leqslant 50$

2．工艺流程

（1）CASS 工艺介绍

如图 4-17 所示，该工艺在 CASS 池前部设置了预反应区，在 CASS 池后部安装了可升降的自动撇水装置。曝气、沉淀、排水均在同一池子内周期性地循环进行，取消了常规活性污泥法的二沉池。实际工程应用表明，CASS 工艺具有如下**特点**。

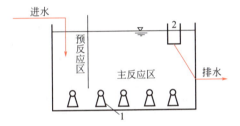

图 4-17　CASS 池示意图
1—射流曝气器；2—撇水器

① 建设费用低，比普通活性污泥法省 25%，省去了初沉池、二沉池。
② 占地面积省，比普通活性污泥法省 20%～30%。
③ 运行费用低，自动化控制程度高，管理方便，氧的吸收率高，除氮效果好。
④ 运行可靠，耐负荷冲击能力强，不产生污泥膨胀现象。

（2）流程及主要构筑物

针对该化肥厂废水水质水量设计的工艺流程如图 4-18 所示。废水首先通过格栅去除机械性杂质及大颗粒悬浮物，然后进入调节池（原有的两个沉淀池改造为调节池），水质水量均化后的废水经提升泵进入砂水分离器。原生物塔滤池在运行过程中由于水中悬浮物含量高，造成滤料堵塞，因此本设计中增设砂水分离器依靠重力旋流把密度较大的砂粒除去。除去砂粒后的废水进入生物滤塔（利用原生物滤塔进行改造），最后进入 CASS 池。CASS 池是废水处理场的中心构筑物，其设计尺寸为：平面尺寸 22.8m×10.9m（分两格），池深 4.5m，水深 4.0m。CASS 池每格设水下射流曝气器 5 台，每台功率为 3.7kW；每格中设排泥泵 1 台，功率为 1.1kW，流量为 15m³/h，扬程为 7m；每格设撇水器 1 台，功率为 2.2kW。

图 4-18　废水处理工艺流程

CASS 池的运行是由程控器控制的，每个运行周期分为曝气、沉淀、排水、延时等阶段。运行中可以随时根据水质水量变换运行参数。在曝气阶段通过监测主反应区和预反应区的溶解氧控制曝气量，以达到脱氮效果。由于 CASS 池独特的反应机理和运行方式，废水中的有机物在微生物的作用下进行较好的氧化分解，大幅度降解有机污染物。同时，池中交替出现厌氧 - 缺氧 - 好氧状态，因此有较好的脱氮效果。

3．工程投资

本工程投资为三部分，即土建、设备和其他，如表 4-12 所示。

表 4-12　工程投资预算

项目		数量	价格 / 万元	项目		数量	价格 / 万元
土建	调节池（135m³）	1 个		设备	自控装置	1 套	3.0
	CASS 池（696m³）	1 个			管道阀门	若干	1.2
	改造部分				电线电缆	若干	1.8
	小计		18.5		菌种恢复		1.0
设备	机械格栅	1 个	1.5	其他	设计费		3.4
	除砂器	1 台	6.0		调试费		2.8
	撇水泵	2 台	1.0		利润		2.8
	风机	3 台	6.0		不可预见费		1.0
	提升泵	2 台	0.8	总计			50.8

4．运行成本分析

设备运行功率：38kW

电费：0.6 元 /kW

日耗电费：38×24×0.6=547（元）

管理及分析化验人员工资：4000 元 / 月（合 133 元 / 日）

日运行费：680 元（日处理水量 1920t）

处理 1t 废水的成本：680 元 /1920t=0.35 元 /t

5．结论

① 该设计针对某化肥厂水质水量情况，采用 CASS 工艺，占地面积小，节省投资，运行管理方便，废水经过处理后能够达标排放。

② CASS 工艺的运行方式决定了该工艺具有独特的脱氮效果，根据水源情况可以通过调整运行参数，达到脱氮的目的。

三、城市污水的处理流程及节能降耗措施

1. 城市污水处理流程

城市污水是指工业废水和生活污水在市政排水管网内混合后的污水。城市污水处理是以去除污水中的BOD物质为主要对象的，其处理系统的核心是生物处理设备（包括二次沉淀池），城市污水处理流程如图4-19所示。污水先经格栅、沉砂池，除去较大的悬浮物质及砂粒杂质，然后进入初次沉淀池，去除呈悬浮状的污染物后进入生物处理构筑物（或采用活性污泥曝气池，或采用生物膜构筑物）处理，使污水中的有机污染物在好氧微生物的作用下氧化分解，生物处理构筑物的出水进入二次沉淀池进行泥水分离，澄清的水排出二沉池后再进入接触池消毒后排放；二沉池排出的污泥首先应满足污泥回流的需要，剩余污泥再经浓缩、污泥消化、脱水后进行污泥综合利用；污泥消化过程产生的沼气可回收利用，用作热源能源或沼气发电。

一般城市污水（含悬浮物约220mg/L，BOD_5约200mL/L左右）的处理效果如表4-13所示。

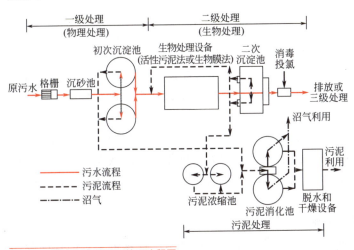

图4-19 城市污水处理厂处理流程图

表4-13 城市污水处理效果

处理等级	处理方法	悬浮物		BOD₅		氮		磷	
		去除率/%	出水浓度/(mg/L)	去除率/%	出水浓度/(mg/L)	去除率/%	出水浓度/(mg/L)	去除率/%	出水浓度/(mg/L)
一级处理	沉淀	50～60	90～110	25～30	140～150				
二级处理	活性污泥法或生物膜法	85～90	20～30	85～90	20～30	50	15～20	30	3～5

污水提质增效已经成为近几年城镇污水处理行业发展的重要需求，以黑臭水体治理和污水提质增效为抓手，从最初的污水处理厂提标改造向管网、泵站、厂站等全系统的提质增效转变，从污水处理达标排放向水环境改善、实现水生态修复目标转变。为补齐

农村水环境治理的短板，2019 年 7 月，中央农办、农业农村部、生态环境部等九部门联合印发《关于推进农村生活污水治理的指导意见》，结合国内不同地区的发展水平现状，明确提出了到 2020 年农村污水治理需要达到的目标要求。2019 年 11 月，生态环境部发布《农村黑臭水体治理工作指南》，全面推动农村地区启动黑臭水体治理工作，促进形成一批可复制、可推广的农村黑臭水体治理模式。2019 年，水处理行业的创新与发展能力持续增强，成为打好碧水保卫战的重要支撑。这一年，水污染处理行业在问题诊断、工艺设计、技术装备及系统解决方案等方面的水平和质量稳步提升，新业态、新模式不断涌现，地方综合性环保产业集团相继出现。多学科融合、产业和技术融合、系统思维促进了污水处理行业全面发展，主要体现在优化传统处理技术、提升精细化运营、解决难点问题三方面。

2．污水处理厂节能降耗措施

在加强生态环保工作中，污水处理厂起到了不可替代的支撑作用。污水处理厂节能降耗技术的革新，促进了社会持续化发展，在环境保护工程开展过程中，其目的就是在于减少资源的消耗以及污染的侵害，以此保障社会可持续发展，而污水处理为环保工程较为关键的一环，对社会可持续发展起到了促进作用。

（1）曝气设备的节能降耗措施

在污水处理厂中曝气机消耗的电能最多，在污水处理厂中实现节能降耗，需要改进曝气机，从而落实节能降耗工作。污水处理厂中 50% 以上的电能消耗是由曝气机消耗的。可以从三个方面达到节能降耗的目的。①可以使用变频器有效优化交流电动机转速原理，更好地把控风机的流量，从而促进风机实现节能降耗。②可以从内部进行处理，选择以及应用溶解氧自动控制系统，有效控制好溶解氧的浓度。在进行污水处理的过程中如果溶解氧的浓度出现异常会直接影响污水处理的效果。因此，需要选择溶解氧自动控制系统，科学、合理地控制溶解氧的浓度，最后可以使用人工操作手段，从而降低存在的误差，进而降低污水处理过程中消耗的能源。③改善曝气系统，能够更加精准地控制曝气设备，从而更好地降低能源消耗。

（2）污水提升泵站的节能降耗措施

污水处理厂中还有一个消耗能源较多的设备即污水提升泵，该设备本身消耗能源比较大，对污水提升泵进行改进设计，有利于在保证水质的情况下减少污水提升泵消耗的能源。污水处理厂的污水提升泵消耗的能源较多主要是由于电机的效率不够高，并且存在运行控制不良的情况，设计的动作能力需要消耗较多能源等。在减少污水提升泵的能源消耗时可以从几个方面进行：①将污水处理厂所有的提升泵改成变频泵，从而提高总体的性能。②将工频的泵全部转换为变频的泵，最终改造成调速的泵，并根据实际的情况进行运行。③使用多级动态液位控制技术，在运行过程中使用控制转速加台数的方法让定速泵可以使用平均的流量进行运行。当出现水流波动较大时，可以适当地增减运转台数，然后改变泵的运行速度。④加强对水泵的日常养护，从而减少水泵的摩擦以及电能消耗。

（3）污泥处理环节的节能降耗措施

污水处理厂中进行污泥处理的环节也非常重要。在进行污泥处理的过程中，需要寻求一种方法，可以对污泥中的资源进行回收利用，从而达到污泥处理环节节能降耗的目的。在进行污泥处理的过程中可以分为三个部分，分别为污泥的脱水、稳定和浓缩。在污泥脱水中主要使用机械脱水以及自然脱水两种方法。其中，使用最多的为机械脱水，机械脱水中消耗的能源为电能，使用离心脱水的方法消耗的电能较少，但是没有办法达到较好的预处理污泥的效果，还很容易发生机械磨损的情况。因此，需要找到更好的脱水技术，在保证污泥处理效果的情况下降低能源消耗。污泥的稳定可以分为三个环节，分别为厌氧、好氧、堆肥。有些污水处理厂不对污泥实行稳定处理，直接对污泥进行脱水。一般来说，在厌氧环节中产生的沼气可以为在稳定过程中使用的能量提供补充。污泥的浓缩过程中一般使用单纯气浮技术，而使用生物气浮技术进行替代，有利于提高浓缩的效率，还可以达到减少能源消耗的目的。另外，可以将处理后的污泥进行回收利用，在污泥中挥发性有机物占比较大，日本一般使用厌氧的方法消化消减污泥，其中，每吨污泥可以产生约 680m³ 的沼气，通过磷酸型的电池壳能够得到 50% 的污水处理厂的能源。对于污泥的回收利用主要通过厌氧消化的方法产生沼气，将可焚烧的污泥作为燃料产生热能回收，对燃烧后的污泥或者部分污泥进行堆肥。""污水提质增效已经成为近几年城镇污水处理行业发展的重要需求，以黑臭水体治理和污水提质增效为抓手，从最初的污水处理厂提标改造向管网、泵站、厂站等全系统的提质增效转变，从污水处理达标排放向水环境改善、实现水生态修复目标转变。为补齐农村水环境治理的短板，2019 年 7 月，中央农办、农业农村部、生态环境部等九部门联合印发《关于推进农村生活污水治理的指导意见》，结合国内不同地区的发展水平现状，明确提出了到 2020 年农村污水治理需要达到的目标要求。2019 年 11 月，生态环境部发布《农村黑臭水体治理工作指南》，全面推动农村地区启动黑臭水体治理工作，促进形成一批可复制、可推广的农村黑臭水体治理模式。2019 年，水处理行业的创新与发展能力持续增强，成为打好碧水保卫战的重要支撑。这一年，水污染处理行业在问题诊断、工艺设计、技术装备及系统解决方案等方面的水平和质量稳步提升，新业态、新模式不断涌现，地方综合性环保产业集团相继出现。多学科融合、产业和技术融合、系统思维促进了污水处理行业全面发展，主要体现在优化传统处理技术、提升精细化运营、解决难点问题三方面。

四、某化工园区废水废液无害化处理

某化工园区将产生的废水废液从源头分质，分别采用超临界、湿式氧化、生化等技术进行无害化处理。达到工业废水零排放，水和无机盐回用于生产过程，灰渣用做建材，实现资源循环利用。图 4-20 为其整体解决方案。

1. 超临界水氧化技术

超临界水氧化（supercritical water oxidation，简称 SCWO）技术是一种可实现对多种有机废物进行深度氧化处理的技术。超临界水氧化是通过氧化作用将有机物完全氧化为清洁的 H_2O、CO_2 和 N_2 等物质，S、P 等转化为最高价盐类稳定化，重金属氧化稳定固相存在于灰分中。

（1）工艺原理

所谓超临界，是指流体物质的一种特殊状态。当把处于汽液平衡的流体升温升压时，热膨胀引起液体密度减小，而压力的升高又使汽液两相的相界面消失，成为均相体系，这就是临界点。当流体的温度、压力分别高于临界温度和临界压力时就称为处于超临界

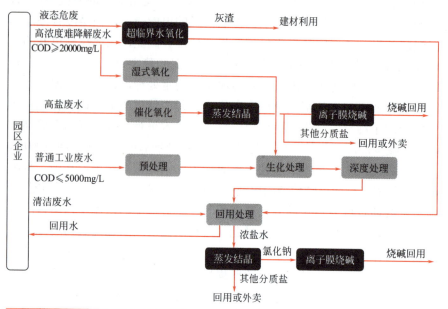

图 4-20　工业废液整体解决方案示意图

状态。超临界流体具有类似气体的良好流动性，但密度又远大于气体，因此具有许多独特的理化性质。

水的临界点是温度 374.3℃、压力 22.064MPa，如果将水的温度、压力升高到临界点以上，即为超临界水，其密度、黏度、电导率、介电常数等基本性能均与普通水有很大差异，表现出类似于非极性有机化合物的性质。因此，超临界水能与非极性物质（如烃类）和其他有机物完全互溶，而无机物特别是盐类，在超临界水中的电离常数和溶解度却很低。同时，超临界水可以和空气、氧气、氮气和二氧化碳等气体完全互溶。

由于超临界水对有机物和氧气均是极好的溶剂，因此有机物的氧化可以在富氧的均一相中进行，反应不存在因需要相位转移而产生的限制。同时，400～600℃的高反应温度也使反应速率加快，可以在几秒的反应时间内，即可达到 99% 以上的破坏率。有机物在超临界水中进行的氧化反应，可以简单表示为：

$$酸 + NaOH \longrightarrow 无机物$$

超临界水氧化反应完全彻底：有机碳转化为 CO_2，氢转化为 H_2O，卤素原子转化为卤离子，硫和磷分别转化为硫酸盐和磷酸盐，氮转化为硝酸根和亚硝酸根离子或氮气。而且超临界水氧化反应在某种程度上和简单的燃烧过程相似，在氧化过程中释放出大量的热量。

（2）工艺特点

图 4-21 为超临界水氧化工艺流程。该工艺的**特点**是：效率高，处理彻底，有机物在适当的温度、压力和一定的保留时间下，能完全被氧化成二氧化碳、水、氮气以及盐类等无毒的小分子化合物，有毒物质的清除率达 99.99% 以上，符合全封闭处理要求；由于 SCWO 是在高温高压下进行的均相反应，反应速率快，停留时间短（可小于 1min），所以反应器结构简洁，体积小；适用范围广，可以适用于各种有毒物质、废水废物的处理；不形成二次污染，产物清洁不需要进一步处理，且无机盐可从水中分离出来，处理后的

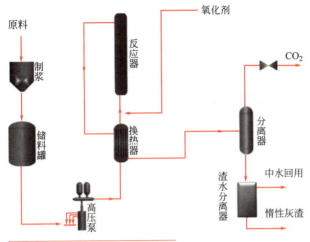

图 4-21　超临界水氧化工艺流程简图

废水可完全回收利用；当有机物含量超过 20% 时，就可以依靠反应过程中自身氧化放热来维持反应所需的温度，不需要额外供给热量，如果浓度更高，则放出更多的氧化热，这部分热能可以回收。

2、湿式氧化法

湿式氧化技术（wet air oxidation，简称 WAO），是指在高温（120 ～ 320℃）和高压（0.5 ～ 20MPa）条件下，利用气态的氧气（通常为空气）作氧化剂，将水中有机物氧化成小分子有机物或无机物。WAO 工艺最初由美国的 Zimmermann 在 1944 年研究提出，并取得了多项专利，故也称齐默尔曼法。

湿式氧化工艺流程如图 4-22 所示。待处理的废水经高压泵增压在热交换器内被加热到反应所需的温度，然后进入反应器；同时空气或纯氧经空压机压入反应器内。在反应器内，废水中的可氧化的污染物被氧气氧化。反应产物排出反应器后，先进入热交换器，被冷却的同时加热了原水；然后，反应产物进入气液分离器，气相（主要为 N_2、CO_2 和少量未反应的低分子有机物）和液相分离后分别排出。

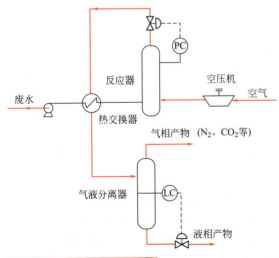

图 4-22　湿式氧化工艺流程简图

第四节
认识水体污染的综合防治

水体污染综合防治是指从整体出发综合运用各种措施，对水环境污染进行防治，包括工业废水和城市污水污染综合防治与整个水系的水污染综合防治（或某一水域的污染综合防治）。就水污染综合防治的实际效果而言，应当从"控制措施"和"废水利用"两个方面入手。

一、控制措施

1. 改革或改进工艺，减少污染

改革和改进生产工艺是实施清洁生产的重要途径。从水污染防治角度讲，主要包括以下几方面。

（1）对污染严重的生产工艺进行改革

目前中国各工业产品用水单耗指标与世界先进水平相比差距很大，原因是大多工业企业生产设备和工艺陈旧。生产过程大量污染物的产生主要也是由于工艺过程的不完善而造成的，不从改革生产工艺着手，单纯进行末端治理就不能从根本上解决污染问题。积极的办法应该是改革生产工艺，包括采用新的流程，建立连续、闭路生产线；优化工艺操作参数，适当改变操作条件，如浓度、温度、压力、时间等；采用最新的科学技术成果，如机电一体化技术、高效催化技术、生化技术、膜分离技术等；配套自动控制装置，实现过程的优化控制等。

（2）加速产品的更新换代

许多工业产品，特别是有些化工产品在生产和使用中剧毒有害，污染环境，需要采取改变产品品种的措施。如化学农药是用以消除病虫害的，但是其残留毒性对环境会造成很大的危害，如无机砷、有机汞农药分解为元素时，具有单质态的毒性，可造成人、畜和水生生物的中毒。鉴于汞制剂的残留毒性，一些国家已禁止或限制使用汞制剂。中国早已禁止生产和停止进口有机汞农药，并积极研制非汞杀菌剂，可以有效地防治水稻、小麦、棉花等农作物的多种病害，代替了有残留毒性的汞制剂杀菌剂。

（3）改造设备和改进操作

为了减少和消除污染，需要对污染环境的生产设备进行改造，选用合适的设备。如在冷却、洗涤操作上，一般沿用气-液直接接触式设备，从而产生大量废水。其实在很多情况下，都可以改成间接式。例如，电解食盐水时产生的氯气，过去用直接淋水冷却的办法去除氯气中的水蒸气，在喷淋过程中水与氯气直接接触，有一部分氯气溶解于水，使排放出的废水含氯。现在改用钛材列管冷却器，氯气通过钛管，被管外的水或冷冻盐水间接冷却，使氯气中的水蒸气直接冷凝下来，不与冷却用水接触，消除了排出水含氯的问题，并可以减少氯气的损失。

（4）减少系统泄漏

从控制污染的观点考虑，除了使系统少排出"三废"以外，提高设备和管道的密闭性，减少反应物料的泄漏也是十分重要的。"跑、冒、滴、漏"往往是造成工厂环境污染的一个重要原因。

（5）控制排水

首先要严格执行国家颁布的废水排放标准。对于有多种产品和不同工艺的化工厂，所排放的废水或进行均化，或按比例排放。同时要注意排水系统的清污分流。把生产工艺排水，特别是有严重污染的废水，与间接冷却排水、雨水等分开。对于新厂，从设计上就要考虑这一问题。目前，一些老厂的生产工艺废水、冷却水以及生活污水都流经同一条管道排放，应该创造条件，积极予以改造，做到清污分流、分质排放。

2．加强对水体及污染源的监测与管理

要保护水源，保证水质，控制污染源，必须大力加强水质监测和水质监督，通过定期监测、自动监测和巡回监测三种方式在公共水域建立完整的监测体系，以对污染源进行严密的监督和控制。

（1）对水体及污染源的监测

① 要注意对水样的采集和保存　对湖泊、水库，除入口出口布点外，可以在每 $2km^2$ 内设一采样点。流经城市的河流，应在城市的上游、中游和下游各阶段设一断面，城市供水点上游 1km 处至少设一采样点，河流交叉口上游和下游也应设一采样点。河宽在 50m 以上的河流，应在监测断面的左、中、右设置采样点。一般可同时取表层（水面下 20～50cm）和底层（距河底 2m）两个水样。采样的时间、次数应根据水的流量变化、水质变化来确定。

水样保存的目的是使水样在存放期间内尽量减少因样品组分变化而造成的损失。水样的保存方法一般为控制溶液的 pH、加入化学试剂及冷藏冷冻等。表 4-14 和表 4-15 分别给出保存剂的作用原理和部分监测项目水样的保存方法。

表 4-14　各类保存剂的应用范围

保存剂	作用	应用范围
$HgCl_2$	细菌抑制剂	各种形式的氮，各种形式的磷
HNO_3	金属溶剂防止沉淀	
H_2SO_4	细菌抑制剂和有机碱类生成盐	有机水样（COD、油、油脂），氨、胺类
NaOH	与挥发化合物形成盐类	氰化物，有机酸类
冷冻	抑制细菌，减慢化学反应速率	酸度、碱度、有机物、BOD、色、臭、有机磷、有机氮等生物机体

表 4-15　部分监测项目水样的保存法

监测项目	保存温度 /℃	保存剂	最长保存时间	备注
酸度、碱度	4		24h	
生化需氧量	4		6h	
化学需氧量	4	加 H_2SO_4 至 pH<2	7d	
总有机碳			24h	
硬度			7d	
溶解氧（文克尔法）	4	加 1mL $MnSO_4$，再加 2mL 碱性碘化钾	48h	现场固定
氟化物	−4		7d	
氯化物			7d	
氰化物	4	加 NaOH 至 pH<12	24h	
氨氮（凯氏法）	4	加 H_2SO_4 至 pH<2	24h	
硝酸盐	4	加 H_2SO_4 至 pH<2	24h	
亚硝酸盐	4		24h	
硫酸盐	4		7d	
硫化物		2mL 醋酸锌 /L	24h	现场固定
亚硫酸盐	4			
砷		加 HNO_3 至 pH<2	6 个月	
硒		加 HNO_3 至 pH<2	7d	
总金属		加 HNO_3 至 pH<2		
硅	4		7d	
总汞		加 HNO_3 至 pH<2	13d	
溶解汞		过滤	13d	
六价铬		加 HNO_3 至 pH<2，每升多加 5mL	当天测定	
总铬		加 HNO_3 至 pH<2，每升多加 5mL	当天测定	
酚类	4	加 H_3PO_4 至 pH<2 和 1g$CuSO_4$/L	7d	
油和脂	4	加 H_2SO_4 至 pH<2	7d	
有机氯农药（DDT、六六六）		加水样量的 1% H_2SO_4	24h	

② 及时对水样进行预处理　在实际监测分析中，如废水样品，往往由于存在悬浮物和有机物，使水样浑浊、成色，且样品的本身组成复杂，这些因素对分析测定会产生干扰，因此必须对样品进行预处理。

a. 有机物的消化。当样品中所含有机物对测定组分有影响时，需将有机物破坏或分解成相应的无机化合物。通常采取加入适当的氧化剂进行氧化分解的方法，称为消化法。常用的消化剂有硝酸 - 硫酸、硝酸 - 高氯酸、高锰酸钾等。

b. 浓缩和分离。在环境监测中，被测组分往往含量极低，且存在干扰物质。因此，需对样品进行富集和分离，以消除干扰，提高测定方法的灵敏度和选择性。常用方法有浓缩、蒸馏、萃取、离子交换等。

③ **准确测定水中污染物** 水体中污染物质繁多，测定方法、原理各异。水中主要污染物的测定方法见第八章表 8-4。值得说明的是：除了表 8-4 所列出的一些有害物质的测定方法外，还有许多特定的测定仪器。如溶解氧测定仪用于测定废水和生物处理后出水的溶解氧值；水质测定仪可同时测定废水的溶解氧值、pH 及浊度等污染指标。

（2）对水体及污染源的管理

① **健全法制，加强管理** 我国先后颁布了《中华人民共和国水污染防治法》《中华人民共和国海洋环境保护法》《中华人民共和国水土保持法》等，在水资源管理中要严格执行，协调关系，提高水资源开发利用的综合效益。

根据国外经验，采取总体性的战略措施，开展区域性的全面规划综合治理，可以达到最经济、最有效的防治污染的目的。以水系为对象，在调查已有污染源的基础上，综合考虑该地区的区域规划、资源利用、能源改造、有害物质的净化处理和自净能力等因素，应用系统工程学的理论和方法对复杂的水环境进行综合的系统分析与数字模拟，提出最优的治理方案，从总体上解决水污染问题。

② **建立水源保护区** 水质好坏直接影响供水的质量和数量，影响人们的健康和产品的使用价值。为了确保安全供水，首先要建立水源保护区，在水源地区内严禁建立有污染性的企业。对已有的污染源要限期拆迁或根治，违者追究法律责任和赔偿经济损失。

③ **合理开发利用水资源** 人类对水资源的合理开发利用，对保护环境、维持生态平衡、保持水体自净能力等是极其重要的。地下水自然补给的速度是较慢的，超采地下水可造成地下水降落漏斗，其降落漏斗范围内会出现地面下沉、水质恶化，给工业生产、市政交通和人民生活带来重大危害。在国外有许多城市如东京、大阪、墨西哥城、曼谷都发生过地面沉降现象。中国上海由于长期开采地下水，结果发生建筑物不均匀地沉降、地下管道遭到破坏、海水上涨登陆等等。因此，必须合理开发地下水资源，使取用量和自然补给量保持平衡。

调节水源流量与开发水资源是同等重要的。在流域内建造水库调节河水流量，在汛期洪水威胁很大，在上游各支流兴建水利工程建造水库，把丰水期多余的水储存在库内，不仅可提高水源供水能力，还可以为防洪、发电、发展水产等多种用途服务。跨流域调水是把多余的水源引到缺水的地区以补其不足，这是一项比较复杂的水源开发工程。

④ **科学用水和节约用水** 开展全国性的科学用水和节约用水宣传，提倡"增产不增水""在节水中求发展"，探索开发科学用水和节约用水的新技术。例如，在农业灌溉方面采用防渗管道输送水比明渠输送水增加实用水量近 50%，喷灌比漫灌节水 50%，地膜覆盖也可以节约大量用水，森林能增加蓄水量的 30% 左右，减少蒸发 20%～30%。在工业上节约用水主要是提高水的循环利用率，回用冷却用水，推广污水冷却和咸水冷却技术；在生活上节水主要是取消用水包费制，实行分户安装水表、用水计量、按量收费以及加强维修、抢修、检漏和防漏。在制定工农业规划和城市规划时，要考虑水资源因素，不要在缺水地区兴建耗水量大的工业项目，或者种植需水量大的农作物，同时要适当地控制城市人口的过度集中。

3. 提高废水处理技术水平

工业废水的处理，正向设备化、自动化的方向发展。传统的处理方法，包括用来进行沉淀和曝气的大型混凝土池也在不断地更新。近年来广泛发展起来的气浮、高梯度电磁过滤、臭氧氧化、离子交换等技术，都为工业废水处理提供了新的方法。

目前，废水处理装置自动化控制技术正在得到广泛应用和发展，在提高废水处理装置的稳定性和改善出水水质方面将起到重要作用。

另外，还应有效提高城市污水处理技术水平，目前，我国对城市污水所采用的处理方法，大多是二级处理就近排放。此法不仅基建投入大，而且占地多，运行费用高，很多城市难以负担。而国外发达国家，大都采用先进的污水排海工程技术来处置沿海城市污水。

4. 充分利用水体的自净能力

在水体环境容量可以承受的情况下，受到污染的水体，在一定的时间内，通过物理、化学和生物化学等作用，污染程度逐渐降低，直到恢复到受污染前的状态，这个过程称作水体的自净作用。在自净能力的限度内，水体本身就像一个良好的天然污水处理厂。但自净能力不是无限的，超过一定限度，水体就会被污染，造成近期或远期的不良影响。

（1）物理自净过程

排入水体的污染物不同，发生的物理净化过程也有差异，如稀释、混合、挥发、沉淀等。在自净过程中含有某些物质的废水，可以通过水体的稀释作用使之无害化。废水中相对密度比水大的固体颗粒，借助自身重力沉至水体的底部形成底泥，使水得以净化。废水里的悬浮物胶体及可溶性污染物则由于混合稀释过程，污染浓度渐渐降低。

水体物理自净过程受许多因素的影响，废水排入河流流经的距离，废水污染物的性质和浓度，河流的水文条件，水库、海洋、湖泊的水温、性质、大小等，都是有关因素。废水能否排入自然水体充分利用其物理自净作用，要经过测定调查及相应的评价之后才能确定。

（2）化学自净过程

废水污染物排入水体，会产生化学反应过程。反应过程进行的快慢和多少取决于废水和水体两方面的具体条件。水体产生氧化、还原、中和、化合、分解、凝聚、吸附等化学反应，使有害污染物变成无害物质的过程，就是化学自净作用。例如，水体的难溶性硫化物在水体中能够氧化为易溶的硫酸盐；可溶性的二氧化铁可以转化为不溶性的三氧化二铁；水体中的酸性物质可以中和废水中的碱性物质，碱性物质也可以中和废水中的酸性物质。

影响化学自净过程的主要因素是，水体和废水的对应数量及化学成分，以及加速或延缓化学反应过程的其他条件，如水温、水体运动情况等。

（3）生物自净过程

在有溶解氧存在的条件下，通过微生物的作用，能使有机污染物氧化分解为简单的无害化合物，这就是生物自净过程。例如，废水中的有机污染物经水体好氧微生物的作用，变成二氧化碳、水和某些盐类物质，使水体得到净化。生物自净过程要消耗掉一定的溶解氧。水体溶解氧的补充有两个来源：一是大气中的氧靠表面扩散作用溶入水层。在流动的水中，湍流越大，氧溶解于水中的速度越快，氧的补充越迅速。二是水生植物的光合作用能放出氧气，使水体溶解氧得到补充。如水体中溶解氧逐渐减少，甚至接近于零时，厌氧菌就会大量繁殖，使有机物腐败，水体就要变臭。所以溶解氧的多寡是反映水体生物自净能力的主要指标，也是反映水体污染程度的一个指标。水体的生物自净速度取决于溶解氧的多少、水流速度、水温高低以及水量的补给状况诸因素。

二、水体污染防治成效

2018～2020年，水质量方面，3项生态环境目标指标全面超额完成。全国地表水Ⅰ～Ⅲ类水质断面比例83.4%，好于污染防治攻坚战阶段性目标13.4个百分点，与2015年相比上升17.4%；劣Ⅴ类水质断面比例0.6%，近5年下降9.1个百分点；长江流域、渤海入海河流劣Ⅴ类国控断面全部消劣，长江干流历史性地实现全线Ⅱ类水体，我国仅用5年时间，"好水"的比例已达到发达国家水平。全国近岸海域优良水质（一、二类）面积比例平均为77.4%，近5年上升6.9%。主要污染物排放方面，全国二氧化硫、氮氧化物、化学需氧量和氨氮4种主要污染物排放总量分别较2015年累计减排25.5%、19.7%、13.8%和15.0%。二氧化硫排放量从千万吨降低至百万吨水平。

净水保卫战方面，截至2020年底，共有10项重点任务指标全部完成。全国地级及以上城市建成区黑臭水体消除比例达到98.2%；累计完成10 638个农村"千吨万人"以上水源保护区划定、15万个建制村环境综合整治。

 环保技术

A/SBR新工艺处理化肥污水

含氨污水的短程硝化A/SBR处理新工艺被中国环保产业协会评定为2008年国家重点环境保护实用技术推广项目。该工艺适合C/N（碳/氮）比值低的化肥污水的处理，广泛应用于国内中小氮肥生产企业末端污水治理工程。

短程硝化工艺可将反应停留在亚硝酸阶段从而直接进行反硝化生产氮气，较少出现硝酸菌反应阶段。该工艺比传统工艺节省压缩空气25%，相应电耗大幅降低；节省反硝化所需有机碳源40%，这对C/N比值低的合成氨排水来说，可节省不少处理药剂成本；省去了二步反应，使硝化反应时间缩短，好氧池池容较小，降低了投资；二氧化氮直接反硝化速率又比三氧化氮速度高63%，可缩短反硝化时间，减少基建投资20%～25%；外排污泥减少40%～50%，可降低污泥处理费用50%；减少硝化反应加碱量，因反硝化效率提高95%以上，相应会多产生剩余碱供硝化反应，节省中和用碱量30%。

在化肥厂2年的工业试验证明，在处理造气循环水、处理水量100m³/d的情况下，该新工艺可使COD（化学需氧量）浓度4000～6000mg/L、氨氮1000～1600mg/L、碳氮5～10mg/L的进水，变成COD浓度100～150mg/L、氨氮10～50mg/L、碳氮1mg/L的出水，符合国家一级排放标准。处理水中亚硝酸根离子占80%～90%，符合短程硝化工艺要求亚硝酸根离子大于50%的技术特征。2006年9月，徐州水处理研究所成功地为山东德齐龙化工集团设计了一套处理能力15000m³/d、投资2000万元的大型末端化肥污水处理厂，2007年5月已顺利投产，至今一直运行正常。

城市水厂净水处理技术

众所周知，由于自然因素和人为因素，原水里含有各种各样的杂质。从给水处理角度考虑，这些杂质可分为悬浮物、胶体、溶解物三大类。城市水厂净水处理的目的就是去除原水中这些会给人类健康和工业生产带来危害的悬浮物质、胶体物质、细菌及其他有害成分，使净化后的水能满足生活饮用及工业生产的需要。其主要工艺流程如图 4-23 所示。

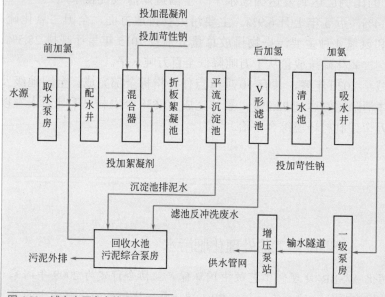

图 4-23　城市水厂净水处理工艺流程

一、混凝反应处理

原水经取水泵房提升后，首先经过混凝工艺处理，即：

原水 水处理剂→混合→反应→矾花水

药剂与水均匀混合起直到大颗粒絮凝体形成为止，整个称混凝过程。常用的水处理剂有聚合氯化铝、硫酸铝、三氯化铁等。汕头市使用的是碱式氯化铝。根据铝元素的化学性质可知，投入药剂后水中存在电离出来的铝离子，它与水分子存在以下的可逆反应：

$$Al^{3+}+3H_2O \rightleftharpoons Al(OH)_3+3H^+$$

氢氧化铝具有吸附作用，可把水中不易沉淀的胶粒及微小悬浮物脱稳、相互聚结，再被吸附架桥，从而形成较大的絮粒，以利于从水中分离、沉降下来。

混合过程要求在加药后迅速完成。混合的目的是通过水力、机械的剧烈搅拌，使药剂迅速均匀地散于水中。

经混凝反应处理过的水通过道管流入沉淀池，进入净水第二阶段。

二、沉淀处理

混凝阶段形成的絮状体依靠重力作用从水中分离出来的过程称为沉淀，这个过程在沉淀池中进行。水流入沉淀区后，沿水区整个截面进行分配，进入沉淀区，然后缓慢地流向出口区。水中的颗粒沉于池底，污泥不断堆积并浓缩，定期排出池外。

三、过滤处理

过滤一般是指以石英砂等有空隙的粒状滤料层通过黏附作用截留水中悬浮颗粒，从而进一步除去水中细小悬浮杂质、有机物、细菌、病毒等，使水澄清的过程。

四、滤后消毒处理

水经过滤后，浊度进一步降低，同时亦使残留细菌、病毒等失去浑浊物保护或依附，为滤后消毒创造良好条件。消毒并非把微生物全部消灭，只要求消灭致病微生物。虽然水经混凝、沉淀和过滤，可以除去大多数细菌和病毒，但消毒则起了保证饮用达到饮用水细菌学指标的作用，同时它使城市水管末梢保持一定余氯量，以控制细菌繁殖且预防污染。消毒的加氯量（液氯）为 $1.0 \sim 2.5g/m^3$。主要是通过氯与水反应生成的次氯酸在细菌内部起氧化作用，破坏细菌的酶系统而使细菌死亡。消毒后的水由清水池经供水泵房提升达到一定的水压，再通过输、配水管网送给千家万户。

 复习思考题

一、简答论述题

1. 水污染的来源有哪些？简述其产生的原因。

2. 无毒污染物分哪几类？

3. 有毒污染物分为几类？对水体有什么危害？

4. 你认为我国水体环境保护应遵循什么方针？目前哪些现象或问题阻碍水体环境保护事业的发展？

5. 废水通过均衡和调节作用可达到什么目的？

6. 沉淀法有哪几种类型？平流式沉淀池有何优缺点？

7. 格栅、筛网的主要功能是什么？

8. 离心分离的基本原理是什么？常用的离心分离设备有哪些？各自的优缺点是什么？

9. 从水力旋流器和各种离心机产生离心力的大小来分析它们适合于分离何种性质的颗粒？

10. 化学混凝法的基本原理是什么？影响混凝效果的主要因素有哪些？

11. 混凝沉淀处理流程由哪几个阶段所组成？每个阶段各起什么作用，对搅拌的要求有何不同？

12. 化学沉淀法和化学混凝法在原理上有何不同？使用的药剂有何不同？

13. 物理化学处理法与化学处理法相比，在原理上有何不同？处理的对象有何不同？

14. 吸附法处理废水的基本原理是什么，适用于处理什么性质的废水，分为哪几种类型？影响吸附的因素有哪些？

15. 萃取法目前主要应用于哪些方面？它具有哪些特点？

16. 液–液萃取过程中的传质定律和分配定律是什么？

17. 浮选法中浮选剂具有哪些促进作用？介绍几种类别的浮选剂。

18. 生物吸附法的主要特点是什么？绘出简单流程。

19. 简述活性污泥法处理废水的生物化学原理。

20. 设计一个城市污水处理厂的流程图，并标出其设备名称。

21. 常用的曝气池有几种？各有什么特点？

22. 结合你所参观的有关企业废水处理情况来说明活性污泥法在废水处理中的实际应用。

23. 高负荷生物滤池和塔式生物滤池各有什么特点？

24. 如何合理利用水体的自净作用？

二、选择题

1. 水资源是在水循环背景下随时空变化的动态自然资源，与其他自然资源相比，它具有（   ）的特点。

A. 可恢复性与有限性　　　　　　　　B. 时空变化的不均匀性

C. 开发利用的两面性　　　　　　　　D. 多功能性

2. 以下属于水的物理性指标的有（   ）。

A. pH　　　　　　B. 重金属　　　　　　C. 各种阴阳离子　　　　D. 温度

3. 以下不属于污水处理技术物理法的是（   ）。

A. 重力分离　　　　B. 过滤法　　　　　　C. 离心分离法　　　　D. 混凝

4. 按照国家的有关标准，流经城市的河流至少应满足（   ）类水体的要求。

A. Ⅰ　　　　　　B. Ⅱ　　　　　　　C. Ⅲ　　　　　　　D. Ⅳ

E. Ⅴ

5. 所有铬的化合物都有毒性，其中（   ）毒性最大？

A. 六价铬　　　　B. 二价铬　　　　　C. 三价铬

6. 我国水体的主要污染物包括（   ）。

A. 有毒物质　　　B. 需氧有机污染物　　C. 植物营养物　　　D. 酸性污染物

E. 碱性污染物

7. 一般污水处理厂中采用的活性污泥法，主要是去除（   ）。

A. 酸　　　　　　B. 氮　　　　　　　C. BOD　　　　　　D. SS

8. 以下属于污水处理厂污泥处理单元的有（   ）。

A. 浓缩池　　　　B. 消化池　　　　　C. 脱水池　　　　　D. 初沉池

三、判断题

1. 水体富营养化是由于过多的植物营养物排入湖泊所致。而需氧污染物对水体污染的主要表现是大量消耗溶解氧。（   ）

2. 水资源是指现在或未来一切可用于生产和生活的地表水和地下水源。（   ）

3. 水体的自净作用应包括物理作用、化学和物理化学作用及生物和生物化学作用三种。（   ）

4. 溶解氧是指溶解水中的氧，单位为 mg/L。（   ）

5. 溶解氧量越少，表明水体污染的程度越轻。（   ）

6. BOD 越大，表明水体污染程度越轻。（   ）

7. COD 是指用适当的氧化剂处理水样，需氧污染物所需要消耗的氧气量。（   ）

8. 废水处理的目的是：利用各种技术措施将各种形态的污染物从废水中分离出来，或将其分解、转化为无害和稳定的物质，从而使废水得到净化。（   ）

参观城市污水处理厂

城市污水处理厂主要是对生活污水进行集中处理，同时也对部分工业废水进行处理。城市污水处理厂的建设在我国开展较晚，但在1978年后有了迅速的发展，对解决城市水污染起到了相当大的作用。目前我国处理能力较大、设备较先进的城市污水处理厂有天津纪庄子污水处理厂和杭州四堡污水处理厂。

天津纪庄子区域年排污水量8900万吨，共中工业废水5041万吨，主要来自造纸、化工、纺织、食品及金属加工等行业。1984年天津市在该区域兴建了我国最大的二级生化处理的城市污水处理厂，日处理城市污水26万吨，日处理污泥量1000 m^3，运行效果较好，出水水质超过设计标准，达到污水灌溉标准。

杭州四堡污水处理厂是目前全国最大的城市污水处理厂，占地近 $6×10^4 m^2$，一期工程生产能力为一级日处理污水40万吨，总投资达7000万元。其受益范围几乎覆盖了整个杭州市区，受益人口近百万。该厂于1991年1月25日正式投入运行，运行效果也相当不错，出水水质超过设计标准，污水经处理后排入钱塘江。

通过参观学校所在地区城市污水处理厂，应达到以下要求。

（1）了解学校所在地区水体污染情况。

（2）了解废水处理的工艺流程、主要设备，明确建设城市污水处理厂的必要性。

（3）写出参观报告（在1000字以上），简单画出污水处理流程图。

阅读材料

污水处理五大工艺引领环保行业技术主流

近年来，随着我国经济的飞速发展，生态环境日益恶化，生态环境保护已成为整个社会、国家需要面对的重要课题。在生态文明建设过程中，水污染是最严重、最棘手的问题，与人们的生活息息相关。全社会开始普遍关注污水生态处理技术，生态环保的污水处理技术是改变水污染现状的重要举措，也将是未来污水处理技术的发展方向。污水生态化处理具有操作简单、成本低、效果好的特点，可以实现人类生存环境的良性发展。以下五种技术将是未来环保行业的主流。

一、净化沼气池技术

净化沼气池是在化粪池的基础上发展改进而来，也是最早用于处理分散生活污水的技术。从20世纪90年代开始，四川、浙江、江苏等地陆续编制了适合本地区应用的净化沼气池的池形构造标准图集。净化沼气池一般由二级厌氧池和后续生物滤池组成：二级厌氧池内填充软性填料；生物滤池有兼性滤池和好氧滤池2种，一般分为多个小隔室，前面隔室填充软性填料，后面隔室填充砾石、卵石等硬性填料。生活污水经沉砂池去除粗大的污染物后在一级厌氧池内进行发酵产生有利用价值的沼气。后经二级厌氧池的厌氧过滤，截留大量污泥，同时有机污染物质在此得到进一步发酵分解。

之后，污水经净化依次填充有软性和硬性填料的生物滤池，出水 COD、TN、TP 指标一般分别能达到 GB 18918《城镇污水厂污染物排放标准》要求的二级标准。

二、蚯蚓生态滤池和高效藻类塘

蚯蚓生态滤池是从法国和智利发展起来的一项处理城镇生活垃圾及污水的技术。蚯蚓一般以悬浮物、生物污泥及部分微生物为食物，而在污染物质降解过程中，蚯蚓产生的蚓粪和小块有机物质，可为微生物生长创造条件。因此，在蚯蚓生态滤池内蚯蚓和微生物可形成较好的协同作用，一方面延长了生物的食物链，丰富了微生物的种类，从而强化了对有机污染物质、氮磷的去除作用；另一方面，由于蚯蚓的活动，滤池中滤料有较好的渗透性，可明显提高蚯蚓生态滤池的水力负荷。此外，蚯蚓生态滤池生物污泥稳定，其毛细吸水时间约 30～50s，污泥脱水性能好，较常规活性污泥法处理技术，可大大地减小污泥处理的费用。

三、膜生物反应器工艺

膜生物反应器是集活性污泥法与膜分离技术于一体的污水处理系统。一般根据膜孔径的大小可分为微滤膜、超滤膜、纳滤膜和反渗透膜；根据膜组件的不同，可分为中空纤维式、平板式、圆管式等；根据膜组件与生物反应器的位置可分为一体式和分置式。

分置式是将膜组件与生物反应器分离放置，这种方式利于对膜组件的更换、反冲洗，在难降解工业废水、有毒废水、高浓度废水等易发生膜污染的废水中应用较多。一体式膜生物反应器由于占地面积小、能耗较低而较多的应用于生活污水和微污染水源水的处理。

四、人工湿地技术

人工湿地是一种人工强化的自然生态处理系统，它是在卵石、砾石、沸石等填料，芦苇、菖蒲、美人蕉等植物及微生物的共同作用下去除污染物质。其类型可分为表面流人工湿地、潜流人工湿地和潮汐流人工湿地，潜流人工湿地又有垂直潜流和水平潜流之分。潜流人工湿地受环境温度影响较表面流人工湿地小，不易滋生虫蚊，卫生状况好，可实现较好的脱氮除磷效果，已广泛应用于生活污水的处理。

五、一体化处理装置

一体化处理装置是指将厌氧池、生物滤池、接触氧化池、氧化沟、SBR 等技术或单一或组合改造成小型一体化的污水处理系统。已应用的有一体化 A/O 生物膜反应器、一体化生物滤池、一体化 SBR 池、一体化氧化沟等。

第五章

固体废物与化工废渣处置

第一节
认识固体废物

　　固体废物（solid waste）又称固体废弃物或固体遗弃物，是指人类在生产过程和社会生活活动中产生的不再需要或没有"利用价值"而被遗弃的固体或半固体物质。确切地说，固体废物是指在生产建设、经营、日常生活和其他活动中产生的污染环境的各种固态、半固态、高浓度固液混合态、黏稠状液态等废弃物质的总称。

一、固体废物的来源、分类及危害

1. 固体废物的来源和分类

由于固体废物影响因素众多，几乎涉及所有行业，来源极其广泛。按组成可分为有机废物和无机废物；按形态可分为固体块状、粒状、粉状废物；按危害状况可分为危险废物和一般废物；通常为了便于管理，按其来源分为**工业固体废物**（industrial solid waste）、**城市垃圾**（或称城市固体废物，municipal solid waste）、**农业固体废物**（agricultural solid waste）和**放射性固体废物**（radioactive solid waste）四类。

（1）工业固体废物

工业固体废物是工矿企业在生产活动过程中排放出来的固体废物，主要包括以下几类。

① **冶金废渣** 主要指在各种金属冶炼过程中或冶炼后排出的所有残渣废物，如高炉矿渣、钢渣、各种有色金属渣、铁合金渣、化铁炉渣以及各种粉尘、污泥等。

② **采矿废渣** 在各种矿石、煤的开采过程中，产生的矿渣数量极其庞大，包括的范围很广，有矿山的剥离废石、掘进废石、煤矸石、选矿废石、选洗废渣、各种尾矿等。

③ **燃料废渣** 燃料燃烧后所产生的废物，主要有煤渣、烟道灰、煤粉渣、页岩灰等。

④ **化工废渣** 化学工业生产中排出的工业废渣，主要包括硫酸矿烧渣、电石渣、碱渣、煤气炉渣、磷渣、汞渣、铬渣、盐泥、污泥、硼渣、废塑料以及橡胶碎屑等。

其他还有玻璃废渣、陶瓷废渣、造纸废渣和建筑废材等。

（2）城市垃圾

主要指城市居民的生活垃圾、商业垃圾、市政维护和管理中产生的垃圾，包括废纸、废塑料、废家具、废碎玻璃制品、废瓷器、厨房垃圾等。

（3）农业固体废物

主要指农、林、牧、渔各业生产、科研及农民日常生活过程中产生的各种废物，如农作物秸秆、人和牲畜的粪便等。

（4）放射性固体废物

在核燃料开采、制备以及辐照后燃料的回收过程中，都有固体放射性废渣或浓缩的残渣排出。例如，一座反应堆一年可以生产 $10 \sim 100\text{m}^3$ 不同强度的放射性废渣。

表 5-1 列出了从各类发生源产生的主要固体废物。

表 5-1 固体废物的分类、来源和主要组成物

分类	来源	主要组成物
工业固体废物	矿山、选冶	废矿石、尾矿、金属、废木、砖瓦灰石等
	冶金、交通、机械、金属结构等	金属、矿渣、砂石、模型、芯、陶瓷、边角料、涂料、管道、绝热和绝缘材料、黏结剂、废木、塑料、橡胶、烟尘等
	煤炭	矿石、木料、金属
	食品加工	肉类、谷物、果类、蔬菜、烟草
	橡胶、皮革、塑料等	橡胶、皮革、塑料、布、纤维、染料、金属等
	造纸、木材、印刷等	刨花、锯木、碎木、化学药剂、金属填料、塑料、木质素

分类	来源	主要组成物
工业固体废物	石油、化工	化学药剂、金属、塑料、橡胶、陶瓷、沥青、油毡、石棉、涂料
	电器、仪器、仪表等	金属、玻璃、木材、橡胶、塑料、化学药剂、研磨料、陶瓷、绝缘材料
	纺织服装业	布头、纤维、橡胶、塑料、金属
	建筑材料	金属、水泥、黏土、陶瓷、石膏、石棉、砂石、纸、纤维、玻璃
	电力	炉渣、粉煤灰、烟尘
城市垃圾	居民生活	食物垃圾、纸屑、布料、木料、庭院植物修剪、金属、玻璃、塑料、陶瓷、燃料灰渣、碎砖瓦、废器具、粪便、杂品
	商业、机关	管道、碎砌体、沥青及其他建筑材料、废汽车、废电器、废器具，含有易爆、易燃、腐蚀性、放射性的废物，以及类似居民生活栏内的各种废物
	市政维护、管理部门	碎砖瓦、树叶、死禽畜、金属、锅炉灰渣、污泥、脏土、下水道淤积物等
农业固体废物	农林	稻草、秸秆、蔬菜、水果、果树枝条、糠秕、落叶、废塑料、人畜粪便、腥臭死禽畜、禽类、农药
	水产	腐烂鱼、虾、贝壳，水产加工污水、污泥
放射性固体废物	核工业、核电站、放射性医疗单位、科研单位	金属，含放射性物质的废渣、粉尘、污泥、器具、劳保用具、建筑材料

2．固体废物的危害

固体废物对人类环境危害的途径见图 5-1，概括起来，从其对各环境要素的影响看，主要表现为以下几个方面。

（1）侵占土地，破坏地貌和植被

固体废物如不加利用就处置，只能占地堆放。据估计，平均每堆积 1 万吨废渣和尾矿，就占地 $670m^2$ 以上。土地是宝贵的自然资源，我国虽然幅员辽阔，但耕地面积却十分紧缺，固体废物的堆积侵占了大量土地，造成了极大的经济损失，并且严重地破坏了地貌、植被和自然景观。

（2）污染土壤和地下水

固体废物长期露天堆放，部分有害组分很易随渗沥液浸出，并渗入地下向周围扩散，使土壤和地下水受到污染。工业固体废物还会破坏土壤的生态平衡，使微生物和动植物不能正常地繁殖和生长。

（3）污染水体

许多沿江河湖海的城市和工矿企业，直接把固体废物向邻近水域长期大量排放，随天然降水和地表径流进入河流、湖泊，致使地表水受到严重污染，破坏了天然水体的生态平衡，妨碍了水生生物的生存和水资源的利用。据统计，全国水域面积和新中国成立初期相比，已减少了 $1.33 \times 10^7 m^2$。

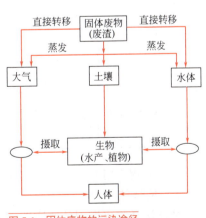

图 5-1 固体废物的污染途径

（4）污染大气

固体废物中所含的粉尘及其他颗粒物在堆放时会随风飞扬；在运输和装卸过程中也会产生有害气体和粉尘。这些粉尘或颗粒物不少都含有对人体有害的成分，有的还是病原微生物的载体，对人体健康造成危害。有些固体废物在堆放或处理过程中还会向大气散发出有毒气体和臭味，危害则更大。例如，煤矸石自燃时，散发出煤烟和大量的 SO_2、CO_2、NH_3 等气体，造成严重的大气污染。

（5）造成巨大的直接经济损失和资源能源的浪费

中国的资源能源利用率很低，大量的资源、能源会随固体废物的排放而流失。矿物资源一般只能利用 50% 左右，能源利用只有 30%。同时，废物的排放和处置也要增加许多额外的经济负担。

此外，某些有害固体废物的排放除了上述危害之外，还可能造成燃烧、爆炸、中毒、严重腐蚀等意外事故和特殊损害。

二、常见的固体废物处理方法

固体废物处理是指通过各种物理、化学、生物等方法，将固体废物转变为适于运输、资源化利用、贮存或最终处置的过程。

固体废物由于其来源和种类的多样化和复杂性，它的处理处置方法应根据各自的特性和组成进行优化选择。表 5-2 列出了国内外各种处理方法的现状和发展趋势。

表 5-2　固体废物处理方法的现状和发展趋势

类别	中国现状	国际现状	国际发展趋势
城市垃圾	填埋、堆肥、无害化处理和制取沼气、回收废品	填埋、卫生填埋、焚化、堆肥、海洋投弃、回收利用	压缩和高压压缩成型、填埋、堆肥、化学加工、回收利用
工矿废物	堆弃、填坑、综合利用、回收废品	填埋、堆弃、焚化、综合利用	化学加工、回收利用和综合利用
拆房垃圾和市政垃圾	堆弃、填坑、露天焚烧	堆弃、露天焚烧	焚化、回收利用和综合利用
施工垃圾	堆弃、露天焚烧	堆弃、露天焚烧	焚化、化学加工和综合利用
污泥	堆肥、制取沼气	填埋、堆肥	堆肥、焚烧、化学加工、综合利用
农业废物	堆肥、制取沼气、回耕、农村燃耕、饲料和建筑材料露天焚烧	回耕、焚化、堆弃、露天焚烧	堆肥、化学加工和综合利用
有害工业渣和放射性废物	堆弃、隔离堆存、焚烧、化学和物理固化回收利用	隔离堆存、焚化、土地还原、化学和物理固定，化学、物理及生物处理，综合利用	隔离堆存、焚化、化学固定，化学、物理及生物处理，综合利用

固体废物常用的处理方法有以下几种。

1．焚烧法

焚烧法是将可燃固体废物置于高温炉内，使其中可燃成分充分氧化的一种处理方法。

焚烧法的**优点**是可以回收利用固体废物内潜在的能量，减少废物的体积（一般可减少80%～90%），破坏有毒废物的组成结构，使其最终转化为化学性质稳定的无害化灰渣，同时还可彻底杀灭病原菌，消除腐化源。焚烧法的**缺点**是只能处理含可燃物成分高的固体废物，否则必须添加助燃剂，增加运行费用。另外，该法投资比较大，处理过程中不可避免地会产生可造成二次污染的有害物质，从而产生新的环境问题。

影响焚烧的因素主要有四个方面，即温度、时间、湍流程度和供氧量。为了尽可能焚毁废物，并减少二次污染的产生，焚烧的最佳操作条件是：足够的高温；足够的停留时间；良好的湍流；充足的氧气。

适合焚烧的废物主要是那些不可再循环利用或安全填埋的有害废物，如难以生物降解的、易挥发和扩散的、含有重金属及其他有害成分的有机物、生物医学废物（医院和医学实验室所产生的需特别处理的废物）等。

2. 分选法

分选方法很多，其中手工捡选法是在各国最早采用的方法，适用于废物产源地、收集站、处理中心、转运站或处置场。机械分选方式则大多需在废物分选前进行预处理，一般至少需经过破碎处理。分选处理技术主要有以下几种。

（1）风力分选

风力分选属于干式分选，主要分选城市垃圾中的有机物和无机物。风力分选系统如图 5-2 所示。其方法是先将城市垃圾破碎到一定粒度，再将水分调整在 45% 以下，定量送入卧式惯性分离机分选；当垃圾在机内落下之际，受到鼓风机送来的水平气流吹散，即可粗分为重物质（金属、瓦块、砖石类）、次重物质（木块、硬塑料类）和轻物质（塑料薄膜、纸类）；这些物质分别送入各自的振动筛筛分成大小两级后，由各自的立式锯齿形风力分选装置分离成有机物和无机物。

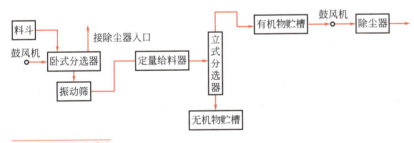

图 5-2　风力分选系统

（2）浮选

浮选法是利用较重的水质（海水或泥浆水）与较轻的炭质（焦炭），在大水量、高流速的条件下，借助水-炭二者之间的密度差将焦与渣自然分离。如大连化学公司化肥厂利用丰富的海水资源，用浮选法每年可回收粒度大于 16mm 以上的焦炭 7000～7500t，返炉制氨约 3500t，经济效益十分显著。该法较为先进，投资也少，但必须临近海边，不能为一般厂家所采用。

（3）磁选

它是利用工业废渣中不同组分磁性的差异，在不均匀磁场中实现分离的一种分选技术。

（4）筛分

筛分是根据化工废渣颗粒尺寸大小进行分选的一种方法。一个均匀筛孔的筛分器只允许小于筛孔的颗粒通过，较大颗粒则留在筛面上被排除。筛分有湿筛和干筛两种操作，化工废渣多采用干筛，如炉渣的处理。其他还有一些分选技术，如惯性分选、淘汰分选、静电分选等。

3．填埋法

填埋法即**土地填埋法**。目前，采用较多的土地填埋方法是卫生土地填埋、安全土地填埋等。

（1）卫生土地填埋

卫生土地填埋是处置垃圾而不会对公众健康及环境造成危害的一种方法。通常是每天把运到土地填埋场的废物在限定的区域内铺散成 40～75cm 薄层，然后压实以减少废物的体积，并在每天操作之后用一层厚 15～30cm 的土壤覆盖、压实，废物层和土壤覆盖层共同构成一个单元，即填筑单元。具有同样高度的一系列相互衔接的填筑单元构成一个升层。完成的卫生土地填埋场地是由一个或多个升层组成的。当土地填埋场达到最终的设计高度之后，再在该填埋层之上覆盖一层 90～120cm 厚的土壤，压实后就得到一个完整的卫生土地填埋场。卫生土地填埋场剖面图见图 5-3。

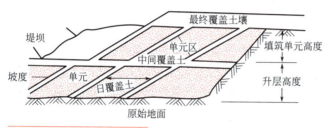

图 5-3　卫生土地填埋场剖面图

（2）安全土地填埋

安全土地填埋是在卫生土地填埋技术基础上发展起来的一种改进了的卫生土地填埋。其结构和安全措施比卫生土地填埋场更为严格。

安全土地填埋选址要远离城市和居民较稠密的安全地带，土地填埋场必须有严密的人造或天然衬里，下层土壤或土壤同衬里相结合部渗透率小于 10^8cm/s；填埋场最底层应位于地下水位之上；要采取适当的措施控制和引出地表水；要配备严格的浸出液收集、处理及监测系统；设置完善的气体排放和监测系统；要记录所处置废物的来源、性质及数量，把不相容的废物分开处置。若此类废物在处置前进行稳态化预处理，填埋后更为安全，如进行脱水、固化等预处理。

4．固化法

固化法是指通过物理或化学法，将废弃物固定或包含在坚固的固体中，以降低或消除有害成分的溶出特性的一种固体废物处理技术。目前，根据废弃物的性质、形态和处理目的，可供选择的固化技术有五种方法，详见表 5-3。

5．化学法

化学处理是通过化学反应使固体废物变成另外的安全和稳定的物质，使废物的危害性降到尽可能低的水平。此法往往用于有毒、有害的废渣处理，属于一种无害化处理技术。化学处理法不是固体废物的最终处置，往往与浓缩、脱水、干燥等后续操作联用，从而达到最终处置的目的。其包括以下几种方法。

表 5-3 固化技术及比较

方法	要点	评论
水泥基固化法	将有害废物与水泥及其他化学添加剂混合均匀，然后置于模具中，使其凝结成固化体，将经过养生后的固化体脱模，经取样测试，其有害成分含量低于规定标准，便达到固化目的	方法简单，稳定性好，有可能作建筑材料，对固化的无机物，如氧化物可溶，硫化物可能延缓凝固和引起破裂，除非是特种水泥，卤化物易浸出，并可能延缓凝固，重金属、放射性废物互溶
石灰基固化法	将有害废物与石灰及其他硅酸盐类，并配以适当的添加剂混合均匀，然后置于模具中，使其凝固成固化体，固化体脱模、取样测试方式和标准与"水泥基固化法"同	方法简单，固化体较为坚固，对固化的有机物，如有机溶剂和油等多数抑制凝固，可能蒸发逸出，对固化的无机物如氧化物、硫化物互溶，卤化物可能延缓凝固并易于浸出，重金属、放射性废物互溶
热塑性材料固化法	将有害废物同沥青、柏油、石蜡或聚乙烯等热塑性物质混合均匀，经过加热冷却后使其凝固而形成塑胶性物质的固化体	固化效果好，但费用较高，只适用于某种处理量少的剧毒废物。对固化的有机物，如有机溶剂和油，在加热条件下可能蒸发逸出。对无机物如硝酸盐、次氯化物、高氯化物及其他有机溶剂等则不能采用此法，但与重金属、放射性废物互溶
高分子有机物聚合稳定法	将高分子有机物如脲醛等与不稳定的无机化学废物混合均匀，然后将混合物经过聚合作用而生成聚合物	此法与其他方法相比，只需少量的添加剂，但原料费用较昂贵，不适于处理酸性以及有机废物和强氧化性废物，多数用于体积小的无机废物
玻璃基固化法	将有害废物与硅石混合均匀，经高温熔融冷却后而形成玻璃固化体	固化体性质极为稳定，可安全地进行处置，但费用昂贵，只适于处理极有害化学废物和强放射性废物

（1）中和法

呈强酸性或强碱性的固体废物，除本身造成土壤酸、碱化外，往往还会与其他废弃物反应，产生有害物质，造成进一步污染，因此，在处理前 pH 宜事先中和到应用范围内。

该方法主要用于化工与金属表面处理等工业中产生的酸、碱性泥渣。中和反应设备可以采用罐式机械搅拌或池式人工搅拌两种，前者多用于大规模中和处理，后者则多用于间断的小规模处理。

（2）氧化还原法

通过氧化或还原化学反应，将固体废物中可以发生价态变化的某些有毒、有害成分转化成为无毒或低毒且具有化学稳定性的成分，以便无害化处置或进行资源回收。例如对铬渣的无害化处理，由于铬渣中的主要有害物质是四水铬酸钠（$Na_2CrO_4 \cdot 4H_2O$）和铬酸钙（$CaCrO_4$）中的六价铬，因而需要在铬渣中加入适当的还原剂，在一定条件下使六价铬还原为三价铬。经过无害化处理的铬渣，可用于建材工业、冶金工业等部门。

（3）化学浸出法

该法是选择合适的化学溶剂（浸出剂，如酸、碱、盐水溶液等）与固体废物发生作用，使其中有用组分发生选择性溶解，然后进一步回收的处理方法。该法可用于含重金属的固体废物的处理，特别是在石化工业中废催化剂的处理上得到广泛应用。下面以生产环氧乙烷的废催化剂的处理为例来加以说明。

用乙烯直接氧化法制环氧乙烷，大约每生产 1t 产品要消耗 18kg 银催化剂，因此，催化剂使用一段时期（一般为两年），就会失去活性成为废催化剂。回收的过程由以下三个步骤组成。

① 以浓 HNO_3 为浸出剂与废催化剂反应生成 $AgNO_3$、NO_2 和 H_2O。

$$Ag+2HNO_3 \longrightarrow AgNO_3+NO_2+H_2O$$

② 将上述反应液过滤得 $AgNO_3$ 溶液，然后加入 $NaCl$ 溶液生成 $AgCl$ 沉淀。

$$AgNO_3+NaCl \longrightarrow AgCl \downarrow +NaNO_3$$

③ 由 $AgCl$ 沉淀制得产品银。

$$6AgCl+Fe_2O_3 \longrightarrow 3Ag_2O \downarrow +2FeCl_3$$

$$2Ag_2O \longrightarrow 4Ag+O_2$$

该法可使催化剂中银的回收率达到 95%，既消除了废催化剂对环境的污染，又取得了一定的经济效益。

三、化工废渣的来源与特点

化工生产的特点是原料多、生产方法多、产品种类多、产生废物多。各种化工原料约有 2/3 变成废物，这些废物中约有 1/2 固体废物。在治理废水或废气过程中也会有新的废渣产生，这些化工废渣对环境造成危害。化学工业固体废物一般按废弃物产生的行业和生产工艺过程进行分类。如硫酸生产中产生的硫铁矿烧渣、聚氯乙烯等生产中产生的电石渣。

生产工序中产生的废渣有硫铁矿烧渣、铬渣、电石渣、磷肥渣、纯碱渣、废催化剂、废有机物、废塑料、下脚料等；辅助生产工序产生的废渣有污水处理浮渣、沉淀污泥、活性污泥、炉（灰）渣、废气处理收集物、生活垃圾等。

化工废渣的特点主要有以下三点。

（1）废弃物产生和排放量比较大

化学工业固体废物产生量较大，约占全国固体废物产生量的 6.16%。

（2）化工固体废物中危险废弃物种类多，有毒物质含量高

化学工业固体废物中，有相当一部分具有剧毒性、反应性、腐蚀性等特征，对人体健康和环境有危害或潜在危害。常见化工危险废物主要有以下几类。

① 四氯乙烯、二氯甲烷、丙烯腈、环氧氯丙烷、苯酚、硝基苯、苯胺等有机物原料生产中用过的废溶剂（卤化或非卤化）、产生的蒸馏重尾馏分、蒸馏釜残液、废催化剂等；

② 三氯酚、四氯酚、氯丹、乙拌磷、毒杀芬等农药及其中间体生产中产生的蒸馏釜残液、过滤渣、废水处理剩余的活性污泥等；

③ 铬黄、锌黄、氧化铬绿等无机颜料，氯化法钛白粉生产中产生的废渣和废水处理污泥；

④ 水银法烧碱生产中产生的含汞盐泥，隔膜法烧碱生产中产生的废石棉绒；

⑤ 炼焦生产氨蒸馏塔的石灰渣、沉降槽焦油渣等。

（3）废弃物再资源化可能性大

化工固体废物组成中有相当一部分是未反应的原料和反应副产物，都是很宝贵的资源，如硫铁矿烧渣、合成氨造气炉渣、烧碱盐泥等，可作为制砖、水泥的原料。一部分硫铁矿烧渣、废胶片、废催化剂中还含有金、银、铂等贵金属，有回收利用的价值。

四、化工废弃物处理方法

化工废弃物综合利用及处理大致可分为以下几种方法。

1. 物理法
主要包括筛选法、重力分选法、磁选法、电选法、光电分选法、浮选法等。

2. 物理化学法
主要包括析离法、烧结法、挥发法、汽提法、萃取法、电解法等。

3. 化学法
主要包括溶解法、浸出法、化学处理法、热解法、焚烧法、湿式氧化法等。

4. 生物化学法
主要包括细菌浸出法和消化法。

5. 其他方法
主要包括浓缩干化、代燃料、填地、农用、建材等。

第二节
典型的化工废渣处理

一、塑料废渣的处理

塑料废渣属于废弃的有机物质，主要来源于树脂的生产过程、塑料的制造加工过程以及包装材料。塑料在低温条件下可以软化成型。在有催化剂的作用下，通过适当温度和压力，高分子可以分解为低分子烃类。根据各种塑料废渣的不同性质，经过预分选后，废塑料可进行熔融固化或热分解处理。

1. 再生处理法
再生处理需根据各种废渣的不同性质，分别对待。不同类型的塑料废渣，预先可以借助外观及其他特征加以鉴别区分。混合塑料废渣鉴别时通常采用分选技术。

对单一种类热塑性塑料废渣进行再生称为单纯性再生即熔融再生。整个再生过程由挑选、粉碎、洗涤、干燥、造粒或成型等几个工序组成。图5-4为塑料废渣熔融再生工艺流程。

① 挑选　挑选的目的是要得到单一种类的热塑性塑料废渣，而将其他夹杂物分选出

图 5-4　塑料废渣熔融再生工艺流程

去。分选之前经常需要先将塑料废渣进行粉碎，粉碎到一定程度之后进行分选。

② **粉碎**　除对塑料废渣在分选之前需要进行粉碎之外，在送经挤出机之前，往往还需要对塑料废渣作进一步粉碎。对小块塑料废渣一般可采用剪切式粉碎机，对大块废渣则以采用冲击式粉碎机效果较好。

③ **洗涤和干燥**　塑料废渣常常带有油、泥沙及污垢等不清洁物质，故需进行洗涤处理，一般用碱水洗或酸洗，然后再用清水冲洗，洗干净之后还需进行干燥以免有水分残留而影响再生制品的质量。

④ **挤出造粒或成型**　经过洗净、干燥的塑料废渣，如果不再需要粉碎的话，就可以直接送入挤出机或者直接送入成型机，经加热使其熔融后便可以造粒或成型。

在造粒或成型过程中，通常还需要添加一定数量的增塑剂、稳定剂、润滑剂、颜料等辅助材料。辅助材料的选择和配方，应根据废渣的材料品种和情况来决定。

2. 热分解法

热分解法是通过加热等方法将塑料高分子化合物的链断裂，使之变成低分子化合物单体、燃烧气或油类等，再加以有效利用的一项技术。塑料热分解技术可以分为熔融液槽法、流化床法、螺旋加热挤压法、管式加热法等。

熔融液槽热分解法工艺流程如图 5-5 所示。将经过破碎、干燥的废塑料加入熔融液槽中，进行加热熔化使其进入分解槽。熔融槽温度为 300～350℃，而分解温度为 400～500℃。各槽均靠热风加热，分解槽有泵进行强制循环，槽上部设有回流区（200℃左右），以便控制温度。焦油状或蜡状高沸点物质在冷凝器凝缩分离后须返回槽内再加热，进一步分解成低分子物质。低沸点成分的蒸气，在冷凝器内分离成冷凝液和不凝性气体，冷凝液再经过油水分离后，可回收油类。该油类黏度低，但沸点范围广，着火点极低，最好能除去低沸点成分后再加以利用。不凝性气态化合物，经吸收塔除去氯化物等气体后，可作燃烧气使用。回收油和气体的一部分可用作液槽热风的能源。本工艺的优点是可以任意控制温度而不致堵塞管路系统。

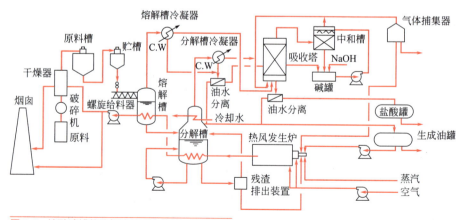

图 5-5　熔融液槽热分解法处理废塑料工艺流程图

3. 焚烧法

塑料焚烧法可分为传统的一般法和部分燃烧法两种。前者在一次燃烧室内可以达到高温，由火焰、炉壁等辐射热，使废塑料在一次燃烧室进行热分解。目的是在一次燃烧室内求得彻底的燃烧，但往往燃烧不完全，因而产生煤烟和未燃气体，为此需再经二次或三次燃烧室用助燃喷嘴使之烧尽。部分燃烧法在第一燃烧室控制空气量，在 800～900℃ 的温度下，使废塑料的一部分燃烧，再将热分解气体和未燃气、煤烟等送至第二燃烧室，这里供给充分空气，使温度提高到 1000～1200℃ 完全燃烧。部分燃烧法燃烧充分，产生煤烟少，但热分解速度较慢，处理能力较小。其装置系统如图5-6所示。

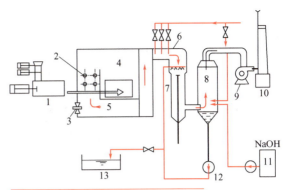

图5-6　部分焚烧法处理废塑料工艺流程图

1—加料装置；2—空气喷嘴；3—重油烧罐；4—一次燃烧室；5—二次燃烧室；6—气体冷却室；7—湿式喷淋塔；8—气液分离器；9—抽风机；10—烟囱；11—碱罐；12—循环泵；13—排水槽

4. 湿式氧化和化学处理方法

湿式氧化法，就是在一定的温度和压力条件下，使塑料渣在水溶液中进行氧化，转化成不会造成污染危害的物质，而且也可以回收能源。对塑料废渣采用湿式氧化法进行处理，与焚烧法相比较，具有操作温度低、无火焰生成、不会造成二次污染等优点。根据报道，一般塑料废渣在 3.92MPa 的压力下和 120～370℃ 温度下，均可在水溶液中进行氧化反应。

化学处理法是一种利用塑料废渣的化学性质，将其转化为无害的最终产物的方法。最普遍采用的是酸碱中和、氧化还原和混凝等方法。

二、硫铁矿渣的处理

硫铁矿渣是用硫铁矿为原料生产硫酸时产生的废渣，所以又叫硫酸渣，或称烧渣。硫铁矿渣综合利用的最理想途径是将其含有的有色金属、稀有贵金属回收并将残渣冶炼成铁。

1. 回收有色金属

硫铁矿渣除含铁外，一般都含有一定量的铜、铅、锌、金、银等有价值的有色贵重金属。早在几十年前就提出用氯气挥发（高温氯化）和氯化焙烧（中温氯化）的方法回收有色金属，同时提高矿渣铁含量，直接作高炉炼铁的原料。

氯化挥发和氯化焙烧的目的都是回收有色金属，提高矿渣的品位，它们的区别在于温度不同，预处理及后处理工艺也有差别。氯化焙烧是矿渣在最高温度 600℃ 左右进行氯化反应，主要在固相中反应，有色金属转化成可溶于水和酸的氯化物及硫酸盐，留在烧成的物料中，然后经浸渍、过滤使可溶性物与渣分离。溶液可回收有色金属，渣经烧结后作为高炉炼铁原料。氯化挥发法是将矿渣造球，然后在最高温度 1250℃ 下与氯化剂反应，生成的有色金属氯化物挥发，随炉气排出，收集气体中的氯化物，回收有色金属。氯化反应器排出的渣可直接用于高炉炼铁。具有代表性的工厂是日本光和精矿户佃工厂。光和精矿法高温氯化流程见图5-7。

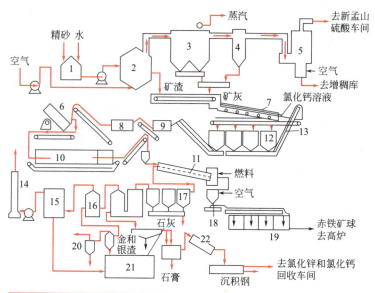

图 5-7 光和精矿法高温氯化流程图

1—搅拌器；2—沸腾炉；3—废热锅炉；4—旋风器；5—洗涤器；6—圆盘造球机；7—矿渣冷却器；8—捏土磨机；9—球磨机；10—输送干燥器；11—回转窑；12—掺和仓；13—循环输送机；14—烟囱；15—除雾器；16—冷却及洗涤塔；17—集尘室；18—球冷却器；19—球仓；20—真空冷却器；21—铝、银、金和铁回收车间；22—转鼓

2. 烧渣炼铁

硫铁矿渣炼铁的主要问题是含硫量较高，按原化工部颁布的标准，沸腾炉焙烧工序得到的硫铁矿渣残硫量不得高于 0.5%，现在一般为 1%～2%，这给炼铁脱硫工作带来很大负担，影响生铁质量。其次是含铁量较低，一般只有 45%，且波动范围大，直接用于炼铁，经济效果并不理想，所以在用于炼铁之前，还需采取预处理措施，以提高含铁品位。

降低硫含量可用水洗法去除可溶性硫酸盐，也可用烧结选块方法来脱硫。一般烧结选块脱硫率为 50%～80%。将硫铁矿渣 100kg、无烟煤或焦粉 10kg、块状石灰 15kg 拌匀后在回转炉中烧结 8h，得到烧结矿，含残硫从 0.8%～1.5% 降至 0.4%～0.8%。提高硫铁矿渣铁品位大致有以下几种方法。

① 提高硫铁矿含铁量。我国硫铁矿原料含硫量仅为 35%～40%，相应的硫铁矿渣含铁量就低。如把现用的原料尾砂再浮选一次，得到精矿生产，不但对硫酸制造有利，也给硫铁 矿渣的综合利用带来方便。

② 重力选矿。红色烧渣中的铁矿物绝大多数是磁性很弱的铁矿物。对于这种烧渣，最好的处理方法是重力选矿。根据硫铁矿渣中的氧化铁与二氧化硅密度不同进行重力选矿，可提高硫铁矿渣的铁含量。

表 5-4 硫铁矿渣磁选结果　　　　　　　　　　　　　　　　　　　　　　　　单位：%

编号	化学组成				一次磁选			二次磁选		
	总Fe	FeO	S	SiO$_2$	总Fe	S	铁回收率	总Fe	S	铁回收率
1	49.15	10.50	2.06	10.80	54.65	1.28	75.49	55.49	0.71	68.40
2	51.99	22.89	2.57	10.55	56.69	2.16	89.92	57.65	1.1	83.62

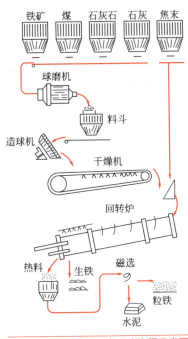

图 5-8　回转炉生铁 - 水泥法流程示意图

③ 磁力选矿。黑色烧渣中的铁矿物，主要是以磁性铁为主，这种硫铁矿渣可以采用适当的磁场强度进行选矿。山东烟台化工厂对胶东招远金矿、杭州硫酸厂的硫铁矿渣进行了磁选试验。杭州硫酸厂烧渣磁选结果见表 5-4。

进行磁选要求矿渣呈磁性，因此在磁选之前应将硫铁矿渣进行磁性焙烧，即加入 5% 炭粉或油在 800℃ 焙烧 1h，使铁的氧化物大部分呈磁性的 Fe_3O_4 或 $\gamma\text{-}Fe_2O_3$，产生的磁性矿渣再磁选。

经过脱硫和选矿后的精硫铁矿渣配以适量的焦炭和石灰进入高炉可以得到合格的铁水。

3. 生产水泥

高炉炼铁以及其他转炉冶炼都不能利用高硫渣，而应用回转炉生铁 - 水泥法可以利用高硫烧渣制得含硫合格的生铁，同时得到的炉渣又是良好的水泥熟料。用烧渣代替铁矿粉作为水泥烧成时的助溶剂，既可满足需要的含铁量，又可以降低水泥的成本。如图 5-8 所示。

三、含砷固体废渣的处理

砷在农业、电子、医药、冶金、化工等领域具有特殊用途，可用于制取杀虫剂、木材防腐剂、玻璃脱色剂等。目前砷的市场需求不断增加，全世界砷的年产量（以 As_2O_3 计）约 5 万吨。《工业企业卫生标准》规定：地面水中砷的最高允许质量浓度为 0.04mg/L，居民区大气中砷化合物（按砷计）日平均最高允许质量浓度为 0.003mg/m³。工业"三废"排放试行标准规定：砷及其无机化合物最高允许质量浓度为 0.5mg/L。采用现代废水处理技术，含砷废水可以较易实现达标排放。然而，冶炼过程产生的固体含砷废渣以及处理废水、废酸产生的含砷沉渣等对环境的污染和危害目前还没有得到根治，大量有价金属没有得到充分利用，含砷废物的排放现状与环保部门的要求仍相距甚远。

1. 回收砷金属

含砷固体废渣主要来自冶炼废渣（如砷碱渣、含砷烟灰）、含砷尾矿、处理含砷废水和废酸的沉渣、电子工业的含砷废弃物以及电解过程中产生的含砷阳极泥等。冶炼炉渣（尤其是锑冶炼过程中产生的砷碱渣）中砷含量较高、污染较为严重。从整个有色冶金系统来看，进入冶炼厂的砷，除一部分直接回收成产品白砷（如利用高砷烟灰直接提取白砷）外，其他的含砷中间产物最终几乎都进入到含砷废渣中。

2. 含砷固体废物的处理技术

处理含砷固体废物的方法大体可分为两种：一种是用氧化焙烧、还原焙烧和真空焙烧等火法进行处理，砷直接以白砷形式回收；另一种是采用酸浸、碱浸或盐浸等湿法流程，先把砷从废渣中分离出来，然后再进一步采用硫化法处理或进行其他无害化处理，湿法脱砷包括物理脱砷法和化学脱砷法。火法提砷成本较低，处理量大，但若生产过程控制不好极易造成环境的二次污染；湿法提砷能满足环保要求，具有低能耗、少污染、效率高等优点，但流程较为复杂，处理成本相对较高。目前，化学沉淀法的湿法脱砷工艺使用较为普遍，脱砷效果也最好，近年来利用该法来处理含砷固体废物有较多研究。

① **传统固砷法**　固砷法是防止砷污染简便而有效的方法，但各种砷渣的利用率较低，深埋和堆放造成资源的极大浪费，而且砷渣在某些条件下会被细菌氧化而溶于水体，导致砷的二次污染。20 世纪 80 年代的一些研究结果表明：砷酸钙渣的稳定性较差，具有较高的溶解度，但经高温煅烧，砷酸钙和亚砷酸钙的溶解度降低，且煅烧温度越高，其溶解度越小。石灰沉砷法处理含砷废水加上砷酸钙煅烧技术曾在智利几个铜冶炼厂得到应用，并取得了较好的结果。砷铁共沉淀形成含砷水铁矿，这是目前世界上广泛应用的固砷方法。利用含砷水铁矿沉淀物相当稳定，大多生产厂直接把这种含砷沉淀物排入尾坝或就地堆放、掩埋。臭葱石的稳定性与含砷水铁矿相当，但其沉淀物中砷质量分数高（>30%），体积小，具有晶体结构，易澄清、过滤和分离。因此利用臭葱石沉淀固定砷将成为固砷法处理含砷废物的发展趋势。电子工业的含砷废物中，砷以单质砷、砷酸、亚砷酸及其盐类等多种形式存在。处理这类含砷废物时，先用 H_2O_2 将各种形态的砷氧化成砷酸，使其与钙离子结合形成难溶性砷酸钙固体沉淀后，采用自然沉降方式固液分离后，进行包封固化处理，使浆状砷酸钙与环境隔绝，防止产生二次污染。

② **焙烧法**　火法炼砷是一种传统的提砷工艺。该法将高砷废物通过氧化焙烧制取粗白砷，或将粗白砷进行还原精炼以制取单质砷。含砷渣在 600～850℃ 下氧化焙烧可使其中 40%～70% 的砷得以挥发，加入硫化剂（黄铁矿）可挥发 90%～95% 的砷，在适度真空中对磨碎后的砷渣进行焙烧，脱砷率可达 98%。火法工艺的含砷物料处理量大，适用于含砷大于 10% 的含砷废物，但该法存在环境污染严重、投资较大等不足。目前采用火法回收砷的生产厂家有日本足尾冶炼厂、瑞典波利顿公司、我国云锡公司及赣州冶炼厂等。我国湖南水口山矿务局第二冶炼厂，以回收的 As_2O_3 为原料，用碳还原法制备金属砷。应用的主设备是 $\phi500mm$ 的电炉，分 2 段加热。置于坩埚底部的 As_2O_3 受热挥发与上部的木炭相遇被还原为金属砷，经冷凝得到金属砷块，废气经布袋除尘后排空。该法每年可生产金属砷 80～100t，纯度达 99.0%～99.5%。

③ **硫酸浸出法**　湿法提砷是消除生产过程中砷对环境污染的根本途径。湖南大学陈维平等在传统的湿法提砷 [As(Ⅲ)→As(Ⅳ)→As(Ⅵ)→As] 基础上，提出了一种技术途径更短的湿法提砷 [As(Ⅲ)→As(Ⅲ)→As] 新方法，消耗大大降低，经济效益得到提高。该法将硫化沉淀得到的含砷废渣（As_2S_3）在密闭反应器内用硫酸（≥80%）处理，反应温度为 140～210℃，反应时间 2～3h。As_2S_3 经分解、氧化、转化，形成单质硫磺和 As_2O_3。在一定温度下，As_2O_3 溶解在硫酸溶液中形成母液，固液分离出硫磺后，将母液冷却结晶析出固体 As_2O_3，砷的总回收率达 95.3%。

④ **碱浸法**　利用 NaOH 并通入空气对含砷废物进行碱性氧化浸出，将砷转化成砷酸钠，然后经苛化、酸分解、还原结晶过程，制得粗产品 As_2O_3，日本住友公司和苏联有色矿冶研究院曾采用此法处理含砷废物。用 225g/L 的 NaOH 溶液浸出含砷废物，浸出条件为：t=180℃，$p(O_2)$=2MPa，液固质量比为 10∶1。一段浸出 4h，溶液中砷回收率为 90%。另外可用氨浸溶液或氨与硫酸铵的混合物作为砷渣浸出试剂，浸出条件为：t=80℃，$p(O_2)$=400kPa。

日本今井贞美、杉本诚人等在 80℃ 的浸出温度下对含砷 21.0% 的脱铜阳极泥进行处理，60min 即有 90% 以上的砷浸出，砷呈五价进入溶液，质量浓度达 20g/L，浸出液经进一步处理，得到的产品中 As_2O_3 质量分数达 99%。

⑤ **盐浸法** 硫酸铜置换法是处理硫化砷渣比较成熟的方法。日本住友公司东予冶炼厂是采用该法生产白砷的代表性厂家。公司采用非氧化浸出法，硫化砷滤饼中的砷经硫酸铜中的 Cu^{2+} 置换后，用 6% 以上的 SO_2 还原制得 As_2O_3，实现与其他重金属离子的分离，得到高纯度的 As_2O_3。整个生产过程在常温常压下进行，安全可靠，同时可回收砷、铜和硫。我国江西铜业公司贵溪冶炼厂耗资 5000 万引进日本该项技术及主要设备，处理硫化砷渣，取得良好的环境效益，但此法存在工艺流程复杂、铜耗量大等不足。利用硫酸亚铁在高压下浸出硫化砷渣，使各种金属离子得以分离系美国专利。由于高压操作，设备复杂，操作费用及造价也较高。针对砷渣中砷含量低、成分复杂等特点，我国白银公司探索出了一条硫酸铁常压处理砷渣的新方法。公司采用二段浸出工艺，一次浸出时基本实现砷、铋的分离，二次浸出时提高砷、铋的浸出率和铋的转形率。二段浸出后的滤液用 SO_2 烟道气还原，还原液精制后可得品位较高的精白砷；二段浸出后的滤渣，用盐酸使铋转形，浸铋后的滤渣（铅硫渣），可返回铅冶炼。该法在消除砷害的同时，回收了白砷和有价金属铋，在综合利用程度、环境保护、经济效益方面都比较优越。

⑥ **其他方法** 含砷固体废物的处理除以上主要方法外，还有细菌浸出法、硝酸浸出法、有机溶剂萃取法和三氧化二砷饱和溶解度法等。这些方法的缺点是浸出率低、工业化生产不易实现，故推广价值不高。

第三节
了解污泥的处置

在给水和废水（包括污水）处理中，采用各种分离方法去掉溶解的、悬浮的或胶体的固体物质后所剩的沉渣统称为污泥。

一、污泥成分和危害

污泥的特点是水分高（一般为 98%），体积庞大，不易处理。污泥成分复杂，含有大量的有机物质（主要为苯、氯酚等），有毒有害的重金属，病原微生物、寄生虫卵，盐类以及放射性核素等难降解物质，对动物、人类以及环境造成较大的危害。

我国城市污泥中有机物（VSS）含量约为 55% ～ 60%，而欧美等国可达 70% ～ 80%（均指初次沉淀池污泥）。一般来说，新鲜污泥中有机物含量越高，消化分解的程度越高。污泥中有机养分和微量元素可以明显改变土壤理化性质、增加氮、磷、钾含量，改善土壤结构，促进团粒结构的形成，调节土壤 pH 和阳离子交换量，降低土壤容重，增加土壤孔隙和透气性和田间持水量和保肥能力等，城市污泥还可以增加土壤根际微生物群落生物量和代谢强度、抑制腐烂和病原菌。污泥用作肥料，可以减少化肥施用量，从而减少农业成本和化肥对环境的污染。

不加稳定处理的污泥任意排放，污泥中较为丰富的有机质和 N、P 等营养物质将消耗水中的氧，造成水体水质恶化，影响水生物的生存，以及生活、工农业用水。重金属不易降解，十分稳定，它们一旦进入水体，除了通过食物链在生物体内逐步积累外，只能被水中的悬浮粒子吸附沉入污泥。污水处理过程 70%～90% 的重金属通过吸附或沉淀而转移到污泥中，这使得污泥中重金属含量较高。污泥中的重金属有 Cu、Ni、Cd、Mn、Pb、Hg 和 Zn 等，是污泥资源化利用的最主要障碍，各地污泥所含重金属的种类大同小异但其含量相差甚大。为防止污泥造成水源水质恶化，污染土壤、农作物等必须对其进行适当处理排放。

二、污泥分类与特点

污泥产生与工厂生产工艺、处理方式密切相关，性质上存在很大的差异。按来源与处理方式大致可分成三类。

1. 初级污泥或化学污泥
指来自生产工艺过程聚集的污秽杂物，经由初步混凝后，以重力沉降或溶气浮除等初级废水处理分离所得的污泥。其悬浮固体水合物与多数溶解性有机物尚未经微生物消化分解，污泥颗粒的絮凝形成主要靠化学絮凝药剂聚集等的化学处理，粒径相对较小（<100μm）而致密。

2. 二级污泥或生物污泥
指由生物处理方法所产生的污泥。主要由初级污泥在曝气槽与悬浮状态的好氧性微生物及污水中的溶解性有机物接触，摄取水中生物分解成分进行生长繁殖而形成，称为活性污泥。此外还可以将微生物附着在固体基质上形成生物膜，这个过程中会产生少量的生物污泥。二级污泥结构松散，含水率极高，平均粒径为 100～500μm，脱水性差。

3. 三级污泥或消化污泥
初级化学污泥与二级生物污泥混合后在消化槽进一步处理所形成的污泥即为三级污泥或消化污泥。在污泥的消化处理过程中，分解未能分解的有机物，破坏污泥的高比表面积结构，将吸附于其上的水分剥除成为自由水，改善沉降性与脱水性。

三、污泥的处置

污泥的处置目的一是减少污泥的体积，即降低含水率，为后续处理、利用、运输创造条件。二是使污泥无害化、稳定化。污泥中常含有大量的有机物，也可能含有多种病原菌。有时还含有其他有毒有害物质，必须消除这些会散发恶臭、导致病害及污染环境的因素。三是通过处理改善污泥的成分和某种性质，以利于应用并达到回收能源和资源的目的。

为了实现污泥处置的目的，常采用浓缩、消化、预处理、干化、脱水、焚烧等工艺对污泥进行处理，如图 5-9 所示。通过生产实践表明，污泥脱水用单一方法很难奏效，必须几种方法配合使用，才能收到良好的脱水效果。

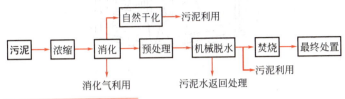

图 5-9　污泥处理的一般流程

1. 污泥的调理

污泥的调理是为了提高污泥浓缩、脱水效率的一种预处理方法，主要有化学调节法、淘洗法、热处理法和冷冻法四种。

（1）化学调节法

化学调节法就是在污泥中加入适量的助凝剂、混凝剂等化学药剂，使污泥颗粒絮凝，改善污泥的脱水性能。

助凝剂的主要作用在于提高混凝剂的混凝效果。常用的助凝剂有硅藻土、珠光体、酸性白土、锯屑、污泥焚烧灰、电厂粉尘及石灰等惰性物质。

混凝剂的主要作用是通过中和污泥胶体颗粒的电荷和压缩双电层厚度，减少粒子和水分子的亲和力，使污泥颗粒脱稳，改善其脱水性。常用的混凝剂包括无机混凝剂和高分子聚合电解质两类。无机混凝剂有铝盐和铁盐，高分子聚合电解质有聚丙烯酰胺和聚合铝等。

化学调节的关键是化学药品的选择和投药量的确定，通常通过实验室试验来确定。

（2）淘洗法

污泥的淘洗是将污泥与 3～4 倍污泥量的水混合后再进行沉降分离的一种方法。污泥的淘洗仅适用于消化污泥的预处理，目的在于降低碱度，节省混凝剂用量，降低机械脱水的运行费用。淘洗可分为一级淘洗、二级淘洗或多级淘洗，淘洗水用量为污泥量的 3～5 倍。经过淘洗的污泥，其碱度可从 2000～3000mg/L 降至 400～500mg/L，可节省 50%～80% 的混凝剂。

淘洗过程是，泥水混合、淘洗、沉淀。三者可以分开进行，也可在合建的同一池内进行。如果在池内辅以空气搅拌或机械搅拌，可以提高淘洗效果。

2. 浓缩

污泥浓缩是指通过污泥增稠来降低污泥的含水率并减少污泥的体积，主要有重力浓缩、离心浓缩和气浮浓缩三种方法。工业上主要采用后两种，中小型规模装置多采用重力浓缩。

（1）重力浓缩

重力浓缩是一种重力沉降过程，依靠污泥中固体物质的重力作用进行沉降与压密。它是在浓缩池内进行的，污泥浓缩池分为间歇式和连续式两种。

间歇式污泥浓缩池是一种圆形水池，底部有污泥斗（见图 5-10）。工作时，先将污泥充满全池，经静止沉降，浓缩压密，池内形成上清液区、沉降区和污泥层。定期从侧面分层排出上清液，浓缩后的污泥从底部泥斗排出。

连续式污泥浓缩池与沉淀池构造相类似，可分为竖流式和辐流式两种。图 5-11 所示为带有刮泥机与搅动装置的浓缩池，池底坡度一般为 1/100，污泥通过污泥管排出。浓缩

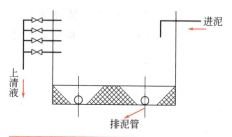

图 5-10　间歇式污泥浓缩池

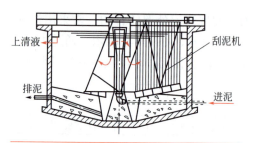

图 5-11　带刮泥机与搅动装置的连续式污泥浓缩池

时间一般为 10～16h，刮泥机的转速为 0.75～4r/h。

（2）气浮浓缩

气浮浓缩是采用加压溶气气浮原理，通过压力溶气罐溶入过量空气，然后突然减压释放出大量的微小气泡，并附着在污泥颗粒周围，使其密度减小而强制上浮，从而使污泥在表层获得浓缩。因此，溶气气浮法适用于相对密度接近于 1 的活性污泥的浓缩。

溶气气浮浓缩的工艺流程如图 5-12 所示，它与废水的气浮处理基本相同。

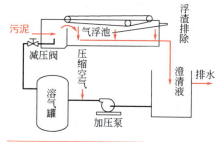

图 5-12　气浮浓缩的工艺流程

3．脱水

污泥的脱水、干化是当前污泥处理方法中较为主要的方法。污泥进行自然干化（或称晒泥）是借助于渗透、蒸发与人工撤除等过程而脱水的。一般污泥含水率可从 95% 降至 75% 左右，污泥体积缩小为原来的 1/50。污泥机械脱水是通过过滤达到脱水目的的。常采用的脱水机械有真空过滤脱水（真空转鼓、真空吸滤）、压滤脱水机（板框压滤机、滚压带式过滤机）、离心脱水机等。

（1）真空过滤脱水

真空过滤使用的机械是真空过滤机，如转鼓式真空过滤机。如图 5-13 所示。转鼓每旋转一周，依次经过滤饼形成区、吸干区、反吹区和休止区。

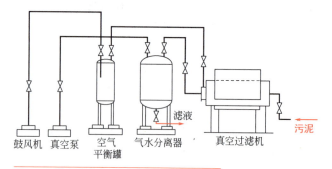

5-2　转鼓真空过滤机

图 5-13　转鼓式真空过滤机脱水的工艺流程图

（2）离心脱水

离心脱水使用的设备为离心机。转筒式离心机的构造如图 5-14 所示。它主要由转筒、螺旋输送器及空心轴所组成。螺旋输送器与转筒由驱动装置传动，沿同一个方向转动，但两者之间有一个小的速差，依靠这个速差的作用，使输送器能够缓慢地输送浓缩的污泥。

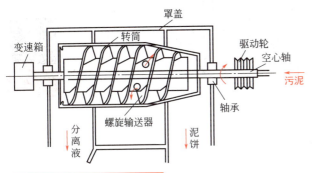

5-3 离心脱水机

图 5-14　转筒式离心机结构示意图

4. 焚烧

污泥经浓缩和脱水后，含水率约 60% ~ 80%，可经过热干燥进一步脱水，使含水率降至 20% 左右。有机污泥可以焚烧，在焚烧过程中，一方面去除水分，一方面氧化污泥中的有机物。焚烧是目前最终处置含有毒物质的有机污泥最有效的方法。

（1）回转焚烧炉

回转焚烧炉又称回转窑，是一个大圆柱筒体，外围有钢箍，钢箍落在转动轮轴上，由转动轮轴带动炉体旋转。回转炉可分为逆流回转炉和顺流回转炉两种类型。污泥焚烧处理常用逆流回转炉，如图 5-15 所示。

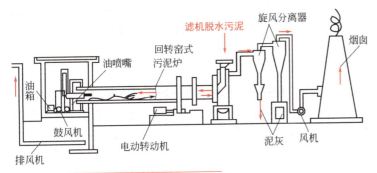

5-4 回转焚烧炉

图 5-15　回转窑式污泥焚烧系统的流程和设备

回转炉的优点是对污泥投入量及性状变化适应性强；炉子结构简单，温度容易控制，可以进行稳定焚烧；污泥与燃气逆流移动，能够充分利用燃烧废气显热。

（2）流化床焚烧炉

流化床焚烧炉的特点是利用硅砂为热载体，在预热空气的喷射下，载体形成悬浮状态。泥饼首先经过快速干燥器。干燥器的热源是流化床焚烧炉排出的烟道气。流化床的流化空气用鼓风机吹入，焚烧灰与燃烧气一起飞散出去，用一次旋流分离器加以捕集。流化床焚烧炉的工艺流程如图 5-16 所示。

流化床焚烧炉的**优点**是结构简单，接触高温的金属部件少，故障也少；硅砂和污泥接触面积大，热传导效果好；可以连续运行。**缺点**是操作较复杂，运行效果不够稳定，动力消耗较大。

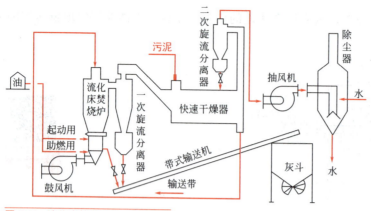

图 5-16 流化床焚烧炉的工艺流程图

5．污泥的综合利用

污泥经过一系列处理后成为泥饼或灰渣，除了焚烧处理后污泥含水率几乎为零外，其他方法处理后的污泥都不同程度含有水分。因此，堆放不当时仍可能造成二次污染。污泥的合理处置与综合利用是最终消除污泥造成环境污染的重要措施。

（1）有机污泥用于农业

把有机污泥用作肥料和土壤改良剂是污泥最终处置的重要方法之一。城市污水处理厂产生的生物污泥，尤其是经消化处理后的污泥含有各种肥分，施用后可增加农作物产量，增大土地肥力。

（2）污泥固化

通过物理和化学方法如采用固化剂固定废物，使之不再扩散到环境中去。所使用的固化剂有水泥、石灰、热塑性物质、有机聚合物等。这种方法主要适用于含有毒无机物（如重金属）的污泥。

（3）污泥填埋

在建有废物填埋场的城市，可将脱水的泥饼及污泥焚烧处理后的灰渣送去填埋处置。这种废物填埋场底部铺有衬层，可防止浸出液渗漏入土壤污染地下水。浸出液经管道收集后，送废水处理装置进行处理。

（4）回收污泥中有用的物质

利用化学沉淀法去除废水中重金属而产生的污泥，可通过酸化处理回收金属盐。

第四节
了解城市垃圾处理

城市垃圾是指城市居民在日常生活中抛弃的固态和液态废物。如果根据各类城市废物产生的场所进行分类，可分为生活垃圾、医院垃圾、商业垃圾、建筑垃圾、街道扫集物和城市粪便等。

城市垃圾不像工业固体废物那样可长期堆存。城市垃圾会迅速腐烂发臭，招致蚊蝇滋生、污水横流、臭气冲天；进一步会污染地下水和土壤，甚至引起各种传染病的流行。城市垃圾已成为世界城市中最严重的污染之一。

一、城市垃圾的收集与运输

城市垃圾的收集工作是分开进行的。商业垃圾与建筑垃圾原则上都是由单位自行清除。粪便的收集按其住宅有无卫生设施分成两种情况：具有卫生设施的住宅，居民粪便的小部分 进入污水厂作净化处理，大部分直接排入化粪池；没有卫生设施而使用公共厕所的居民粪便，由环卫专业队用真空吸粪车清除运输。真空吸粪车的载重量为1t、2t、4t，对特别狭窄的胡同用 0.5t 的小型三轮机动车收集运输。清除的粪便可直接用粪车或粪船运至农村经密封发酵后作肥料使用。生活垃圾的收集是用垃圾运输车通过运输线路连接各个收集点形成网状的运输网络，并把各个收集点的垃圾以更大的规模集中于更少的几个点——转运站，接着转运车辆将转运站的垃圾输送到城市郊区的各个处理中心，这样整个城市垃圾的收运工作就完成了。背景和现状各不同的大小城市采用不同的收集方式、转运方案，配置不同的收集工具、运输车辆、中转站设施和转运工具，形成各不相同的垃圾收运系统。

按垃圾成分不同分类收集是城市生活垃圾收集方法的一个新发展。传统的混合收集方式虽收集运输简易，但不利于后期垃圾的处理。而分类收集从垃圾的发生源上入手，可提高垃圾的资源利用价值和减少垃圾的处理工作量，可以说这种发展具有划时代的意义。垃圾的分类收集方法可适用于几乎所有的城市，而由于此种方法所带来的有限的收集成本增加问题可以通过资源利用产品的出售来解决。分类收集一次清运系统见图5-17。

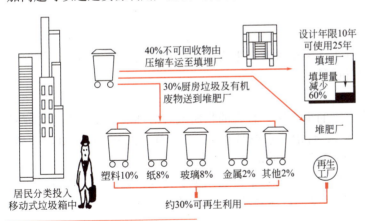

图 5-17　城市垃圾分类收集一次清运系统

其特点为：机械化倾倒，减少人力，降低劳动强度；回收大量垃圾资源；压缩运输，减少人力和运输费用；降低填埋费用，延长填埋场使用年限，减少填埋污染；运输过程中无二次污染。

垃圾分类，一般是指按一定规定或标准将垃圾分类储存、投放和搬运，从而转变成公共资源的一系列活动的总称。垃圾分类收集既提高了垃圾资源化利用效率，也减少了处理、处置的工作量，而它对收运系统所增加的压力也是可以承受的，这是城市垃圾收集的必然方向。2020年5月1日起，《北京市生活垃圾管理条例》实施，将垃圾分为以下四种类型。

1. 可回收物

可回收物主要包括废纸、塑料、玻璃、金属物和布料五大类。

① **废纸**：主要包括报纸、期刊、图书、各种包装纸等。但是，要注意纸巾和厕所纸由于水溶性太强不可回收。

② **塑料**：各种塑料袋、塑料泡沫、塑料包装（快递包装纸是干垃圾）、一次性塑料餐盒餐具、硬塑料、塑料牙刷、塑料杯子、矿泉水瓶等。

③ **玻璃**：主要包括各种玻璃瓶、碎玻璃片、暖瓶等。（镜子是干垃圾）

④ **金属物**：主要包括易拉罐、罐头盒等。

⑤ **布料**：主要包括废弃衣服、桌布、洗脸巾、书包、鞋等。

2. 其他垃圾

其他垃圾包括除上述几类垃圾之外的砖瓦陶瓷、渣土、卫生间废纸、纸巾等难以回收的废弃物及尘土、食品袋（盒）。采取卫生填埋可有效减少对地下水、地表水、土壤及空气的污染。

① **卫生纸**：厕纸、卫生纸遇水即溶，不算可回收的"纸张"，类似的还有烟盒等。

② **餐厨垃圾装袋**：常用的塑料袋，即使是可以降解的也远比餐厨垃圾更难腐蚀。此外塑料袋本身是可回收垃圾。正确做法应该是将餐厨垃圾倒入垃圾桶，塑料袋另扔进"可回收垃圾"桶。

③ **果壳**：在垃圾分类中，"果壳瓜皮"的标识就是花生壳，的确属于厨余垃圾。家里用剩的废弃食用油，也归类在"厨余垃圾"。

④ **尘土**：在垃圾分类中，尘土属于"其他垃圾"，但残枝落叶属于"厨余垃圾"，包括家里开败的鲜花等。

3. 厨余垃圾

厨余垃圾包括剩菜剩饭、骨头、菜根菜叶、果皮等食品类废物。经生物技术就地处理堆肥，每吨可产 $0.6 \sim 0.7t$ 有机肥料。

4. 有害垃圾

有害垃圾含有对人体健康有害的重金属、有毒的物质或者对环境造成现实危害或者潜在危害的废弃物。包括荧光灯管、灯泡、水银温度计、油漆桶、部分家电、过期药品、过期化妆品等。这些垃圾一般使用单独回收或填埋处理。

垃圾分类收集既提高了垃圾资源化利用效率，也减少了处理、处置的工作量，而它对收运系统所增加的压力也是可以承受的，这是城市垃圾收集的必然方向。

二、城市垃圾的处理方法

城市垃圾经分类收集转运至各个处理中心后要予以及时处理或处置，目前城市垃圾处理常用的方法有填埋、堆肥、焚烧、热解四种处理方法。选用何种方法取决于垃圾的构成、当地环境条件以及财力等因素。

1．填埋处理

本章已在第一节介绍了填埋法，这里主要介绍如何解决城市垃圾填埋后的两个重要技术问题，即渗沥水处理和填埋场气体收集。

渗沥水的来源以及数量的多少需根据填埋现场周围水文、土壤等情况进行判定。渗沥水主要由垃圾中可降解的有机物分解时产生的液体和施工过程中流进填埋场的地表水、雨雪水等共同组成。渗沥水的成分随垃圾组成的不同有很大变化。表 5-5 为一般填埋场渗沥水的典型组成。由于渗沥水中含有大量有机物，故可将渗沥水返回新的填埋垃圾中，以加速垃圾的分解，使之早日达到稳定程度。渗沥水的处理可仿照高浓度有机废水的处理法。

垃圾填埋后，在微生物的长期生化降解作用下，会生成大量气体，主要成分是 CO_2 和 CH_4，其他为 H_2S 等带有恶臭的气体。填埋场产生的气体，CH_4 含量较高，可作为能源利用。但是，因气体的质量、成分每天都在变化，而且含有 H_2O、CO_2 和 N_2，所以热值较低。

表 5-5　填埋场渗沥水典型组成

成分	典型含量 X/（mg/L）	范围
生化需氧量	2000	$0.01X \sim 2X$
化学需氧量	3000	$0.01X \sim 3X$
特种导体	600	$0.5X \sim 1.5X$
氨	500	$0.01X \sim 1.5X$
铁	500	$0.5X \sim 5X$
pH	6.0	$0.7X \sim 1.3X$
锌	50	$0.5X \sim 5X$
氯化物	2000	$0.05X \sim 1.5X$
铅	2	$0.1X \sim 5X$

2．堆肥处理

堆肥处理就是利用大气和土壤中的放线菌、真菌和其他细菌等微生物，在有效的人工控制下，促进垃圾中可降解有机物向稳定的腐殖质转化的生物化学过程。进行堆肥处理后的遗留固体生成物称为堆肥。根据堆肥处理过程中起作用的微生物对氧的需求不同，可分为好氧堆肥（即高温堆肥）法和厌氧堆肥（即常温堆肥）法两种。

堆肥法处理工艺流程如下：垃圾前处理→一次发酵（主发酵）→二次发酵（后发酵）→后处理→脱臭→存放。垃圾中可降解有机固体废物的堆肥处理并生成有一定肥效的堆肥，除了有经济价值外，还可大大减轻城市垃圾对环境的危害。

3．焚烧处理

焚烧是城市垃圾的一种高温热处理工艺。垃圾在特别的炉子内燃烧，温度在 800～1000℃范围内，垃圾中可燃物（主要是各种有机物）被充分氧化后留下的无机物炉渣被排出。典型的城市垃圾焚烧系统流程如图 5-18 所示，它由以下几个工序组成。

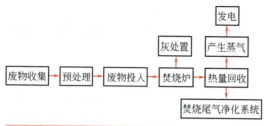

图 5-18　城市垃圾焚烧系统工艺流程

① **垃圾预处理**　对收集来的垃圾进行分选、破碎、脱水干燥等预处理，并建立焚烧前的贮存场地，保持一定的贮存量以保证焚烧系统操作的连续性。通过预处理使物料达到以下要求：不可燃成分低于 5% 左右，含水率在 15% 以下；粒度小而均匀；不含有毒物质。

② **焚烧**　焚烧是处理系统中最关键的步骤，焚烧过程可分为间歇加料和连续加料两种类型。连续加料生产能力大，操作条件稳定，易于控制，在大型焚烧厂内得到广泛应用。

焚烧过程由两个阶段组成。第一阶段是使物料进一步脱水、干燥、升温并开始起燃，焚烧温度 700～1000℃。第二阶段是未燃尽的小颗粒与可燃气体进一步氧化燃烧，温度为 600～1000℃。为了得到良好的燃烧条件，被燃烧物和空气应有适当的比例，供风量常常高于理论值。常用的焚烧炉有立式多段炉、回转式焚烧炉、流化床焚烧炉等。

③ **热量回收**　城市垃圾在焚烧过程中会产生大量的热，必须通过热回收系统来加以回收。一般可在焚烧炉的后部设置锅炉，回收热量产生蒸汽供电力部门或其他生产部门使用。

④ **焚烧产物的处理**　焚烧产物有两类：一类是炉渣，一般为无机物，主要是金属氧化物及盐类，多采用填埋方式加以处置；另一类是焚烧尾气，可以按照前面所介绍的大气污染物治理方法来加以处理。

4. 热解处理

热解是将有机物在无氧条件下利用热能使有机物的化合键断裂，转化为小分子量的燃料气、各类液状物油脂及焦炭等。热解可从垃圾中回收可以进行输送和贮存的能源（可燃油、气），而焚烧只能回收热能。热解技术比简单的焚烧要复杂得多，特别是垃圾组成的不稳定性会给热解带来较大困难，迄今还不能说技术已经成熟。目前用热解法处理城市垃圾的规模都比较小。

三、城市垃圾的综合利用

城市垃圾是丰富的再生资源的源泉，其所含成分（按质量分数）分别为：废纸 40%，黑色和有色金属 3%～5%，废弃食物 25%～40%，塑料 1%～2%，织物 4%～6%，玻璃 4%。大约 80% 的垃圾为潜在的原料资源，可以重新在经济循环中发挥作用。因此，为了解决城市垃圾问题，必须创造和采用机械化的高效率处理方法，回收有用成分并作为再生原料加以利用。

利用垃圾有用成分作为再生原料有着一系列优点，其收集、分选和富集费用要比初始原料开采和富集的费用低好几倍，可以节省自然资源，避免环境污染。

垃圾所含废纸是造纸的再生原料。由于纸张和纸板需求量的迅速增长，正导致森林资源的衰竭，而处理利用 100 万吨废纸，即可避免砍伐 600km² 的森林。

处理垃圾所含废黑色金属，可节省铁矿石炼钢所需电能的 75%，节省水 40%，而且显著减少对大气的污染，降低矿山和冶炼厂周围堆积废石的数量。

利用垃圾中的废弃食物，不仅可减少对环境的污染，而且可获得补充饲料来源，提高农业效益。用 100 万吨废弃食物加工饲料，可节省 36 万吨饲料用谷物，生产 45000t 以上的猪肉。

近年来，世界上许多工业发达国家都大力开展了从垃圾中回收有用成分的研究工作，大量的垃圾综合处理技术方案取得了专利权。例如，意大利的索雷恩切希尼公司在罗马兴建的两座垃圾处理工厂，可处理城市垃圾量的 70% 以上。其处理工艺对垃圾的黑色金属、废纸和有机部分（主要是废弃食物）等基本有用成分进行全面回收，并且还回收塑料和玻璃供重复利用。

第五节
固体废物的综合防治

伴随着世界工业化、城市化进程，世界各国的工业固体废物产生量总体上在日益增加。贸易和非法贸易导致的工业废物转移排放和向水体倾倒废物也很严重。根据亚洲发展银行的统计数字估计，亚洲一些主要国家的废物产生量（由于生产和贸易）到 2010 年将比现在增加 3 倍多，且相应的排放量也会急剧上升。我国的工业固体废物产生量逐年增加，排放量（包括排入水体）的绝对量也很大，因工业固体废物排放和堆存造成的污染事故和损失也越加严重，且乡镇工业废物排放量增加迅猛。因此加强对固体废物的综合防治是一项长期而艰巨的任务。

一、综合防治对策

目前，就国内外研究进展而言，在世界范围内取得共识的技术对策是所谓的"3C"原则，即 clean（清洁）、cycle（循环）、control（控制）。我国根据国情制定出近期以"无害化""减量化""资源化"作为控制固体废物污染的技术政策；并确定今后较长一段时间内应以"无害化"为主，以"无害化"向"资源化"过渡，"无害化"和"减量化"应以"资源化"为条件。

固体废物"无害化"处理的基本任务是将固体废物通过工程处理，使之不损害人体健康，不污染周围的自然环境。如垃圾的焚烧、卫生填埋、堆肥，粪便的厌氧发酵，有害废物的热处理和解毒处理等。

固体废物"减量化"处理的基本任务是通过适宜的手段，减少和减小固体废物的数量和容积。这一任务的实现，需从两个方面着手，一是对固体废物进行处理利用，二是减少固体废物的产生，做到清洁生产。例如，将城市生活垃圾采用焚烧法处理后，体积可减少 80% ～ 90%，余烬则便于运输和处置。

  固体废物"资源化"的基本任务是采取工艺措施从固体废物中回收有用的物质和能源。固体废物"资源化"是固体废物的主要归宿。相对于自然资源来说，固体废物属于"二次资源"和"再生资源"范畴，虽然它一般不再具有原使用价值，但是通过回收、加工等途径可以获得新的使用价值。

二、资源化系统

  所谓"资源化系统"，就其广义来说，表示资源的再循环，指的是从原料制成成品，经过市场直到最后消费变成废物又引入新的生产 - 消费的循环系统。

  从资源开发过程看，利用固体废物作原料，可以省去开矿、采掘、选矿、富集等一系列复杂工作，保护和延长自然资源寿命，弥补资源不足，保证资源永续，且可节省大量的投资，降低成本，减少环境污染，保持生态平衡，具有显著的社会效益。以开发有色金属为例，每获得 1t 有色金属，要开采出 33t 矿石，剥离出 26.6t 围岩，消耗成百吨水和 8t 左右的标煤，而且要产生几十吨的固体废物以及相应的废气和废水。

  许多固体废物含有可燃成分，且大多具有能量转换利用价值。如具有高发热量的煤矸石，既可通过燃烧回收热能或转换为电能，也可用来代土节煤生产内燃砖等。表 5-6 列出了可作为建筑材料的工业废渣。

表 5-6 可作为建筑材料的工业废渣

工业废渣	用途
高炉渣、粉煤灰、煤渣、煤矸石、钢渣、电石渣、尾矿粉、赤泥、镍渣、铅渣、硫铁矿渣、铬渣、废石膏、水泥、窑灰等	制造水泥原料或混凝土材料；制造墙体材料；道路材料，制造地基垫层填料
高炉渣（气冷渣、粒化渣、膨胀矿渣、膨珠）、粉煤灰（陶料）、煤矸石（膨胀煤矸石）、煤渣、赤泥（陶粒）、钢渣和镍渣（烧胀钢渣和镍渣）等	作为混凝体骨料和轻质骨料
高炉灰、钢渣、镍渣、铬渣、粉煤灰、煤矸石等	制造热铸制品
高炉渣（渣棉、水渣）、粉煤灰、煤渣等	制造保温材料

  由此可见，固体废物的"资源化"具有可观的环境效益、经济效益和社会效益。

  "资源化系统"应遵循的原则是："资源化"技术可行；经济效益比较好，有较强的生命力；废物应尽可能在产生地就近利用，以节省废物在贮放、运输等过程的投资；"资源化"产品应当符合国家相应产品的质量标准。

三、综合管理模式

  由于固体废物本身往往是污染的"源头"，故需对其产生—收集运输—综合利用—处理—贮存—最终处置，实行全过程管理，在每一个环节都将其当作污染源进行严格的控制。根据我国近二十年来的管理实践，借鉴国外有益的经验，做好固体废物的综合管理工作，必须按下列管理程序进行。

① **减少废物的产量**　推广无污染生产工艺；提高废物内部循环利用率；强化管理手段。

② **物资回收途径**　采用明智的生产技术；加强废物的分离回收；资源化工厂（如堆肥厂）。

③ **能源回收途径**　焚烧、厌氧分解、热解等。

④ **安全填埋**　包括废物的干燥、稳定化、封装、混合填埋（城市垃圾与工业废物），废物的自然衰减及正确的填埋工程施工。

⑤ **废物的最终贮存（处置）**　固体废物最终处置达到无害、安全、卫生。

对固体废物实行程序化管理，对于有效控制环境污染和生态破坏，提高资源、能源的综合利用率具有十分重要的意义。这一模式的主要目标是通过促进资源回收、节约原材料和减少废物处理量，从而降低固体废物对环境的影响，即达到"三化"：减量化、资源化和无害化的目的。综合管理已成为今后固体废物处理和处置的方向。

环保技术

污泥处理新技术——燃料化技术

随着污泥量的不断增加及污泥成分的变化，现有的污泥处理技术逐渐不能满足要求，例如燃烧含水率80%的污泥，每吨污泥（干基）的辅助燃料需消耗304～565L重油，能耗大；污泥填埋必须预先脱水到含水率至少小于70%，而达到这样的含水率目前的污泥脱水技术需要消耗大量的药剂，既增加了成本，也增加了污泥量；土地还原是目前污泥消纳量最大的处理方法，但很多工业废水中含有重金属和有毒有害的有机物，不能作肥料或土壤改良剂。因此寻找一种适合处理所有污泥，又能利用污泥中有效成分，实现减量化、无害化、稳定化和资源化的污泥处理技术，是当前污泥处理技术研究开发的方向。污泥燃料化被认为是有望取代现有的污泥处理技术最有前途的方法之一。

污泥燃料化方法目前有两种，一种是污泥能量回收系统，简称HERS法（hyperion energy system），第二种是污泥燃料化法，简称SF法（sludge fuel）。

1. HERS法

HERS法工艺流程如图5-19所示。它是将剩余活性污泥和初沉池污泥分别进行厌氧消化，产生的消化气经过脱硫后，用作发电的燃料。混合消化污泥林、离心脱水至含水率80%，加入轻溶剂油，使其变成流动行浆液，送入四效蒸发器蒸发，然后经过脱轻油，变成含水率2.6%、含油率0.15%的污泥燃料。轻油再返回到前端做脱水污泥的流动媒体，污泥燃料燃烧产生的蒸汽一部分用来蒸发干燥污泥，多余用来蒸汽发电。

HERS法所用的物料是经过机械脱水的消化污泥。污泥干燥采用的多效蒸发法一般是用蒸发干燥法，不能获得能量收益，而采用CG法可以有能量收益；污泥能量回收两种方式，即厌氧产生消化气和污泥燃烧产生热能，然后以电力形式回收利用。

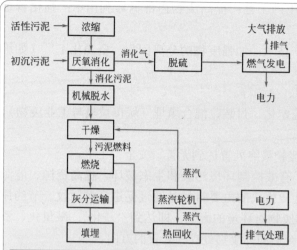

图 5-19 HERS 法工艺流程

2. SF 法

SF 法工艺流程如图 5-20 所示。它将未消化的混合污泥经过机械脱水后，加入重油，调制成流动浆液送入四效蒸发器蒸发，然后经过脱油，变成含水率约 5%、含油率 10% 以下，热值为 23027kJ 的污泥燃料。重油返回作污泥流动介质重复利用，污泥燃料燃烧产生蒸汽，作为污泥干燥的热源和发电，回收能量。

HERS 法与 SF 法的不同之处，一是前者污泥先经过消化，消化气和蒸汽发电相结合回收能量，后者不经过污泥热值降低的消化过程，直接将生成污泥蒸发干燥制成燃料；二是 HERS 法使用的污泥流动媒体是轻质溶剂油，黏度低，与含水率 80% 左右的污泥很难均匀混合，蒸发效率低，而 SF 法采用的是重油，与脱水污泥混合均匀；三是 HERS 法轻溶剂油回收率接近 100%，而 SF 法重油回收率较低，流动介质要不断补充。

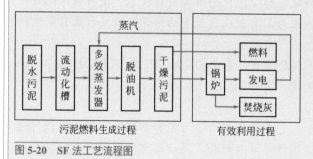

图 5-20 SF 法工艺流程图

液氢汽车

近年来，能源安全问题和环保压力越发凸显，全球各国都在大力推动新能源汽车发展。在此大背景下，新能源汽车在国内外都得到高速发展。其中氢能汽车是发展较快的一类新能源汽车，它是以氢作为能源的汽车，将氢反应所产生的化学能转换为机械能以推动车辆。

氢气是非常理想的清洁能源。特点是无污染、无噪声、高效率，就氢气本身来说，燃烧可以释放大量的能量、低温表现上佳，最重要的加氢的效率高，加氢只需5分钟就能行驶超过600公里。日本研制的液氢汽车的供油系统如图5-21所示。由直流电动机驱动的液气泵将液氢油箱的氢抽出，迅速由液态变成气态，经高压输油管送入热交换器，提高氢的温度，然后保持在室温左右的氢气由储氢筒，经喷油器在高压作用下喷入发动机的燃烧室中。在储氢筒中安装有压力传感器，将储氢筒中压力变化的情况传给转速控制系统，改变直流电动机的转速，从而改变向储氢筒供给的氢的质量的多少。

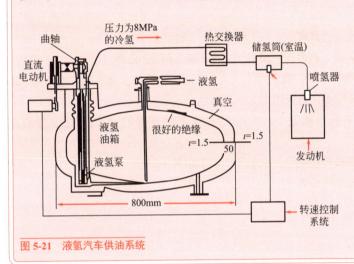

图5-21 液氢汽车供油系统

 复习思考题

一、简答论述题

1. 解释名词

固体废物 固体废物的处理 焚烧法 浮选法 卫生土地填埋 安全土地填埋 废物固化 城市垃圾 污泥

2. 固体废物对环境造成的危害主要表现在哪些方面？

3. 为了降低污染，常采用的处理固体废物的方法有哪些？

4. 焚烧法的最佳操作条件有哪些？

5. 筛分的主要功能是什么？化工废渣处理应注意什么？

6. 利用安全土地填埋处理废渣应考虑哪些因素？

7. 试比较各种固化方法的特点，并说明它们的适用范围。

8. 化工废渣是如何产生的？

9. 塑料废渣有哪些处理方法？各方法有哪些突出优点？

10. 硫铁矿渣中可回收哪些物质？

11. 目前，城市生活垃圾常用处理方法有哪些？焚烧处理过程如何？

12. 为什么污泥机械脱水前要进行调理？怎样调理？

13. 污泥的最终出路是什么？如何最终消除污泥对环境的污染？

14. 新世纪如何加强对固体废物的管理，以达到"无害化""减量化""资源化"？控制固体废物污染的技术政策是什么？

二、判断题

1. 危险固体废物是放错位置的原料。（　　　）

2. 城市垃圾的环境影响主要是占用土地和污染土壤。（　　　）

3. 在固体废物的防治原则中，无害化处理是关键。（　　　）

4. 危险固体废物是指具有易燃性、腐蚀性、毒害性、反应性和感染性的固体废物。（　　　）

5. 固体废物综合处理处置的原则是规范化、最小化、无害化。（　　　）

三、填空题

1. 固体废物不同于废水和废气，它具有（　　　）和（　　　）特点。

2. 为了控制危险废物的污染转嫁，联合国环境署于 1989 年 3 月 22 日通过了（　　　）公约。

3. 一般情况下，有机物含量高的垃圾，宜采用（　　　）方法；无机物含量高的垃圾，宜采用（　　　）方法；垃圾中的可降解有机物多，宜采用（　　　）。

4. 我国城市垃圾处理的最主要方式是（　　　），约占全部处理量的 70% 以上，其次是（　　　），约占 20%，焚烧量甚微。

5. 固体废物处置中的陆地处置主要包括（　　　）、（　　　）以及（　　　）几种。

6. 固体废物处理按其采用的方式可分为（　　　）、（　　　）和（　　　）等。

项目训练

一、城市垃圾处理调查

随着城市人口大量增长，建设规模迅速扩大，工业生产高速发展和居民消费水平的不断提高，城市垃圾每年正以 10% 的速度剧增。在全国城市中，至少有 2/3 已陷入垃圾包围中。能否对城市垃圾进行有效的处置、处理和综合利用已成为一个现代化城市文明程度的重要标志。我国自 1986 年在深圳建立了第一座垃圾处理厂以来，许多大中城市也陆续引进设备建立了垃圾处理厂。全国处理规模较大、设备较先进的城市垃圾处理厂有上海老港垃圾处理厂和杭州市天子岭废弃物处理总场。

上海老港垃圾处理厂，日处理量 5000～8000t，以卫生土地填埋为主，采用的途径：①填埋过程中，处理垃圾渗滤液收集，随污水厂除去水中典型含量（mg/L）高的成分化学耗氧量（3000）、生物耗氧量（2000）、氯化物（2000）、特种导气 SO_2（600）等达到"无害化"；②覆盖，该厂采用一层覆盖 4～6m、黄土层 0.3m、终场覆盖层 0.5m 的种花种草绿化环境；③导气，风化产生沼气（CH_4），由于存在不稳定期、稳定期、衰竭期，导气量不同，污染很小，对空排放。

杭州市天子岭废弃物处理总场，中美合资，投资 1.5 亿美元，日处理量 1000～1500t，占地面积 470235m^2，处理率 100%，环境效益 207 万元 / 年，主体设备寿命 50 年。利用沼气燃烧发电，一台大电脑进行全方位控制生产，并与值班人联网。

通过对学校所在地区城市垃圾处理厂的调查，要求：

① 了解学校所在地区城市垃圾排放情况、污染情况；

② 了解城市垃圾处理方法的基本原理，卫生土地填埋处理技术工艺流程、主要

设备；

③ 全面描述城市生活垃圾处理对气体的控制；

④ 根据当地实际，设计一项城市垃圾处理（卫生填埋）技术，包括基本原理、主要指标、条件、投资情况、主体设备寿命、环境效益分析等，并简单画出其处理流程图；

⑤ 建议当地采用分类收集方法，以达到"无害化""减量化""资源化"。

二、固体废物综合利用考察

工业固体废物的处理以综合利用为主，我国近年来发展很快，处理技术也达到了国际中上水平，综合利用率更是国际领先。表5-7列出我国2015—2019年中国工业固体废物产量。无法利用或暂时不能利用的工业固体废物只能堆存。

表5-7　2015—2019年中国工业固体废物产量

年份	固废产量 / 万吨
2015	331055
2016	314450
2017	338390
2018	348409
2019	354269

通过对工矿企业的参观考察，要求：

① 了解周围的工矿企业主要工业固体废物污染情况及产生的原因。

② 了解工业固体废物现有清洁生产及污染控制技术（包括方法、工艺流程、主要设备等）。

③ 工业固体废物的综合利用率如何，写出一篇考察报告。

以上两题可根据当地实际情况任选其一。

阅读材料

旅游观光点———垃圾转运站和填埋场

纽约市第59号大街上的垃圾转运站，和其临近的斯塔滕岛上的世界上最大的弗雷什·基尔斯废物填埋场，是世界著名的旅游观光点。

游客们不仅能够参观转运站花园般的外部环境，还可观看其内部工作情况，整个转运站坐落在一座封闭式的大型玻璃建筑中，室内空气清新，没有臭味。这座转运站不但能够转运垃圾，还具有回收各种废物的能力，全部采用流水线进行作业。各种混合垃圾被卸入长长的储料槽后，由传送带输送到各个分选设备，进行加工处理后，最后不可分选物被送到终端，装上大型驳船，沿哈德逊河（HudsonRiver）送到斯塔滕岛上的费雷什·基尔斯填埋场。由于填埋垃圾不断增高，这里很快成为美国东海岸上的第二个制高点。游客们站在纽约市中心曼哈顿大街上就能够看到这一壮丽的景观。通过参观，人们不仅增长了废物处理方面的知识，最重要的是认识到了保护环境和自然资源的重要性。

消灭"白色污染"

"白色污染"主要指塑料制品、包装品使用后被遗弃于环境中对环境所造成的污染。其品种主要有塑料包装袋、泡沫塑料餐盒、一次性饮料杯、农用塑料薄膜及其他塑料包装用品等。

据统计，仅火车上每月消耗一次性快餐盒为 4 亿只，上海快餐业每天用掉塑料餐具 50 万份，产生的垃圾多达 200t。自 1985 年至今，我国一次性餐盒生产线已有 70 多条，年生产能力已超过 70 亿只。

"白色污染"破坏环境景观且极难降解，使土壤恶化、水质下降，已成为继水污染、大气污染之后新的社会公害。

我国提出"以宣传教育为先导，强化管理为核心，回收利用为手段，产品替代为补充"的防治对策，自 1997 年开始重点治理"白色污染"，并把北京、天津列为治理的试点城市。

北京市 1997 年 9 月确定了"回收为主、替代为辅、区别对待、综合治理"的基本对策，以塑料餐盒为突破口，目前回收率已达 50%。天津市于 2000 年 10 月正式实施"禁止使用非降解塑料包装袋"的措施，使城市景观大有改善。国务院发布通知，从 2008 年 6 月 1 日起，在全国范围内禁止生产、销售、使用厚度小于 0.025mm 的塑料购物袋。

杀人的垃圾

俄罗斯克拉马托尔斯克的一位钳工，于年前搬进楼房一套三居室。此后不久，他的大儿子喊叫头痛，寝食不安，眼睛迅速塌陷。经诊断，孩子得的是血液病，并且很快死去。紧接着二儿子也出现了同样症状。据调查，在一家搬入之前，这里曾居住过一个四口之家，两个孩子和女主人都先后死于白血病。

把这一系列事件联系起来，不仅使人毛骨悚然，甚至有人把这房子称作"鬼屋"。科学家们对这所楼房进行了周密调查，终于发现了房屋杀人之谜。原来，屋顶的一块预制板内混入了少量具有放射性的核垃圾，致使房内辐射强度达每小时 200 伦琴（1 伦琴 =2.58×10⁻⁴C/kg）。而放射性垃圾就是"杀人"的元凶。

目前，全世界已有近 500 座核反应堆，其发电量占全球总发电量的 20%，与此同时，也产生了大量的核放射性垃圾。据估计，全世界的核垃圾约近百万立方米，这些核垃圾仍具有一定的放射性，如不妥善处理，就有可能混在其他物品中害人。为了不使放射性垃圾危害社会，科学家采取多种方法进行处理，如装入防锈蚀的特别棺材，埋入 600m 深的地下；装入合金棺材，罩上隔热外套，送上太空轨道；合金棺材放进大海中钻好的竖井内封死等。

受此启发，科学家提出几点忠告：不要用天然花岗岩做室内装饰；不要长时间居住在煤渣砖建造的房屋内；对于新建好的房子最好先进行室内环境检测。

第六章

化工清洁生产技术与循环经济

第一节
了解清洁生产基本知识

一、清洁生产的定义与内涵

20 世纪 70 年代以来，针对日益恶化的全球环境，世界各国不断增加投入，治理生产过程中所排放的废物，以减少对环境的污染，这种污染控制战略被称为"**末端治理**"。一边治理，一边排放，末端处理在某种程度上减轻了部分环境污染，但并没有从根本上改变全球环境恶化的趋势，反而投入大量资金，背上了沉重的经济负担。这种昂贵代价的选择，显然不符合可持续发展的要求。

清洁生产的基本思想最早出现于美国 3M 公司于 1976 年推行的 3P（Pollution Prevention Pays）活动中。不同国家清洁生产有不同名称，如"废物减量化（waste losing）""无废工艺（waste-free technology）""污染预防（pollution prevention）"等，尽管至今没有统一、完整的定义，但清洁生产的核心是改变以往依赖"末端处理"的思想，以污染预防为主，是实现可持续发展的重要举措，因此，清洁生产呈现出越来越迅猛的发展势头。

1996 年联合国环境署对清洁生产概念提出的定义是：**清洁生产**是指将整体预防的环境战略持续应用于生产过程、产品和服务中，以期增加生态效率并减少对人类和环境的风险。清洁生产是绿色技术思想在生产过程中的反映，在社会经济活动特别是生产过程中体现了环境保护的要求。

对生产，清洁生产包括节约原材料、淘汰有毒原材料、减降所有废物的数量和毒性；对产品，清洁生产战略旨在减少从原材料到产品的最终处置的全生命周期的不利影响；对服务，要求将环境因素纳入设计和所提供的服务中。

（1）清洁生产主要包括的内容

① **清洁的能源** 包括常规能源的清洁利用、可再生能源的利用、新能源的开发、各种节能技术和措施等。

② **清洁的生产过程** 尽量少用、不用有毒有害的原料；减少或消除生产过程中各种危险因素；采用和开发少废、无废的工艺；使用高效的设备；加强物料的再循环；实施简便、可靠的操作和控制，强化管理。

③ **清洁的产品** 节约原料和能源，利用二次资源作原料；产品在使用过程中不含危及人类健康和生态环境的因素；易于回收和再生，合理的包装、使用功能和使用寿命；产品报废后易处理、易降解等。

（2）推行清洁生产实现的两个全过程

① 在宏观层次上组织工业生产的全过程控制，包括资源和地域的评价、规划、组织、实施、运营管理和效益评价等环节；

② 在微观层次上的物料转化生产全过程控制，包括原料的采集、贮运、预处理、加工、成型、包装、产品贮存等环节。

（3）清洁生产谋求达到的目标

① 通过资源的综合利用，短缺资源的高效利用，二次能源的利用及节能、降耗、节水，合理利用自然资源，减缓资源的耗竭；

② 减少废物和污染物的生成和排放，促进工业产品的生产、消费过程与环境相容，降低整个工业活动对人类和环境的风险。清洁生产的概念不但含有技术上的可行性，还包括经济上的可盈利性，体现经济效益、环境效益和社会效益的统一，保证国民经济的持续发展。

二、中国化工清洁生产发展的科技问题

化学工业既是我国国民经济重要产业部门之一，也是全国污染源之一。造成我国化工企业污染严重的原因主要是：

① 工艺技术落后、设备陈旧造成产废量大，资源能源消耗高。以北京燕山石化总公司 30 万吨 / 年乙烯为例，虽然其装置的运转周期、开工率、物耗能耗、乙烯收率等方面居国内同行业领先地位，但与国际先进水平相比，差距十分明显。

② 生产原料品位低、质量差，造成资源利用率低，环境负荷大。例如中国中小型聚氯乙烯生产多采用电石乙炔法，生产 1t 聚氯乙烯产生 20kg 电石粉尘、2 万～ 3 万吨电石渣浆和 10t 含硫碱性废水，比使用清洁原料乙烯的氧氯化法污染严重得多。

生产管理和维护不良造成资源流失和环境污染。我国许多老厂生产规模小，在原材料贮运管理、生产工艺操作条件控制、设备仪表维修保养及废物处置方面管理不善，造成资源流失，环境污染严重。表 6-1 对部分化工产品工艺的国内、国外同类装置的排污系数进行了比较。

表 6-1　国内外同类装置排污系数比较

| 产品 | 生产工艺 | 排污系数 /［kg/t（产品）］ | | | | | |
| | | 废气 | | 废水 | | 固体废物 | |
		国外	国内	国外	国内	国外	国内
氯乙烯	氧氯化法	4.9 ～ 12	113 ～ 220	0.33 ～ 4.35	837	0.05 ～ 4.0	211
乙苯	烷基化法	0.29 ～ 1.7	4.8	1.9 ～ 21.5	2867	—	—
丙烯腈	氨氧化法	0.017 ～ 200	5882	0.002 ～ 34.1	2592	—	—
环氧丙烷	氧醇法 / 氧化法	0.005 ～ 8.5	178 ～ 560	—	—	—	—
环氧乙烷	氧化法	0.25 ～ 47.5	630	—	—	—	—
丙烯酸乙酯	酯化法	0.265 ～ 265	22.7	—	—	—	—
乙醛	氧化法	—	—	0.6 ～ 13.9	10800 ～ 40000	—	—
对苯二甲酸二甲酯	酯化法	—	—	微量～ 54	1170	—	—

制约工业企业实施清洁生产的障碍有技术、政策法规、组织协调、资金及思想观念等因素，其中技术方面的制约因素主要是企业工艺技术落后、设备陈旧。在缺少资金支持情况下，难于实现废物的源头削减，只有在现有工艺设备水平基础上，实现技术改造，采用清洁生产技术。

但在以技术进步为内容的清洁生产方案中，一些设计工艺单元过程的关键问题未得到解决，缺乏针对具体产品和主要污染物的无废、低废的工艺技术以及清洁生产的示范工程。尽管国内科研单位和大专院校开发了许多污染防治技术，但由于科研成果转化机制、环保产业服务体系发展滞后，许多科研成果难以转化成科技成果，阻碍了清洁生产新技术、新设备的工业化推广应用。另外，信息流通不畅，清洁生产法规、标准、污染防治政策等方面不完善，环保资金投入不足，公众环境意识不高等因素都制约我国清洁生产技术的发展。

三、化工清洁生产技术领域

1．绿色化工技术

绿色化工技术是指在绿色化学基础上开发的从源头削减环境污染物的化工技术。它通过采用原子经济反应，即将化工原料中每个原子转化成产品，不产生任何废物和副产品，实现废物的"零排放"或者通过高选择性的化学反应，提高反应产物的收率，减少副产品和废物的生成，并使反应产物易于回收，节约资源的清洁工艺技术。在绿色化工技术中，提高材料、能源和水的使用效率，大量使用再生材料，更多依靠可再生资源，研究开发更安全的流程和产品，从而达到单位资源创造更多消费和社会价值、改变人类社会生活的目的。

旨在促进化学工业更清洁、更经济、更美好，奖励研究和开发低危路线替代现有化工技术的个人和企业，2008年6月24日，第十三届美国"总统绿色化学挑战奖"揭晓。凭借着生物基炭粉，巴特勒纪念研究所（Battelle Memorial Institute）获得了更绿色合成途径奖。大多数打印机和复印机使用的炭粉在纸张循环再利用的过程中很难除去，在与乔治亚州的先进图像资源社和俄亥俄州的大豆委员会的共同努力下，巴特勒的化工专家发明了大豆基油墨，从而让更多的纸张能够循环利用。

伊利诺伊州的纳尔科公司（Nalco）获得了更绿色反应条件奖，其三维Trasar技术，可以减少排污量并提高能源效率。空调和工业加工的水冷却系统需要多种化学品来抵御矿物质沉积、微生物生长以及化学腐蚀。三维Trasar技术通过监测水在该系统中的状态，只加入必需的化学品，从而节省能源和水资源。

陶氏益农公司因为发展生物农药获得设计更绿色化学品奖。使用"人工神经网络"，该公司改进了其曾获得1999年总统绿色化学挑战大奖的农药，以杀灭果树害虫。与经常使用的有机磷农药相比，这种生物农药对害虫更具选择性，且对哺乳动物危害较小。

纽约市的西格纳化学公司（SiGNa Chemistry）获得小企业奖，他们发明了一种多孔沙状粉末，可以安全地处理碱金属同时又能保持它们的反应活性。研究人员还发现，稳定化的金属有可能用于清理危险废物和消除燃料中的硫黄。

密歇根州立大学化学系的两位教授共同获得学术奖，他们用铱催化剂替代有毒的卤化物，设计了一种温和的催化反应，以合成Suzuki偶联反应的前驱物。

据此奖项的发起者美国环保署公布的数字，自1995年美国宣布设立"总统绿色化学挑战奖"以来，获得殊荣的环境友好化工技术已经减少了超过11亿磅（lb，lb=0.45359237kg）的危险化学品和溶剂及2100万加仑水的使用，并减少了4亿磅二氧化碳的排放。

2．原材料改变和替代技术

绿色化工技术还包括采用无毒无害原料、催化剂和容器替代有毒有害化学物质、清洗剂，减少或消除健康危害和环境污染的技术以及对环境友好的清洁产品的开发。如目前最活跃的研究项目是开发超临界流体，特别是用超临界二氧化碳替代有机溶剂作油漆涂料的喷雾剂和塑料发泡剂、汽车零部件和电子工业清洗剂等。

3．工艺过程的源削减技术

据美国化学品制造商协会统计，到1991年，化工公司通过工艺过程废物源消减技术已削减 17 种有毒化学物质排放量的 35%。清洁生产源削减技术是针对化工单元过程来研究开发的，如表 6-2 所示。

表 6-2　化工单元过程的源削减技术

单元过程	源削减技术	单元过程	源削减技术
化学反应	优化反应参数（如温度、压力、时间、浓度）改进工艺控制 优化反应剂添加方法 淘汰使用有毒催化剂，改进反应器设计	设备与零部件清洗	封闭溶剂清洗装置 使用耗水少、效率高的清洗喷头合理安排生产，改进清洗程序，减少设备清洗次数 重复利用冲洗水 安装喷射或喷雾冲洗系统
过滤与洗涤	淘汰或减少使用助滤剂处置滤料 开启过滤器前，排掉滤料，使用逆流洗涤循环利用洗涤水 最大限度进行污泥脱水	冷却和冷凝	改进换热设备，提高传热效率，节约用水量进行冷却水稳定处理，循环利用冷却水 采用空气冷却等其他方法
		原料和产品贮存	贮槽安装溢流报警器 清洗或处置前倒空容器 采取适当电绝缘措施，定期检查腐蚀情况 制订书面装卸料操作程序 使用适当设计的专用贮槽

4．物质流／产品生命周期评估技术

开展清洁生产技术研究，首先要对现有的生产工艺和过程的环境负担性进行准确的评估。国际上一般采用**生命周期评估方法**（life cycle assessments，LCA）来评价一个工业生产过程的环境负担性。LCA 是用数学物理方法结合实际分析，对某一产品、事件或过程中的资源消耗、能耗、废物排放、环境吸收和消化能力等进行评估，以确定该产品或事件的环境合理性和环境负荷量的大小。

物质流（materials flow）又称材料链分析，是用数学物理方法对在工业生产过程中，按照一定的生产工艺，所投入的原材料的流动方向和数量大小的一种定量理论研究，主要用于研究、评价工业生产过程所投入的原材料的资源效率，以找出提高资源效率的途径。通过对工艺过程的物质流分析，查出污染物的排放原因，采取技术措施，从源头开始控制污染，这是实施清洁生产过程的关键。

四、化工行业清洁生产技术分述

（一）精细化工

所谓精细化工通常被认为是生产专用化学品及介于专用化学品和通用化学品之间产品的工业。它已成为当今世界各国化学工业发展的战略重点，精细化工产品产值占化工总产值的百分率（简称精细化率）也在相当大程度上反映着一个国家的发达水平、综合技术水平及化学工业集约化的程度。

按照原化学工业部发布的暂行规定，将精细化工产品分为农药、染料、涂料（包括油漆和油墨）及颜料、试剂和高纯物、信息用化学品（包括感光材料、磁性材料等）、食品和饲料添加剂、黏合剂、催化剂和各种助剂、化学药品、日用化学品、功能高分子材

料等 11 类。在催化剂和各种助剂中又分为催化剂、印染助剂、塑料助剂、橡胶助剂、水处理助剂、纤维抽丝用油剂、有机抽提剂、高分子聚合物添加剂、表面活性剂、皮革助剂、农药用助剂、油田用化学品、混凝土添加剂、机械和冶金用助剂、油品添加剂、炭黑、吸附剂、电子工业专用化学品、纸张用添加剂、其他助剂等 20 余类。

1. 表面活性剂

（1）磺化工艺技术

SO_3 连续磺化装置的核心部分是磺化反应器，近 20 年来该装置有惊人的发展，先后出现了罐组式、多管式、双膜升膜式、文丘里喷射式。其中以日本狮子油脂公司的双膜保护风式最为先进，采用保护风可以拉大反应区，缓和反应，能磺化烯烃等热敏有机物，产品质量高，还可生产出多种高性能的产品。

（2）乙氧基化工艺技术

乙氧基化技术以意大利普勒斯工艺居领先地位，此公司先后推出了第一、第二、第三代技术，环氧乙烷（ethylene oxide，EO）的加成数达 100 以上。20 世纪 80 年代末，瑞士公司又成功地开发了巴斯回路乙氧基化最新工艺。巴斯工艺的核心是高效气液反应混合器，它缩短了反应时间，同时，反应热又被外换热器迅速移走，因而反应温度控制准确，副反应少，使产品中的 EO 质量分数低于 10^{-6}，分子量分布窄，产品质量高，整批产品重现性好。另外，Buss 工艺没有废气排放，废水不含毒性物质，不污染环境。

（3）直链烷基苯（LAB）

美国 UOP 公司开发的烷基化生产烷基技术，是世界各国普遍采用的先进方法。目前该公司对烷基化工艺又有了新的突破。

① 催化剂从 ReH-S、ReH-7 发展到 ReH-9，其特点是在催化剂特性不变的前提下，大大地提高了催化剂的选择性、LAB 的收率，并于 1990 年实现了工业化。

② 在 Pacal 脱氢工艺中加入了 Define 加氢装置，将脱氢产物中的二烯烃转变成单烯烃以减少 LAB 中重烷基苯含量，提高了产率。目前世界上新建了 6 套生产装置（其中 3 套在建设中）。

③ 为减少 HF 催化剂的污染，尤普公司与加拿大比特萨公司共同开发了 Detal 固定化烷基化技术，采用酸性多相催化剂，其产品 UAB 收率高于 HF 催化工艺，邻位烷基苯高达 25%，提高了 LAB 的溶解性，简化了工艺过程，减少了环境污染，节省投资约 15%。目前西班牙与比特萨公司合作在加拿大建 1 套 10 万吨 / 年的生产装置，于 1995 年中期建成投产。

2. 生物化学工程

现代生物技术以取之不尽的生物量来解决世界面临的能源、资源的短缺及环境污染问题。由化学工程与生物工程结合起来的生物化学工程具有反应条件温和、能耗低、效益高、选择性强、投资小、"三废"少以及利用再生资源等优点。

（1）丙烯酰胺

丙烯酰胺（AAM）生产方法很多，工业上主要采用丙烯腈水合法，此法又在不同催化剂存在下产生 3 种工艺：硫酸水解法（已逐步淘汰）、高效铜类催化剂直接水合法、酶催化法。日本日东化学公司经过 10 年生物酶催化研究，开发了第三代连续法生产丙烯酰胺新工艺。该技术采用固定床反应器，在 N774 生物酶催化条件下反应 24h，100% 转化为丙烯酰胺，经过分离，甚至可不进行精制、浓缩就可得到丙烯酰胺产品。它的优点是反应物纯度高，产品质量高，反应在常温、常压下进行，可大幅度调节能耗，生产成本低。

（2）生物技术合成聚对苯

英国化学工业公司采用发酵法生产邻苯二酚，优点是产率比原来的氧化工艺高，并减少污染。

（3）丙酮／丁醇

美国采用生物法制取丙酮／丁醇，采用乙酰丁酸棱状芽孢杆菌，在厌氧条件下进行，其操作温度为 $30 \sim 32℃$，丙酮与丁醇的质量并为 $3.6 ： 1$，同时获得大量氢和二氧化碳副产品。目前在南非建有一套世界上最大的丙酮／丁醇生产装置。

（4）生物技术生产环氧乙烷、环氧丙烷

由乙烯和丙烯经微生物酶催化剂生产环氧乙烷与环氧丙烷（propylene oxide，PO）。据报道，日本已有两家公司采用固定酶催化由乙烯和丙烯生产 EO 和 PO，进而生产乙二醇和丙二醇，其生产成本仅为常规化学合成法的一半。目前美国莱特普斯生物基因工程公司也提出采用生物酶生产 EO 与 PO。此外，生物技术还用在其他化工产品的生产中，如异丙醇、二元醇、甘油、由正烷烃制取的长链二元酸、聚羟基丁酸树脂、反式丁二烯、乳酸、葡萄糖、醋酸酯等。有些还处于试验阶段。

3. 功能高分子材料

功能高分子材料是精细化工的高新门类，世界上发展最快的是功能高分子膜，已商品化的有透析膜、离子交换膜、反渗透膜、超滤膜等。其发展趋势是朝着高渗透性、高选择性、多功能、适应性强、机械强度高及易清洗的方向发展。高分子膜的形式向多样化、高容量及高效率的方向发展。

另外，光敏树脂、导电高分子、高吸水性树脂等也是功能高分子材料开发的一个重点。

（二）农药、化肥工业

1. 农药化工

化学合成农药已证明对防治动植物病虫害是十分有效的，但在使用几十年后，已在人迹罕见的极地白熊和企鹅体内找到了它的踪迹，它在使用中已产生了巨大的负面效应，因此许多国家已全面停止生产使用那些残留期长或剧毒的化学农药。

生物农药是一类由微生物产生或从某些生物中获取的具有杀虫、防病等作用的生物活性物质，是利用农副产品通过工业化生产加工的制品。它具有对人畜安全、对生态环境污染少的特点。

2. 化肥工业

化肥对粮食增产所起的作用约占 40%，是提高单位产量的关键。

（1）氮肥

水煤浆加压气化技术是当前世界上发展较快的第二代煤气化技术。其特点是对煤种的适应性较强，能量转化率高达 96% ～ 98%，煤气质量好，有效气（$CO+H_2$）含量高达 80%，甲烷含量 ≤ 0.1%，单炉生产能力大，"三废"污染少，节能降耗成效显著。

我国小型合成氨装置大多以煤为原料，采用间歇式常压固定床煤气化方法，燃料煤消耗占合成氨总能耗的 20% 左右。在生产过程中，搞好余热利用是降低能耗的重点目标。

小型合成氨蒸汽的节能技术包括对造气、合成、变换段的热能进行综合平衡，合理回收利用，能够取消外供蒸汽，实现合成氨生产蒸汽自给。

国内以煤为原料的合成氨厂排放的造气炉渣含碳量在 12%～20%。这部分炉渣既浪费能源，又污染环境。沸腾锅炉能燃用品质极为低劣的燃料，结构简单，燃烧完全，炉渣具有低温烧透性质，便于综合利用。

人造块煤技术、小氮肥"两水"闭路循环技术均具有很好的资源节约综合利用效果。

（2）磷肥

磷铵、硫酸、水泥三产品综合联产是一项新技术，以磷矿石为主要原料，与硫酸反应生产磷酸，磷酸用于生产磷铵。生产磷酸同时副产大量磷石膏（每吨 P_2O_5 副产 5～6t 磷石膏），磷石膏在回转窑内还原、分解、煅烧得到含 10% 左右 SO_2 的尾气和水泥熟料。尾气经转化吸收为硫酸，硫酸又返回用于生产。这种循环使用可使硫的循环率大于 85%。水泥熟料与混合材料配合制成水泥产品，实现磷铵、硫酸、水泥联产，可解决石膏占用耕地及污染环境的难题。

（3）复合肥料

缓放包裹型复合废料既含有速效又含有缓效成分，可根据需要制成各种专用型肥料，该肥料中氮肥利用率比掺合肥料提高约 7.74%。

（4）微生物肥料

微生物肥料实质上是一类存在于土壤或植物体上与植物共生的微生物。它们的存在一方面为植物营养开辟了一条新的途径，改善了植物的营养和代谢状况，增强了植物抵御病虫害的能力；另一方面抑制了植物病原菌的生长和繁殖，削弱了病害的发病条件，从而起到较好的生物防治效果。

（三）炭黑

炭黑生产新工艺是在反应炉中将燃料的燃烧和原料油的裂解分开，并充分利用余热来预热燃烧用的空气和燃料油。其工艺过程是：燃料烃（油或天然气）在燃烧室内经过预热的燃烧用空气充分混合，完全燃烧产生高温高速气流；预热后的燃料油从喉管径向喷入，与来自燃烧室的高温高速的气流混合迅速裂解，在反应室内产生炭黑。含炭黑的烟气经空气预热器和冷却器换热降温，再用旋风分离器和袋滤器将炭黑收集起来，经造粒成为炭黑产品。与老工艺比较，新工艺生产的炭黑品种增加，产品质量高，补强和耐磨性能好，收率高，成本低（每吨炭黑油耗降低 0.4～0.5t）且能改善劳动环境，消除环境污染。

（四）基本化工

① 离子膜法制烧碱技术是我国氯碱行业今后大力发展的关键技术之一。该法与普通的隔膜法相比，碱液浓度提高，节省了蒸发工序，产品纯度高，每吨碱综合能耗可降低 1000kW·h，且无环境污染。该法的关键是电解槽。

② 在氨碱法生产纯碱的工艺过程中，蒸氨工序回收制碱母液及其他含氨废水中所含的氨及二氧化碳，使氨循环再用。传统的蒸氨工艺是湿法正压蒸馏工艺，将生石灰制成石灰乳，经泵送到预灰桶内与预热母液进行复分解反应。干法加灰蒸氨工艺是将生石灰磨制成粉，在真空状态下将生石灰粉直接加入预灰桶内，在预灰桶内回收生石灰的熟化

反应热，以降低蒸汽消耗，达到节能的目的。

③ 在密闭电石炉生产中，每生产 1t 电石约产生 400m³ 炉气。炉气中可燃气体总含量占 90% 以上，其中一氧化碳占 80%，是一种很好的能源，必须回收利用。直接燃烧法回收密闭电石炉炉气技术是将 500℃ 左右的高温含尘炉气直接引入锅炉燃烧。炉气燃烧时的温度高达 1500℃，不但氰化物完全得到了分解，而且粉尘经高温煅烧，性质发生很大变化，可用常规的除尘设备去除。该技术每生产 1t 电石可产 0.85MPa 蒸汽 1.5t，既节能，经济效益又可观，同时消除了氰化物污染。

④ 聚氯乙烯母液废水零排放。杭州水处理研究开发中心开发的聚氯乙烯离心母液废水处理及回用工艺技术是将膜分离技术和工业水处理技术组合，实现了聚氯乙烯母液废水最优化回收。经过系统处理后，65% 的回用水达到回釜水指标，可用于聚合釜工艺入釜水；其余回用水可用于循环冷却水系统补充水，实现聚氯乙烯母液废水零排放。以年产 20 万吨聚氯乙烯规模计算，每年将节约成本 500 余万元，这还不包括循环水回用的效益以及排污费减少带来的效益。该技术如果在国内氯碱行业推广，每年将减排废水 0.4 亿立方米，减排化学需氧量 1.6 万吨，并节约水资源 0.4 亿立方米。

⑤ HRS 技术。美国孟莫克有限公司开发的硫酸生产低温热能回收技术（heat recovery system，HRS），可以回收 93% 以上的热能，同时循环冷却水的用量可以减少 65% 左右，不仅节能效果明显，而且使生产成本大大降低。硫黄制酸工艺包括焚硫工段（硫黄燃烧）、转化工段（二氧化硫转化）、干吸工段（三氧化硫吸收），这三步均为放热反应，放出的热量分别是 56%、19%、25%。传统工艺没有回收干吸工段的热量。HRS 技术是用 HRS 热回收塔来取代传统工艺的第一吸收塔，用 HRS 锅炉取代传统工艺中的第一吸收塔酸冷却器。要从 HRS 锅炉得到蒸汽，就不需要降低循环硫酸的温度，而是通过干吸工段中的放热反应，使硫酸的温度正常升高。HRS 装置的主要设备包括塔、锅炉、稀释器及换热器四个部分。该技术已经入选《国家重点节能技术推广目录（第一批）》。HRS 的技术效益见表 6-3。

表 6-3 孟莫克（MECS）硫黄制酸装置能量回收比较

项目	单位	传统工艺	HRS	HRS 带蒸汽喷射	高效 HRS	备注
高压蒸汽	t/t 酸	1.27	1.20	1.19	1.21	6.2MPa，482℃
中压蒸汽	t/t 酸	0	0.44	0.48	0.46	1.0MPa，250℃
总产汽量	t/t 酸	1.27	1.64	1.67	1.67	
能量回收率	%	70	93	93	93	
净得电能	kW/（t·d）	10.6	14.6	14.8	15.1	除去装置自用电
	kW·h/t 酸	254	350	355	362	

五、中国未来化工清洁生产的政策及措施

1. 全国清洁生产推行方案

清洁生产通过源头预防、过程控制和末端治理的全过程控制理念与实践，实现"节

能、节水、减污、降碳、降耗、增效"，是持续推进节能降耗、减污降碳的重要途径和行之有效的重要措施。2021 年 11 月，国家发展改革委、生态环境部等十部门发布《"十四五"全国清洁生产推行方案》，（发改环资〔2021〕1524 号，以下简称《方案》），从方案制定、方案定位、目标指标、重点任务、保障措施等方面均实现了重大突破和创新。

（1）突破传统治理模式，推动工业行业环境保护向纵深推进

"十三五"期间，打好污染防治攻坚战取得了良好成绩，9 项生态环境保护约束性指标全面超额完成。蓝天保卫战使得我们北方地区优良天数比例大幅度上升；碧水保卫战使我国水环境质量总体有了明显提升；净土保卫战在土壤污染风险防控及固体废物污染防治等方面均取得了很好的成绩。在取得成绩的基础上，"十四五"期间，要坚持绿色发展引领，坚持以改善生态环境质量为核心，推进生态环境源头治理、系统治理和整体治理，全面突破传统的环境保护工作主要集中在末端治理的局面；要坚持精准治污、科学治污、依法治污，找准各重点行业污染问题的关键点，制定科学合理的整治措施，深入打好污染防治攻坚战。

《方案》明确指出，突出抓好工业领域的清洁生产工作，从加强高耗能高排放建设项目清洁生产评价、推行工业产品绿色设计、加快燃料原材料清洁替代、大力推进重点行业清洁低碳改造多个角度入手，推进工业行业的绿色、清洁和高质量发展，充分体现了源头预防、过程控制和末端治理有机结合的全过程污染防控理念，将成为生态环境源头治理、系统治理和整体治理具体措施和抓手。多年来，以能源、钢铁、焦化等为代表的重点行业已成为环境污染问题的焦点，而清洁生产工作带动了各行各业的节能、减排和技术进步。

（2）拓展清洁生产领域，全方位推动环境质量改善

《方案》中除了提出"十四五"期间工业领域的清洁生产工作之外，还将农业、建筑业、服务业、交通运输业等行业作为推进清洁生产工作的新领域，突破了多年以来清洁生产工作主要集中在工业行业的局面，是清洁生产理念的扩大和全方位延伸。随着工业领域的生态环境保护工作的不断深入，非工业行业的环境污染问题逐步突显出来。加强交通运输领域清洁生产。推进智慧交通发展，推广低碳出行方式。加大新能源和清洁能源在交通运输领域的应用力度，加快内河船舶绿色升级，以饮用水水源地周边水域为重点，推动使用液化天然气动力、纯电动等新能源和清洁能源船舶。积极推广应用温拌沥青、智能通风、辅助动力替代和节能灯具、隔声屏障等节能环保技术和产品。

（3）紧扣碳达峰、碳中和和战略目标，助力绿色低碳转型

党的十八大以来，绿色低碳发展已成为新形势下我国经济社会发展新趋势和新方向，特别是习近平总书记在第七十五届联合国大会和气候雄心峰会上郑重宣示我国碳达峰目标和碳中和愿景，再次明确了我国经济绿色低碳转型发展的战略抉择、科学决策和坚定决心。《方案》立足新发展阶段，贯彻新发展理念，构建新发展格局，全面贯彻习近平生态文明思想，明确将清洁生产定位为落实节约资源和保护环境基本国策的重要举措，减污降碳协同增效的重要手段，加快形成绿色生产方式和经济社会绿色转型的有效途径。

我国推行清洁生产工作近 30 年，受我国经济发展阶段、清洁生产政策体系完善度、推进清洁生产职能部门管理定位以及清洁生产宣传培训力度等诸多因素限制，截至目前我国清洁生产工作推行主体更多集中在工业领域。如我国发布的 51 项清洁生产评价指标体系，34 个重点行业的清洁生产技术推行方案，310 项行业关键共性技术 95% 以上分布

在工业领域行业。本次《方案》立足助力绿色低碳转型发展的新定位，除了对工业领域清洁生产做出了详细要求外，拓展了农业、建筑业、交通运输业、服务业等其他领域。

（4）坚持目标导向，多维主体推进清洁生产

基于绿色发展和减污降碳推进主体的差异性等新形势和新需求，《方案》以重点行业为试点对象，开展行业生产工艺全过程诊断，避免审核过程简单复制以及人力、财力的重复投入，梳理行业关键共性问题，形成并实施具有行业特色的清洁生产方案，充分发挥行业清洁生产审核的效能，提升整体清洁生产水平。另一方面，在工业园区层面，提升园区基础设施共建共享水平，优化企业间资源要素配置、物质代谢和能源梯级利用，推动区域内优势互补、资源能源高效利用，开展集中式清洁生产审核模式试点；《方案》创新性提出了涵盖企业、行业、园区、区域四个维度清洁生产多维推进主体，同时结合不同清洁生产推进主体的目标需求差异性，提出了五大区域协同推进、十大行业绿色转型"一行一策"、清洁生产改造工程和园区整体清洁生产审核模式创新试点。

2．我国未来化工清洁生产关键技术

化学工业中的生产过程，简单概括就是原料和能源的输入与产品和废物的输出。要实现清洁生产，需要在目标产品质量和产量得到保证的前提下，通过化学工程与工艺的优化设计，减少原料和能量的消耗，以及副产物和废物的产生。化学工业的清洁生产技术主要集中在以下几方面：一是尽可能减少原料的消耗，节约资源；二是提高反应的选择性，尽可能减少副产品和废物的产生；三是节约能量并尽可能采用清洁能源。根据目前采用的清洁生产技术情况，我国未来化工清洁生产关键技术有以下几个方面。

（1）过程模拟技术

原材料的生产加工，经过一定的化学工艺和流程，变为半成品或成品，是个全面的过程，过程模拟技术的使用可以让全部的生产过程得以化解和分析，以便进行组织优化和整合，可以达到节材、节能、减排的目的。

目前，自动和半自动的化工生产模式非常方便和快捷，因而具有很好的行业适应性，市场发展也很可观，也是部分企业的关键技术支持。过程模拟技术的发展使得化工行业的综合应用过程技术、自动化技术、计算机网络技术等处理方法成为对化工原料产品反应过程的操作流程优化的手段。在保证了生产出来的产品合格率不变的前提下，减少了能源损耗和物料的消耗，从而提高了产品的质量和市场的竞争优势。

（2）超常规化学反应技术

物质存在的状态，除了人们日常观察的形态和物性以外，还有一些非正常状态下的形态。物体在超常规状态和极限状态下的形态和特性，和物体常态大不相同，超常规反应技术的研究，对化学工业清洁生产技术的应用有很大的帮助。

比如超临界技术，一些液态性质的物体在超临界的状态下，如温度、压力等在流体临界点以上时，流体会在临界点左右产生剧烈的特性变化，这种技术就是清洁生产技术中的超临界流体技术。当因工业生产需要制取一些物体的微粒时，如采用超临界的流体挥发法、超临界快速雾化法和超临界溶液反特性法等可以制取高质量的微粒，而且与传统的机械制造方法和加工方法相比，所制取的微粒不但能满足生产的需要，还有着传统的工艺制造无法比拟的优点。再如超重力工艺技术，人工借助于一些工艺的设备制造出超重力的环境，从而使物料在超重力的环境中进行反应。如超重力蒸馏和萃取技术等，在环保和生产质量方面具有很大的改善。

（3）清洁生产设备技术

随着环境的变化和人们对自身保护意识的提高，化学生产工艺和生产设备的安全技术也在持续的改进和升级。目前更加专业、系统安全和智能化的设备不断出现。新的化工设备由于技术先进和反应空间大，使得化学工业生产物料反应更加快速，转化更加彻底，在解决腐蚀和爆炸危险方面具有清洁生产技术自己的特点。随着化工技术与信息技术的不断融合，更多先进的设备、技术也会相应出现，为提高资源的使用效率和环保安全提供更多的生产基础。

（4）清洁能源技术

传统化学工业中使用的能源大多从煤炭和石油中获得，在释放能量的过程中，同时也释放了大量的废物和污染物，并且这两种资源在获得的过程中本身就对环境带来污染和危害。在未来，对清洁能源的挖掘和开发也是大势所趋。比较典型的就是生物可燃物的探索，生物可燃物是一种清洁能源，因为它的获取比较方便，不需要耗费大量的人力和财力，在获取的过程中也不会存在污染和浪费等问题。

（5）其他清洁生产技术

① 工业行业清洁生产政策研究。推行清洁生产技术的政策研究，包括强制性政策、支持性政策和刺激性政策的研究；以及落实这些政策所需要的内、外部环境的支持条件。

② 研究提出促进企业实施清洁生产的法规和政策，包括产业政策，科技政策，财政、税收、投资、排污收费返还等经济政策以及鼓励企业清洁生产的相关法律法规和标准。

③ 清洁生产评估体系研究。研究衡量工业行业推行清洁生产效果和进展的评价指标，组织制定重点行业清洁生产评估和验收标准和技术规范，建立具有中国特点的清洁生产评估体系。

第二节
典型化工清洁生产案例

一、乙苯生产的干法除杂工艺

聚苯乙烯是由单体苯乙烯聚合而成的，苯乙烯生产分两步进行：第一步是以苯乙烯为原料在催化剂（氯乙烷和氯化铝）作用下，发生烷基化反应，生成乙苯；第二步再以乙苯脱氢制取苯乙烯。

合成乙苯时，应除去烷基化反应的副产品和杂质，在常规处理中是用氨中和后经水洗、碱洗和水洗的方法，废水用絮凝沉降处理分出污泥后排放。

干法除杂工艺，不改变原来基本的乙苯生成的工艺和设备，烷基化反应后的产物同样用氨中和，但中和后即进行絮凝沉淀，沉淀物经分离后用真空干燥法制取固体粉末，这种固体粉末可用来生成肥料，因此可作为副产品看待。干法工艺消除了废水的处理和排放，亦无其他废弃物排放。新旧工艺流程对比见图6-1。

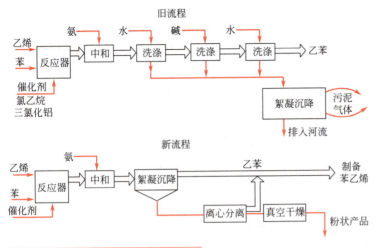

图 6-1　乙苯生成除杂工艺的新旧流程对比

1978 年即建成年处理能力为 $5.0×10^4$ t 乙苯的装置。新旧工艺的对比见表6-4。

表 6-4　苯乙烯生产新旧工艺对比

项目	单位	原有工艺	干法工艺	项目	单位	原有工艺	干法工艺
废水量	m^3/t	1.5	0	固体渣	kg/t	—	9
废水中悬浮物	kg/t	2	0	投资（1980 年价）	万法郎	400	525
有机物	kg/t	3	0	运行费用	法郎/t	1.6	—

本例是一个对辅助工艺的小改革，实施起来难度不大，但消除了废水的排放，得到的固体渣又可以作为副产品利用，从而使苯的烷基化过程实现了无废生产。

二、氯碱工业的清洁生产

1. 粗盐水精制

目前，中国氯碱厂使用的原盐以海盐为主，卤水为辅，另有部分湖盐。但无论是使用海盐、卤水还是湖盐，制成的盐水中除主要成分 NaCl 外，还含有 Mg^{2+}、Ca^{2+}、Fe^{2+}、SO_4^{2-}、NH_4^+ 等化学杂质及机械杂质。在电解槽中发生如下化学反应。

$$Mg^{2+}+2NaOH \longrightarrow Mg(OH)_2 \downarrow +2Na+$$

$$Ca^{2+}+Na_2CO_3 \longrightarrow CaCO_3 \downarrow +2Na^+$$

$$2SO_4^{2-}-4e^- \longrightarrow 2SO_3+O_2$$

$$2SO_3+2H_2O \longrightarrow 2H_2SO_4$$

$$2H_2SO_4 \longrightarrow 4H^++2SO_4^{2-}$$

如果这些杂质不加以脱除或不将其含量降低到一定范围内，它们将随饱和食盐水溶液一起进入电解槽，不仅会影响电解槽的正常运行，还会影响电解槽隔膜的使用寿命、产品的能耗以及安全生产等；同时，有些杂质（如 SO_4^{2-}）还会随电解液进入蒸发浓缩工序，影响蒸发工段的正常生产。所以，如何提高盐水质量是氯碱企业进行清洁生产的关键之一。

① 去除 Mg^{2+}、Ca^{2+}、Fe^{2+}。去除 Mg^{2+}、Ca^{2+}、Fe^{2+} 时，用氢氧化钠和碳酸钠为精制剂。当向盐水中加入精制剂后可能发生如下反应，生成碳酸钙、氢氧化钙、氢氧化镁、碳酸镁等化合物。

$$Mg^{2+}+2NaOH \longrightarrow Mg(OH)_2 \downarrow +2Na^+$$

$$Ca^{2+}+Na_2CO_3 \longrightarrow CaCO_3 \downarrow +2Na^+$$

实际生产中，NaOH 过量 $0.1 \sim 0.3 kg/m^3$，Na_2CO_3 过量 $0.3 \sim 0.4 kg/m^3$。

另外，原盐和设备带到盐水中的铁离子在碱性盐水中将生成氢氧化铁沉淀。

② 去除 SO_4^{2-} 除 SO_4^{2-} 的方法主要有三种，即钡法、钙法和冷冻法，我国多采用钡盐法。

用 $BaCl_2$、$BaCO_3$ 与盐水中的 SO_4^{2-} 发生反应，生成 $BaSO_4$ 沉淀，其反应如下：

$$BaCl_2+SO_4^{2-} \longrightarrow BaSO_4 \downarrow +2Cl^-$$

$$BaCO_3+SO_4^{2-} \longrightarrow BaSO_4 \downarrow +CO_3^{2-}$$

由于 $BaCO_3$ 较贵，因此大多使用 $BaCl_2$。

2. 应用离子膜法电解制烧碱

烧碱生产主要采用隔膜法。隔膜法电解生成的碱液仅含 10% 左右的 NaOH，要制成 30% ～ 50% 的成品碱液需大量浓缩，要消耗大量蒸汽且产品质量较差。离子膜法生产烧碱可直接制得 30% 以上的烧碱，经过三效蒸发器浓缩，可制得 50% 的烧碱，它的总能耗比隔膜法低 1/3 左右，且产品质量好。

离子膜法采用高聚物制成的离子交换膜代替隔膜法的石棉隔膜，溶液中的离子在电场的作用下做选择性的定向移动，电解槽中所用的离子膜是用四氟乙烯和磺化或羧化全氟乙烯酯的共聚物制成的耐腐蚀、高强度的膜材料，使用受命可达 2 年。离子膜法原理如下所述。

用阳离子交换膜隔离阳极和阴极，在电解槽中进行食盐电解，由于阳离子交换膜的液体透过性相当小，膜两侧有电势差，只有钠离子伴着少量水透过离子膜，所以进行电解时，在阳极产生氯气；同时钠离子透过离子交换膜流向阴极室，在阴极产生氢气和氢氧根离子，而氢氧根离子由于受到阳离子交换膜的排斥而不易流向阳极室，故在高电流密度下生成氢氧化钠。阳极室中的氯离子，因为膜的排斥，很难透过膜。工艺流程如图6-2所示。

该工艺特点是对盐水的精制要求高，除一次精制外，还要用离子交换树脂进行二次精制，去除微量杂质后，再送电解槽。从电解槽出来的氯气和氢气处理方法与隔膜法相同，电解出来的烧

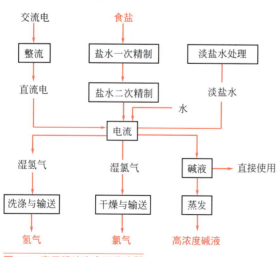

图6-2 离子膜法生产工艺流程

碱浓度可达 30% 左右，仅含微量盐，也可根据需要再进行蒸发浓缩。电解槽出来的盐水脱氧后送一次精制，进行再饱和。

3. 氯碱工业的"三废"处理

氯气是电解法制烧碱的副产品，属剧毒物质，对人体、农田、树木、花草和周围环境影响极坏，为此不得泄漏，更不允许放空。由于某些意外原因，如骤然停电、停车等，电解槽出来的氯气压力升高，超过氯气密封器内的液封静压时，氯气就会泄漏出来，造成严重危害。许多氯碱企业为保证电解法烧碱的安全与运行，在电解槽与氯压机之间的湿氯气总管上增设一套事故氯气吸收（处理）装置，在各种异常和复杂的断电情况下，当系统压力超过规定指标外逸时，装置自动联锁瞬间启动，进入工作状态，装置内以液碱为吸收剂循环吸收，并按规定及时更换新吸收剂，达到彻底处理事故氯气、消除氯气污染、清洁生产的目的。

氯碱生产中的废水主要来源于蒸发、固碱、盐酸、氯氢处理、电解等工序的酸性、碱性和含盐废水；废水量可达 $1km^3/d$，经混合后水偏酸性，水温 35℃ 左右，其中氯离子含量为 $0.7 \sim 0.8g/L$，盐含量 $1.0 \sim 1.2g/L$，并含有 Mg^{2+}、Ca^{2+} 等阳离子。废水排入水体后，不但会使水的渗透压增高，而且对淡水中的水生生物也有不良影响。Mg^{2+}、Ca^{2+} 会使水的硬度增高，给工业和生活带来不利因素。强酸或强碱流入水体后，会使 H^+ 浓度（pH）发生变化，对水生生物产生毒害作用。水的 pH 较低对金属及混凝土设施具有腐蚀作用，较高时则会发生水垢的沉积。废水处理流程如图 6-3 所示。

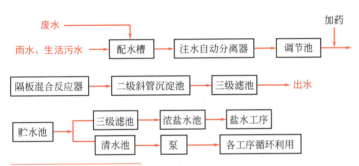

图6-3　废水处理流程示意图

收集的废水通过废水集水管进入配水槽进行初次沉降除砂，经油水分离器除油后流入调节池内，废水在调节池内进行充分混合发生酸碱中和反应，反应完全后进入隔板反应池进行絮凝反应，再进入两级斜管沉淀池，沉淀后的水经滤池过滤。如果废水含盐浓度低（未超标）时，则滤池出水不经脱盐处理直接进入清水池；如废水含盐浓度高，则滤池出水再经过电渗析处理。处理后的淡水进入清水池，由水泵送回车间循环利用，浓盐水进入盐水池，再经耐腐蚀泵送化盐工序回收利用，清水回收率可达 80% 以上。

盐泥是氯碱企业共同的污染物之一，其含固体物约 10% ~ 12%，其余为水。其主要成分大体相同，不同盐种其组成部分比例略有差别：NaCl 为 1.8%，CaO 为 19%，MgO 为 14%，SiO_2 为 22%，Al_2O_3 为 7.4%，Fe_2O_3 为 2.4%，黏度为 $1.2 \sim 1.5MPa \cdot s$；粒度低于 $1.5\mu m$ 的占 35%，$1.5 \sim 9\mu m$ 的占 62%，pH 为 $8.5 \sim 11$。

在盐泥中通入 CO_2 气体，使其与盐泥中的氢氧化镁发生反应，生成可溶性碳酸氢镁进入液相，经固液分离，用蒸汽直接加热溶液，析出 $MgCO_3$，再进行固液分离，将精制的固体 $MgCO_3$ 经 850℃灼烧即可制得轻质氧化镁。轻质氧化镁可用于油漆工业、橡胶工业、造纸工业的填充剂，还可制镁砖、坩埚等优质耐火材料。

三、抗生素制药清洁生产

1. 抗生素废料的综合利用

抗生素生产的主要原料为豆粉饼、玉米浆、葡萄糖、蛋白质粉等，经接入菌种进行发酵产生各种抗生素，然后再经过固液分离，滤液进一步提取抗生素，滤渣即为药渣。将药渣掩埋或直接排入下水道，不仅严重污染环境，还会占用大量土地；同时浪费宝贵的资源。实际上抗生素生产的主要原料均为粮食和农副产品，因此，药渣及处理污水的活性污泥都含有较高含量的蛋白质，可以生产高效有机肥料或饲料添加剂。

（1）污水处理生产的活性污泥肥料化

① 污泥直接干燥和造粒生产　该工艺是将未经消化的污泥通过烘干杀灭病菌后，再混合造粒成为有机复合肥，工艺流程如图6-4所示。

此工艺存在的问题为污泥烘干过程中臭味较大；生产成本控制主要表现在燃料方面，燃料成本比较高。

图 6-4　污泥直接干燥和造粒生产工艺流程

② 污泥堆肥发酵　污泥经过堆肥发酵后，可使有机物腐化稳定，把寄生卵、病菌、有机化合物等消化，提高污泥肥效。工艺流程如图6-5所示。

图 6-5　污泥堆肥发酵工艺流程

脱水污泥按 1 ∶ 0.6 的比例掺混粉煤灰，降低含水率，自然堆肥发酵，其中加入锯末或秸秆作为膨胀剂，也可增加养分含量。该工艺优点为恶臭气体产生相对较少，病菌通过发酵过程基本被消除，缺点是占地面积较大。

③ 复合微生物肥料的生产　复合微生物肥料是一种很有应用前景的无污染生物肥料，此类肥料目前主要依赖进口，国内应用与生产也刚刚起步。生产工艺如图6-6所示。

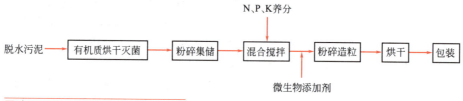

图 6-6　复合微生物肥料的生产工艺流程

本工艺与普通工艺并无多大区别，仅在混合部分增加了一个掺混微生物的工序。本工艺以烘干工序为关键，控制不当对有机质及微生物均有一定影响。主要问题为目前微生物添加剂主要依赖技术引进，转让费较高，以及除臭除尘要求高等。微生物复合肥由于技术含量较高，生产厂家较少，利润空间相对较大。

（2）药渣生产饲料添加剂

江西某制药有限公司（年生产 1000t 青霉素）为处理每年 3500t 药渣，筹建了年生产 500t 饲料添加剂生产线，取得了明显的经济效益、环境效益和社会效益。

① 药渣生产饲料添加剂的可行性　新鲜青霉素药渣（含水可达 85% 左右），在 25℃ 以上易受杂菌感染，几小时即开始腐败，因此不宜长久堆放与运输。经研究，将药渣产品（干基）测检，18 种氨基酸含量达平衡，综合营养优于豆粕 1 倍，无残留青霉素，无毒性，通过喂养试验，完全可以作为畜禽及养殖业的喂养饲料使用的高蛋白质饲料添加剂。

抗生素在畜牧业中的广泛应用，促进了畜牧业的发展，但近年来研究发现，抗生素的普遍应用也带来了难以克服的弊端，在杀死病原菌的同时，也破坏了肠道菌群的平衡，影响了畜禽的健康。为此，反对饲料中添加抗生素已成为欧、美一些国家的共同呼声，并计划用 10 年左右时间将其淘汰。这就迫使人们寻求新的生物制剂代替抗生素，改善畜禽的健康。抗生素废药渣中是否残存有引起问题的抗生素是一个值得注意的问题。

欧、美一些国家相继限用和禁用抗生素，大大推动了微生态制剂行业的发展。实践证明，微生态制剂具有组成复杂、性能稳定、功能广泛、无毒、无害、无残留物、无耐药性、无污染等特点，是一种很好的饲料添加剂。经大量喂养试验证明：它具有防病、抗病、促生长、提高消化吸收率和成活率及除臭、净化环境、节约饲料等功能，改善肉、蛋、奶的品质和风味有较好的功效，是高附加值的菌体蛋白饲料，有利于改善生态环境，保障人体健康。世界卫生组织（WHO）、联合国粮农组织及美、日等国积极开展高蛋白质饲料的研制工作。美国自 20 世纪 70 年代开发直接饲用的微生物研究并已用于生产。美国 FDA 和美国饲料控制官员协会曾公布可直接饲用的安全微生物 12 种，而真正用于配合饲料的活体微生物主要有乳酸菌（以嗜酸乳杆菌为主）、粪链球菌、芽孢杆菌属及乳杆菌、植物乳杆菌、干枯乳杆菌、双歧杆菌等。日本 20 世纪 80 年代初研制成的 EM- 微生态制剂，其微生物种群由光和细菌、酵母菌、乳酸菌、放线菌、丝状真菌等 5 科 10 属 80 种微生物组成。1989 年全球微生态制剂总销售额已达 7500 万美元，1993 年为 1.22 亿美元，近几年发展更为迅速，估计销售额达到 5 亿美元。

② 生产工艺流程　新鲜药渣经离心分离机及高速脱水后，滤渣粉碎后经高温气流干燥器干燥，滤液仍含有丰富的营养成分，经减压浓缩后也进气流干燥器干燥，成品经粉碎后装袋即为产品。其生产工艺流程如图 6-7 所示。

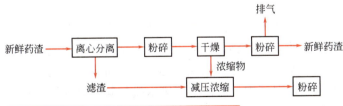

图 6-7　青霉素药渣生产高蛋白饲料添加剂工艺流程

青霉素药渣生产饲料的主要技术经济指标见表 6-5。

表 6-5　青霉素药渣生产饲料的主要技术经济指标

生产规模 /（t/a）	药渣 /（t/a）	包装袋 /（只/a）	水 /（t/a）	电量 /kW·h	蒸汽 /（t/a）	定员 /人	占地面积/m²	设备投资/万元	总投资/万元
500	3500	20000	1500	15 万	1500	12	360	194	291.78

③ 效益分析　该产品质量好、成本低，在市场上有很强的竞争力。销往韩国每吨销售价格 320 美元，年收入约 16 万美元（折合人民币约 135 万元）。扣去生产成本（能耗、包装费、维修费、管理费、工资、设备折旧等）36 万元，该项目年利润可达到 99 万元人民币。同时，项目总投资回收期为 3 年，效益比可达到 3.8。

该项目可消除青霉素药渣环境污染，同时**不产生二次污染**。

2. 抗生素清洁生产

从抗生素制药废水的水质特点可以看出，这种废水的生物处理具有一定的难度。因此，在对这类废水进行处理时，应尽可能考虑将整个生产过程实现清洁生产，使进入废水处理前的水质得到改善，既可以减少污染，又可以降低污水的处理费用。

事实上，抗生素废水中的物质大多是原料的组分，综合利用原料资源提高原料转化率始终是清洁生产技术的一个重要方向，因此需要对原料成分进行分析，并建立组分在生产过程中的物料平衡，掌握它们的流向，以实现对原料的"吃光榨尽"；同时生产用水也要合理节约，一水多用，采用合理的净水技术。生产工艺和设备的改进是一个关键性的问题，工艺改进主要是在原有发酵工艺的基础上，采用新技术使工艺水平大大提高。

（1）工艺改进新技术

① 工艺改进、新药研制和菌种改造，加强原料的预处理，提高发酵效率，减少生产用水，降低发酵过程中可能出现的染菌等工艺问题；

② 逐渐采用无废少废的设备，淘汰低效多废的设备；

③ 菌种改造主要利用基因工程原理及技术。

在废水生物处理前，主要的工作任务则是微生物制药用菌的选育、发酵以及产品的分离和纯化等工艺，研究用于各类药物发酵的微生物来源和改造、微生物药物的生物合成和调控机制、发酵工艺与主要参数的确定、药物发酵工程的优化控制、质量控制等。目前，生物新技术已得到了广泛的应用，主要包括大规模筛选的采用与创新，高效分离纯化系统的采用，对于制药厂为改善排放污水水质，大大地提高了微生物发酵技术和效率，使该类制药废水的可处理性得到提高。另外，应充分考虑生产过程中废水的回收和再利用，既可以回收废水中存在的抗生素等有用物质，提高原料的利用率，又可以减少废水排放量，改善排放废水水质，具有较为可观的综合利用价值，能产生较好的环境、经济和社会效益。

中国在这方面做了大量的研究，取得了一定成绩。例如，从庆大霉素工艺废水中回收提取菌丝蛋白；从土霉素提炼废水回收土霉素钙盐；从土霉素发酵废液中回收制取高蛋白饲料添加剂；从生产中间体氯代土霉素母液蒸馏回收甲醇；从淀粉废水中回收玉米浆、玉米油、蛋白粉。又如生产四环素，对其中一股乙二酸废水投加硫酸钙，反应得到乙二酸钙，再经酸化回收乙二酸。以青霉素生产废水为例，其发酵废水在中和并分离戊基乙酸盐后，废水水质有了很大的提高，如表 6-6 所示。

表 6-6　预处理后的青霉素发酵废水水质

参数	预处理前含量 / (mg/L)	预处理后含量 / (mg/L)	参数	预处理前含量 / (mg/L)	预处理后含量 / (mg/L)
BOD$_5$	13500	4190	总碳水化合物	240	213
总固体	28030	26800	NH$_3$-N	1200	91
挥发性固体	11000	10800	亚硝酸钠	350	28
还原性碳水化合物（按葡萄糖计）	650	416	硝酸氮（铵）	105	1.9

（2）青霉素清洁工艺

青霉素是生产规模较大、应用较广的抗生素之一，具有抗菌作用强、疗效高和毒性低的优点，是治疗敏感性细菌感染的药物。

在提取过程中，应用较广泛的是溶剂萃取方法，而且多用乙酸丁酯为萃取剂，碳酸氢钠水溶液为反萃取剂。此工艺存在明显的缺点：

① 在 pH 酸性条件下萃取，青霉素降解损失严重；

② 低温操作，生产能耗大；

③ 乙酸丁酯水溶性大，溶剂损失大而且回收困难；

④ 反复萃取次数很多，导致废酸和废水量大。

为了降低成本，减少污染物排放，提高成品收率，进而增强企业竞争力，改革旧工艺实施清洁生产工艺迫在眉睫，下面几种提取新工艺能较好地克服上述弊端。

① 液膜法提取青霉素工艺　液膜法提取青霉素工艺见图 6-8，是将溶于正癸醇的胺类试剂（LA-2）支撑在多孔的聚丙烯膜上，利用青霉素与胺类的化学反应，把青霉素从膜一侧的溶液中选择性吸收转入另外一侧，而且母液中回收青霉素烷酸（6-APA）的收率也较高。膜分离是一种选择性高、操作简单和能耗低的分离方法，它在分离过程中不需要加入任何别的化学试剂，无新的污染源。

② 双水相萃取提取青霉素工艺　采用双水相体系（ATPS）从发酵液中提纯青霉素见图 6-9。

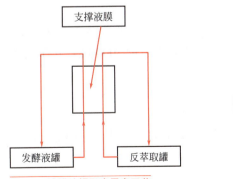

图 6-8　液膜法提取青霉素工艺

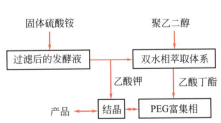

图 6-9　双水相萃取提取青霉素工艺

ATPS 萃取青霉素工艺过程为：首先在发酵液中加入 8%（质量分数，下同）的聚乙二醇（PEG2000）和 20% 的硫酸铵进行萃取分相，青霉素富集于轻相，再用乙酸丁酯从轻相中萃取青霉素。

其操作工艺条件和结果如下：料液，1L，10.25g/L；双水相体系富集，pH=5.0，T=293K，Y_t=93.67%；乙酸丁酯萃取，pH=1.7，T=293K，Y_t=92.42%；结晶，晶体质量7.228g，纯度为88.48%。

双水相体系从发酵液中直接提取青霉素，工艺简单，收率高，避免了发酵液的过滤预处理和酸化操作；不会引起青霉素活性的降低；所需的有机溶剂量大大减少，更减少了废液和废渣的排放量。

四、某污水处理厂清洁生产

1．企业概况

某污水处理厂隶属于北京城市排水集团有限责任公司，是北京市规划的14座城市污水处理厂中规模最大的一座二级污水处理厂，服务于北京市中心城区及东部地区，流域面积9661公顷，服务人口240万。该污水处理厂总占地面积68公顷，总处理规模为每日100万立方米，污水处理能力占北京市中心城区规划总处理能力的37%，占现状处理能力的39%，2016年处理污水3.4亿吨。

2．清洁生产实施情况及效果

该污水处理厂于2013年10月启动本轮清洁生产审核工作，聘请中国轻工业清洁生产中心提供专业指导。2017年6月完成本轮审核。确定本轮审核的审核重点为污水处理过程中的节能、节水、降低物耗。通过清洁生产审核，取得显著成效，主要体现在水处理过程精细化运行、淘汰落后设备更换、节能技术改造、加强员工清洁生产知识培训，提高员工清洁生产意识等方面。

（1）审核情况

通过现场调研实地考察及资料分析，实测平衡分析，专家咨询以及员工提出合理化建议等手段，共筛选出清洁生产方案28项，其中无低费方案22项，中高费方案6项。这些清洁生产方案按照边审核边实施原则，在预审核阶段便开始实施。目前28项清洁生产方案已全部完成。

（2）清洁生产方案实施及效果

方案共投入资金1572万元，年节电443.9万千瓦时，减少初沉池清砂282立方米，年节约硫酸铝6696.46吨，年节约絮凝剂20.9吨，年节约新鲜水用量3000吨，年节省煤油100千克，年产生经济效益787万元。

3．清洁生产方案简介

（1）曝气系统精细化运行

① 改造前　该污水处理厂受进水量波动的影响，曝气池溶解氧波动十分剧烈，溶解氧大幅波动会给工艺控制带来很大的困难。

② 改造方案　对溶解氧不能随水量负荷精确控制的缺点，新开发一套软件，并安装液位计和在线溶解氧测定仪。在原有PLC控制系统的基础上，新开发的软件计算需气量，利用液位计和在线溶解氧仪实时反映水量和溶解氧，通过联动机制，将这些信号反馈给鼓风机，分时段调整鼓风机的开启程度，实现鼓风机气量的有效控制，从而实现曝气系

统的精细化运行。该方案以进水水量前馈控制为主，在线溶解氧监视反馈为辅，运行可靠性较高，运行调控及时。

③ 实施效果　该方案的投资费用为 103 万元，年节约用电量 376.35 万千瓦时，节约电费 301.1 万元。

（2）化学除磷精细化运行

① 改造前　化学除磷加药泵不能自控，由人工操作，不能及时根据实际运行情况调整除磷药剂投加，为保证出水指标达标，造成药剂浪费，化学污泥量增加。

② 改造方案　为应对新标准对出水水质的更高要求，调控氨氮和总磷两项指标达标。应用同步化学除磷的方式，在曝气池出水渠道投加 6% 硫酸铝液态药剂使铝离子与溶解性磷酸盐形成沉淀，从而实现对磷的去除，实现出水总磷小于 1 毫克 / 升。该方案改造 PLC 站，增加一台在线正磷酸盐分析仪，安装配电柜、变频器、以太网等实现自控系统稳定运行。

③ 实施效果　该方案的投资费用为 188.3 万元，全年可节约硫酸铝 6696.46 吨 / 年，节约硫酸铝费用 244.5 万元 / 年。

五、湿法磷酸清洁生产工艺

磷酸是重要的基础化工产品。由磷酸可以生产各种磷酸盐，而磷酸盐与国计民生和科学技术的发展密切相关。

磷酸的生产方法主要有热法和湿法两种，其中湿法生产工艺因其原料易得，工艺简单，技术成熟和能耗较低等而成为磷酸最重要的工业生产方法。

1. 湿法硫酸清洁工艺流程

如图 6-10 所示，湿法磷酸生产是用无机酸（H_2SO_4）分解磷矿［$Ca_3(PO_4)_3$］制备磷酸。该分解是液固多相反应过程，其化学反应式为：

$$Ca_5F(PO_4)_3 + 5H_2SO_4 + 5nH_2O = 3H_3PO_4 + HF + 5CaSO_4 \cdot nH_2O$$

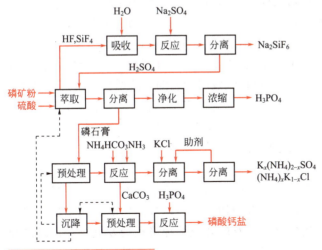

图 6-10　湿法磷酸清洁工艺流程

此分解过程也称萃取过程，生成物中目标产物磷酸是液态，氟化物是气态，硫酸钙是固相，其中带的结晶水（n）可以是 0、1/2 或 2，也称磷石膏。氟化物和磷石膏是副产品，尤其是后者，其产量巨大，任其排放会严重污染环境。

2. 湿法磷酸清洁生产特点

① 在突出主要产品 H_3PO_4 制备的同时，通过"封闭循环"、工艺消化，实现资源的综合利用。

② 磷矿中的氟通过吸收和相关反应，可制备 Na_2SiF_6 等氟化学产品，反应产生的 H_2SO_4。可返回系统用于分解磷矿。

③ 磷石膏和 NH_4HCO_3 反应转化为硫酸铵，然后再与 KCl 反应，生成无氯钾肥 $K_x(NH_4)_{2-x}SO_4$ 和有氯钾肥 $K_x(NH_4)_{2-x}Cl$，实验表明，磷石膏的转化率可达 95% 以上，KCl 的转化率可达 92% 以上。$K_x(NH_4)_{2-x}SO_4$ 可用于烟草、茶叶、药材等专用肥料，$K_x(NH_4)_{2-x}Cl$ 可作为粮食作物的多元肥料。

④ 磷石膏转化中产生的碳酸钙，通过进一步处理可作为微细碳酸钙材料；也可以通过净化处理，然后和磷酸反应生成磷酸钙盐，作为添加剂或助剂。

第三节
循环经济与绿色 GDP

一、循环经济的概念与内涵

循环经济的思想萌芽诞生于 20 世纪 60 年代的美国。"循环经济"这一术语在中国出现于 20 世纪 90 年代中期，学术界在研究过程中已从资源综合利用的角度、环境保护的角度、技术范式的角度、经济形态和增长方式的角度、广义和狭义的角度等不同角度对其作了多种界定。当前，社会上普遍推行的是国家发改委对循环经济的定义："循环经济是一种以资源的高效利用和循环利用为核心，以'减量化、再利用、再循环'为原则，以低消耗、低排放、高效率为基本特征，符合可持续发展理念的经济增长模式，是对'大量生产、大量消费、大量废弃'的传统增长模式的根本变革。"这一定义不仅指出了循环经济的核心、原则、特征，同时也指出了循环经济是符合可持续发展理念的经济增长模式，抓住了当前中国资源相对短缺而又大量消耗的症结，对解决中国资源对经济发展的瓶颈制约具有迫切的现实意义。

以人为本是科学发展观的本质和核心。坚持以人为本，要求在发展中不能只见物不见人，而是要一切以改善人的生存条件、提高人的物质生活、政治生活和精神生活的质量和推进人的全面发展为转移。必须坚持以科学发展观统领经济社会发展全局，促进经济发展与人口、资源、环境相协调。从长远来看，循环经济本质上是一种生态经济，是可持续发展理念的具体体现和实现途径。它要求遵循生态学规律和经济规律，合理利用自然资源和环境容量，以"减量化、再利用、再循环"为原则发展经济，按照自然生态系统物质循环和能量流动规律重构经济系统，使经济系统和谐地纳入到自然生态系统的物质循环过程之中，实现经济活动的生态化，以期建立与生态环境系统的结构和功能相协调的生态型社会经济系统。

循环经济发端于生态经济。从美国经济学家肯尼思·鲍尔丁在 1966 年发表《一门科学——生态经济学》，开创性地提出生态经济的概念和生态经济协调发展的理论后，人们越来越认识到，在生态经济系统中，增长型的经济系统对自然资源需求的无止境性，与稳定型的生态系统对资源供给的局限性之间就必然构成一个贯穿始终的矛盾。围绕这个矛盾来推动现代文明的进程，就必然要走更加理性的强调生态系统与经济系统相互适应、相互促进、相互协调的生态经济发展道路。生态经济就是把经济发展与生态环境保护和建设有机结合起来，使二者互相促进的经济活动形式。它要求在经济与生态协调发展的思想指导下，按照物质能量层级利用的原理，把自然、经济、社会和环境作为一个系统工程统筹考虑，立足于生态，着眼于经济，强调经济建设必须重视生态资本的投入效益，认识到生态环境不仅是经济活动的载体，还是重要的生产要素。要实现经济发展、资源节约、环境保护、人与自然和谐四者的相互协调和有机统一。

发展循环经济，实现环境与发展协调的最高目标是实现从末端治理到源头控制，从利用废物到减少废物的质的飞跃。循环经济的根本目的是要求在经济流程中尽可能减少资源投入，并且系统地避免和减少废物，废弃物再生利用只是减少废物最终处理量。循环经济"减量化、再利用、再循环"——"3R"原则的重要性不是并列的，它们排列是有科学顺序的。减量化——属于输入端，旨在减少进入生产和消费流程的物质量；再利用——属于过程，旨在延长产品和服务的时间；再循环——属于输出端，旨在把废弃物再次资源化以减少最终处理量。处理废物的优先顺序是：避免产生——循环利用——最终处置。即首先要在生产源头——输入端就充分考虑节省资源、提高单位生产产品对资源的利用率、预防和减少废物的产生；其次是对于源头不能削减的污染物和经过消费者使用的包装废弃物、旧货等加以回收利用，使它们回到经济循环中；只有当避免产生和回收利用都不能实现时，才允许将最终废弃物进行环境无害化处理。环境与发展协调的最高目标是实现从末端治理到源头控制，从利用废物到减少废物的质的飞跃，要从根本上减少自然资源的消耗，从而也就减少环境负载的污染。

从理论上讲，"减量化、再利用、再循环"可包括以下三个层次的内容。

（1）产品的绿色设计中贯穿"减量化、再利用、再循环"的理念

绿色设计包含了各种设计工作领域，凡是建立在对地球生态与人类生存环境高度关怀的认识基础上，一切有利于社会可持续发展，有利于人类乃至生物生存环境健康发展的设计，都属于绿色设计的范畴。绿色设计具体包含了产品从创意、构思、原材料与工艺的无污染、无毒害选择到制造、使用以及废弃后的回收处理、再生利用等各个环节的设计，也就是包括产品的整个生命周期的设计。要求设计师在考虑产品基本功能属性的同时，还要预先考虑防止产品及工艺对环境的负面影响。

（2）物质资源在其开发、利用的整个生命周期内贯穿"减量化、再利用、再循环"的理念

即在资源开发阶段考虑合理开发和资源的多级重复利用；在产品和生产工艺设计阶段考虑面向产品的再利用和再循环的设计思想；在生产工艺体系设计中考虑资源的多级利用、生产工艺的集成化标准化设计思想；生产过程、产品运输及销售阶段考虑过程集

成化和废物的再利用；在流通和消费阶段考虑延长产品使用寿命和实现资源的多次利用；在生命周期末端阶段考虑资源的重复利用和废物的再回收、再循环。

（3）生态环境资源的再开发利用和循环利用

即环境中可再生资源的再生产和再利用，空间、环境资源的再修复、再利用和循环利用。循环经济"3R"原则的排序，实际上反映了20世纪下半叶以来人们在环境与发展问题上思想进步的三个历程：

第一阶段，认识到以环境破坏为代价追求经济增长的危害，人们的思想从排放废弃物提高到要求通过末端治理净化废弃物；

第二阶段，认识到环境污染的实质是资源浪费，因此，要求进一步从净化废弃物升华到通过再利用和再循环利用废弃物；

第三阶段，认识到利用废弃物仍然只是一种辅助性手段，环境与发展协调的最高目标应该是实现从利用废弃物到减少废弃物的质的飞跃。

与此相应，在人类经济活动中，不同的思想认识导致形成三种不同的资源使用方式，一是线性经济与末端治理相结合的传统方式；二是仅仅让再利用和再循环原则起作用的资源恢复方式；三是包括整个"3R"原则且强调避免废弃物的低排放甚至零排放方式。

前文已对清洁生产进行讲述，那么清洁生产与循环经济又有何区别与联系呢？两者最大的区别是在实施的层次上。在企业层次实施清洁生产就是小循环的循环经济，一个产品、一台装置、一条生产线都可采用清洁生产的方案，在园区、行业或城市的层次上，同样可以实施清洁生产。而广义的循环经济是需要相当大的范围和区域的，如日本称为建设"循环型社会"。推行循环经济由于覆盖的范围较大，链接的部门较广，涉及的因素较多，见效的周期较长，不论是哪个单独的部门恐怕都难以担当这项筹划和组织的工作。

就实际运作而言，在推行循环经济过程中，需要解决一系列技术问题，清洁生产为此提供必要的技术基础。特别应该指出的是，推行循环经济技术上的前提是产品的生态设计，没有产品的生态设计，循环经济只能是一个口号，而无法变成现实。

我国推行清洁生产已经有多年的历史，从国外吸取和自身积累了许多宝贵的经验和教训，不论在解决体制、机制和立法问题方面，还是在构建方法学方面，都可为推行循环经济提供有益的借鉴。

二、绿色 GDP

GDP 代表着目前世界通行的国民经济核算体系，是衡量一个国家发展程度的统一标准。对于任何国家来说，经济增长都是非常重要的。但是，经济增长势必消耗资源，经济增长也往往对环境产生负面影响。GDP 是反映经济发展的重要宏观经济指标，但是它并没有反映经济发展对资源环境所产生的这些负面影响。而绿色 GDP 就是在 GDP 的基础上，扣除经济发展所引起的资源耗减成本和环境损失的代价。因此，它在一定程度上反映了经济与环境之间的相互作用，是反映可持续发展的重要指标之一。

人类经济的发展、社会的进步，不仅依赖 GDP 的增长，还依赖自然资源环境和谐统一度的提高。绿色 GDP 不仅能反映经济增长水平，而且能够体现经济增长与自然保护和谐统一的程度，可以很好地表达和反映可持续发展观的思想和要求。绿色 GDP 占 GDP 的比重越高，表明国民经济增长的正面效应越高，负面效应越低。

但是，绿色 GDP 核算不是一件容易的事，其中很重要的原因就是，许多资源耗减和环境损失代价很难估价。如森林资源，它是一种可再生资源，如果森林的采伐速度不超过森林的自然生长速度，森林资源总量就不会减少。但是，如果过度采伐，森林面积和林木蓄积量就会减少。林地和林木资源耗减成本的估算也许容易些，但是，除了蓄养树木之外，森林具有保持土壤、涵养水源、净化空气、防风固沙、旅游休闲等多种功能，这些功能具有重要的经济价值。当森林面积大幅度减少时，森林的上述功能势必下降，从而相应的经济价值也随之下降，这种经济价值变化的估算就不那么容易。

中国绿色国民经济核算体系的构建研究已具有一定的基础。从 2004 年开始，国家统计局和国家环保总局已成立了绿色 GDP 联合课题组，组织力量积极进行研究和试验。绿色 GDP 研究不是一朝一夕的事，但它给了人们美好的期许和开始。

广西贵港国家生态工业（制糖）示范园区是我国第一个循环经济试点，也是比较成功的生态工业园区。它是以贵糖（集团）股份有限公司为核心，以蔗田、制糖、酒精、造纸、热电联产及环境综合处理 6 个系统为框架建设的生态工业园区。最初阶段，循环是在贵糖集团内部进行的，后来网络扩大，将贵港市其他制糖厂以及种植甘蔗的农民也纳入园区，从而形成了比较完整和闭合的生态循环网络。如图 6-11 所示，这是在企业内部搞循环经济的实例。

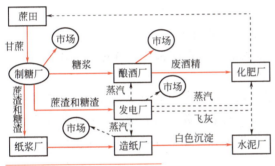

图 6-11　贵港工业园产业链示意图

贵港生态工业园区的主要生态链有三条：一是蔗田→甘蔗→制糖→废糖蜜→制酒精→酒精废液→制复合肥→回到蔗田；二是甘蔗→制糖→蔗渣造纸；三是制糖（有机糖）→低聚果糖生态链。具体分工如下：蔗田负责向园区提供高品质的甘蔗，保障园区制造系统有充足的原料供应；制糖系统生产出各种糖产品；酒精系统通过开发能源酒精、酵母精工艺，利用甘蔗制糖副产品废糖蜜生产出能源酒精和酵母精等产品；造纸系统利用甘蔗制糖的副产品蔗渣生产出高质量的生活用纸及文化用纸等产品；热电联产系统用甘蔗制糖的副产品蔗髓替代部分燃煤，实现热电联产，供应生产所必需的电力和蒸汽，保障园区整个生产系统的动力供应；环境综合处理系统为园区内制造系统提供环境服务，包括废气、废水的处理，生产水泥及复合肥等副产品。这 6 个系统通过废弃物和能源的交换，既节约了废物处理及能源成本，又减少了对空气、地下水及土地的污染。

氢化还原法新工艺攻克世界性治废难题

邻氨基苯甲醚是染料、医药以及香兰素的重要原料。由于生产过程中产生的硝基物和硫化物难以回收，过去国内企业大多采用硫化碱还原法生产邻氨基苯甲醚，此法操作简单，但每生产 1t 产品就要排放 3.5t 的高浓度废水（含硫化物 40% 以上）。该废水 COD 值较高，其中含有的 Na_2S 遇酸分解产生 H_2S 气体。这种废水既不能排入下水道，也无法送污水厂进行生化处理，是化工行业难治理的污染源之一。

世星药化公司技术中心研发的氢化还原法生产邻氨基苯甲醚新技术，采用独特的加料方式和 DCS 集散控制系统，有效控制了亚硝基苯甲醚和羟氨基苯甲醚中间产物的产生，污水量减少 98%，外排废水中的有害物质全部回收，整个过程实现清洁生产。该生产工艺实现成本降低 1000 元、每吨少排 3.5t 污水的同时，还提升了产品质量。经国家染料质量监督中心检验，邻氨基苯甲醚产品各项指标全部达标，纯度达到99.53%，高出优等品指标 0.33%。

多聚甲醛生产清洁工艺

由河北科技大学研发、东营如海化工有限公司建设的清洁、高效 6000t/a 多聚甲醛联产 1500t/a 乌洛托品生产装置试产成功。

我国以前生产多聚甲酸大多采用引进技术，费用相对较高，一套 1 万吨 / 年装置需要投资 8000 万～ 1 亿元，投资回收期 5 年左右。而建设同样规模的国内技术装置仅仅需要 1000 万元，最多两年就可回收投资。

新工艺实现三大创新：一是将传统工艺中无法回收利用的淡甲醛用于联产乌洛托品，使整个流程实现清洁化，固体、液体废物达到零排放，显著增加了企业的经济和社会效益；二是工艺简洁，投资少，同等规模投资相当于国外技术 1/8 左右；三是物耗、能耗大幅度下降。

三大技术联动助电石法 PVC 升级

采用电石法工艺生产聚氯乙烯（PVC），与乙烯法相比，电石法具有较大的成本优势，但其带来的高能耗和污染给电石法企业戴上桎梏。每生产 1t PVC，就要排出1.8t 水分含量高达 30% ～ 37% 的电石渣。

山东寿光新龙电化集团与北京瑞思达公司联合开发干法乙炔技术，其电石水解率大于 99%，耗水量仅为原来的 1/10，耗电量低，所产生的电石渣可用来生产水泥。该技术被国家生态环境保护部列入《国家先进污染防治示范技术名录》和《鼓励发展的环境保护技术名录》。

电石法工艺每生产 1t PVC 就要消耗氯化汞活性炭催化剂 1.4kg 左右，既给环境造成了严重污染，在全球汞资源日益枯竭的情况下，也直接威胁到电石法 PVC 企业的生存。而已经通过中国石油和化学工业联合会专家论证的环保低汞催化剂（5.5% 氯化汞），是氯碱行业关键技术上获得突破的产品。该催化剂的反应活性、选择性和使用寿命均优于普通高汞催化剂。经过在锦化集团、青岛海晶等企业的应用证明，该催化剂既可降低生产成本，又能减轻环境污染。

针对电石法的污水治理，北京中科国益环保工程公司开发了污水"零排放"技术，能对烧碱、PVC 生产废水和公用工程废水进行分类处理和分级处理。按水资源费 2 元 / 吨计算，废水处理费用与用水资源费基本持平。

复习思考题

一、简答论述题

1. 什么是清洁生产？
2. 制约我国化工清洁生产发展的科技问题是什么？
3. 化工清洁生产的技术领域有哪几方面？
4. 我国化工清洁生产关键技术有哪些？
5. 什么是循环经济？
6. 循环经济的内涵是什么？？
7. 绿色 GDP 的意义是什么

二、判断题

1. 清洁生产也就是指绿色工业，它是世界各国推进可持续发展所采用的一项基本策略。清洁生产要求摒弃过去的经济模式，走技术进步，提高经济效益，节约资源的发展之路。（   ）
2. 绿色建筑是指绿化好的建筑物。（   ）
3. 绿色产品就是环境标志产品。（   ）
4. 清洁生产工艺的关键是对生产过程实施全过程控制。（   ）
5. 清洁生产就是符合环境管理标准的生产过程。（   ）

 项目训练

开展清洁生产的工业企业的调查

一、研究目的

对本地区的不同行业开展清洁生产的企业进行调查，了解开展清洁生产取得的效益。

二、调查内容

1. 企业的性质、规模、基本概况；
2. 企业的产品、规格、用途、销售状况；
3. 企业的生产工艺、技术指标及"三废"排放、处理状况；
4. 开展清洁生产所取得的效益，包括经济效益、环境效益和社会效益；
5. 企业采取了哪些清洁生产技术；
6. 调查相近企业没有开展清洁生产的状况；

7. 走访企业上级主管部门、清洁生产推广部门、评价部门、环境管理部门。

三、研究方式

1. 以调查访问法为主，学生可分成若干小组，分类调查。

2. 由各组组长提交本组调查报告。

四、成果形式

完成调查报告，着重比较是否开展清洁生产的两类企业的经济、环境、社会效益状况，分析本地区没有开展清洁生产的原因是什么，并提出本地企业开展清洁生产的合理建议。

阅读材料

绿色文明的 12 种趋势

绿色是生命的象征，更是环保的象征。例如，人们将合乎环保要求的产品称为"绿色产品"。21世纪将成为"绿色世纪"，世界绿色文明的发展呈现出如下 12 种趋势。

① 绿色技术：要求企业在选择生产技术、开发新产品的时候，必须做出有利于环境保护和生态平衡的技术选择。要想对资源持久利用，就必须改变那种耗竭型的工业发展模式。近年来，绿色技术迅速发展，在防治污染、回收资源以及节约能源三大方面形成一个庞大的市场。

② 绿色设计：设计出的产品可以拆卸、分解、零部件可以翻新和重复使用。绿色设计与传统设计的根本区别就在于，绿色设计在设计的构思阶段，就把降低能耗、易于拆卸、再生利用和保护生态环境，与保证产品的性能、质量和成本的要求，列为同等的设计指标，并保证在生产过程能够顺利实施。

③ 绿色投资：为防治环境污染和生态破坏，必须规范投资去向，国外企业的投资已出现了"绿色倾向"。伦敦股票经纪行一家成员公司的调查资料显示，自 1990 年以来，"绿色股"——经营废料处理之类业务的公司所发行的股票，在伦敦股市上的涨幅，竟比全部股票的平均涨幅高出 70%。

④ 绿色产品：包括生产、加工、运输、消费的全过程都对环境无污染或污染很少的技术产品。这些在国外称之为环境友善产品，也有人称之为绿色产品。

⑤ 绿色包装：企业在产品设计及包装的使用和处理方面，既需努力降低商品包装费用，又要降低包装废弃物对环境的污染程度。目前国际上流行一种被称为"绿色包装"的包装纸。由于纸张主要成分是天然植物纤维，容易被土壤微生物分解，很快重新加入自然循环。

⑥ 绿色营销：企业通过各种途径在公众心目中塑造良好的绿色形象，刺激顾客对绿色商品的购买欲望。善于审时度势的商家已积极行动起来，引进绿色观念、推出绿色产品、制订绿色价格、开发绿色市场、开辟绿色渠道、实施绿色公关、树立绿色形象，形成了一套完整的绿色营销体系。

⑦ 绿色消费：人们不再以大量消耗资源、能源求得生活上的舒适，而是在求得舒适的基础上，大量节约资源和能源。人们的消费心理和行为向崇尚自然、追求健康转变，从而为国际市场带来一股绿色消费潮。

⑧ 绿色文化：推行"绿色管理"，进行"绿色教育"，生产"绿色产品"，争取"绿

色商标"，成为"绿色企业"。所谓"绿色管理"，就是把环境保护的思想观念融于企业的经营管理和活动之中，具体说，就是把环保作为企业的决策要素之一，确定企业的环保对策和环保措施。"绿色教育"，这是"绿色文化"的基础。"绿色产品"是指"安全、节能、无公害"的产品。"绿色商标"是现代商品营销中新的竞争要素。由于"绿色商标"代表安全、无公害，所以有"绿色商标"的商品备受消费者欢迎，价格虽高，但仍能旺销。

⑨ 绿色认证：推行统一的绿色产品的环境标准。这表明绿色产品将在国际市场上占主导地位，而不符合环保认证标准的产品将被淘汰出国际市场。

⑩ 绿色标志：亦称环境标志、生态标志。是指由政府部门或公共、私人团体依据一定的环境标准，向有关厂家颁发证书，证明其产品的生产、使用及处置过程全部符合环保要求，对环境无害或危害极少，同时有利于资源的再生利用。

⑪ 绿色壁垒：它构成了国际市场的新的贸易保护网。"绿色壁垒"形式有："绿色关税""绿色技术标准"和"绿色检疫"等。"绿色关税"又称"环境进口附加税"。"绿色技术标准"是指发达国家在保护环境的名义下，通过立法手段制定严格的强制性的环保技术标准，限制外国商品进口。

⑫ 绿色保护：通过法律手段对环境进行保护，达到食物天然化、环境绿色化、空气水源纯净化的绿色要求。目前国际上已签订了150多个多边环保协定，其中有将近20个含有贸易条款旨在通过贸易手段达到实施环保法规的目的各国对进口产品也竞相制定越来越复杂且严格的环保技术标准，其中食品的环境技术标准是最高的。日本、欧盟、美国等发达国家对食品中的农药残留量和有害物质含量标准的规定到了近乎苛刻的地步。

摘自《生态环境与保护》，2002，（5）。

第七章

噪声控制及其他化工污染防治

第一节
化工企业噪声污染

众所周知，化工企业易燃、易爆、有毒、有害物质许多，直接威逼着工人的生命安全与安康，然而噪声的危害往往被无视。其实，临时性听觉位移以及噪声已经成为石化企业某些工段职工的职业病。

一、化工企业噪声的来源和特点

化工企业噪声来源特别广。有由于气体压力突变产生的气流噪声，如压缩空气、高压蒸汽放空、加热炉、催化"三机"室等；有由于机械的摩擦、振动、撞击或高速旋转产生的机械性噪声，如：球磨机、空气锤、原油泵、粉碎机、机械性传送带等；有由于磁场交变，脉动引起电器件振动而产生的电磁噪声，如：变压器。

化工企业噪声污染具有广泛性和长久性。一方面，化工企业生产工艺的简单性使得噪声源广泛，影响面大；另一方面，只要声源不停顿运转，噪声影响就不会停顿，工人就会受到长久的噪声干扰或影响，所以，化工企业中生产性噪声多为高强度的连续性稳态混合噪声。

二、化工企业噪声成因分析

1. 机械性噪声

机械性噪声是由于机械设备在运转过程中，转动部件间的摩擦力、撞击力或非平衡力，使机械部件等发声体产生无规律振动而辐射出的噪声。如发电机、压缩机、离心泵等。还有一类是管道振动噪声。如阀门的快速开关或泵的启动与停止引起的水锤、流速的改变、流体通过节流孔时产生的高压力降液体等。

2. 喷射噪声

喷射噪声声源研究表明，在高速气流从管口喷出后，距离喷射口5~8D（D为管口直径）的部分喷射出的气流会剪切周围的空气并与之发生强烈的混合，随着混合后逐渐向外扩散。在这一过程中会产生强烈的噪声。

3. 旋转噪声及涡流噪声

旋转噪声是压缩机、风机等设备的叶轮高速旋转时切割周围气体介质，引起周围气体压力脉动而形成。叶片在引起气体压力脉动的同时会切割气流使其在叶片界面产生分裂，形成附面层及旋涡，这些涡流由于空气本身的黏滞作用，又分裂成许多小涡流，从而扰动空气形成压缩与稀疏过程而产生噪声，辐射出一种非稳定的流动噪声，常见于空冷器组。

4. 电磁噪声

电磁噪声主要是由电磁场交替变化而引起的某些机械部件或空间容积振动而产生的噪声。电机气隙中存在各种次数、各种频率的旋转径向电磁力波，它们分别作用在定子、转子铁心上，使定子铁心和机座以及转子出现周期性变化的径向变形，即发生振动。

三、噪声对人的危害

通过对生产现场调查和临床观看证明：无防护措施的生产性强噪声对人体能产生多种不良影响。

1．对听觉的影响

听觉位移就是听觉上的一种幻觉，声音在时间及空间上的不确定性，有时表现为声音滞后，它分为临时性听觉位移和永久性听觉位移，属于听觉系统功能性转变。发生临时性听觉位移的人脱离噪声影响一段时间后，听力一般可以恢复。但是，假如长期接触噪声并没有任何防护措施的话，就简单发生永久性听觉位移。

2．对神经、消化、心血管系统的影响

（1）噪声可引起头痛，头晕，记忆力减退，睡眠障碍等神经衰弱综合症。

（2）可引起心率加快或减慢，血压升高或降低等改变。

（3）噪声可引起食欲不振、腹胀等胃肠功能乱。

（4）噪声可对视力、血糖产生影响。

四、噪声控制

（一）噪声控制基本原理

噪声在传播过程中有三个要素，即噪声源、传播途径、接收者。只有这三个要素同时存在时，噪声才能对人造成干扰和危害。

噪声控制的原理就是在噪声到达耳膜之前，采用阻尼、隔振、吸声、隔声、消声器、个人防护和建筑等措施，尽力减少或降低声源的振动，或将传播中的声能吸收掉，或设置障碍使声音全部或部分反射出去，减弱对耳膜的作用。

（二）噪声控制技术

大型化工厂完全消除噪声源是不切实际的，因此，工厂噪声治理往往从传播途径入手，在噪声传播的过程中削弱噪声。

1．在空气传播的过程中削弱噪声

在空气传播常采用吸音或者隔音手段削弱噪声的传播。吸音指当声音进入某种材料时因黏滞性和热传导效应，声能转化为热能而导致声音的消散和吸收。开孔材料常被用作吸音材料。常见的有开孔发泡材料、毡类制品、矿物棉、纺织材料等。当需要处理低频噪声时，经常需要采用共振原理做成各种共振吸声结构。当声波入射声波投射在吸声结构上时，引起振动，其振动要克服本身的阻尼以及部分结构之间的摩擦，会使部分声能转化为热能而耗损。平面波在空间传播到 2 种媒质的交界面时，一部分声波在原媒质中产生反射波，另一部分声波投射到界面另一侧的媒质中形成透射波。交界面的材料质量越大，隔音性能越好。常见的材料包括重质层材料、混凝土、铅、金属板、矿物填充的聚合物或乙烯基层材料。

2．在固体传播的过程中削弱噪声

声音通过固体传播主要通过振动。减振主要考虑隔振及阻尼。隔振是通过降低振动强度来减弱固体声传播的技术。振动能量常以 2 种方式向外传播产生噪声：一部分直接向空气辐射；另一部分振动能量通过与其相接触的固体进行传播。水泥地板、砖石结构等是隔绝空气声的良好材料，但对固体声几乎没有衰减。通过选取隔振材料或减振器将

噪声源和其他能高效传播噪声的结构或部件分离可以减弱固体传噪。常见的隔振材料包括发泡材料、弹簧、橡胶等。阻尼作用可以衰减沿结构传递的振动能量，减弱共振频率附近的振动并降低结构自由振动或冲击引起的振动。常见的材料包括厚层材料、沥青、特殊混合物和覆层材料。

（三）化工厂的噪声治理措施

1. 隔声罩的设置

噪声污染集中区域常采用隔声罩来减弱噪声，隔离罩的结构应当是重质的，例如，混凝土或厚钢板等。受限于现场的空间、机器的维修及隔声罩的拆装运等因素，隔离罩也多选择金属薄板并内饰一定厚度的吸声材料。根据插入损失的要求，计算隔声罩结构的隔声量，再按实际情况选用。无孔实心结构有经验公式可以简单地计算隔声量。

$$R=23\times\lg m-9\;(m\geq 200\mathrm{kg/m^2}) \tag{1}$$

$$R=23\times\lg m+13\;(m\leq 200\mathrm{kg/m^2}) \tag{2}$$

式中，m 为构件的综合面密度，指固定厚度的情况下，单位面积的重量；R 为隔声量，dB。由式（1）和式（2）可看出面密度越大，其隔声量越大。当罩壁振动较大时，可在金属板外表面或内表面涂一些内损耗系数较大的阻尼材料，如沥青浆、石棉沥青浆等。为防止固体传声，可在噪声源下面安装隔振器或铺设隔振材料。在处理噪声的实际问题中，会在隔声罩罩壁上留一定的孔洞。大体积的发电机组的噪声控制常采用全覆盖一体的箱式隔声罩。为满足发电机组的温控需求，需要搭配强制冷却设备和一个结构复杂、高成本的散热设备。为减少投资，有文献记载，通过在厂房顶部铺设吸音材料，音源处设置隔声屏障等措施也取得了满意的效果。如非必要，建议尽量采用开放式的隔音手段减少隔音罩的设置，避免带来投资费用的增加及检测维修的不便。

2. 管线噪声控制

化工厂中与管道相关的噪声是最主要的噪声源。管系中的噪声有阀门节流噪声、气穴噪声、水锤声、机械振动噪声以及管线作为传播介质将辐射的噪声。管系噪声有以下几种噪声控制措施：在压降较大的场合，更换低噪阀门；设置限流孔板；合理的控制流速；优化管道走向，采用挠性连接；设置管道隔声支吊架，增加吸声内衬。由于管网噪声辐射而形成复杂的分布式噪声治理起来非常困难，单纯对厂区内高噪声的动设备点声源治理无法完全解决环境噪声问题，也常采用管道包扎式降噪。

3. 安装消声器

在化工设备的排气管道上安装消音器可以起到很好的降噪效果。常用的型号有扩散缓冲型消声器及小孔型消声器，降噪水平约 30~35dB。选型时需注意，消声器的排气能力要与排气放空相匹配。另外，当系统中放空点很多时，可以在每个放空点上设置限流孔板，而在管网中共用一个消声器。"

第二节
其他化工污染防治

一、煤化工污染及其防治

1. 煤化工环境污染

煤化工是以煤为原料的化学加工过程，由于煤本身的特殊性，在其加工、原料和产品的贮存运输过程中都会对环境造成污染。

炼焦化学工业是煤炭化学工业的一个重要部分，中国炼焦化学工业已从焦炉煤气、焦油和粗苯中制取 100 多种化学产品，这对中国的国民经济发展具有十分重要的意义。但是，焦化生产有害物排放源多，排放物种类多、毒性大，对大气污染是相等严重的。

据不完全统计，中国每年焦炭生产要向大气排放的苯可溶物、苯并芘及烟尘等污染物大约 70 万吨，其中苯并芘为 1700t。这些苯、酚类污染物，用常规处理方法很难达到理想效果，污染物的累积对生态环境造成不可挽回的影响，尤其是向大气排放的苯并芘是强致癌物，严重影响当地居民的身体健康。

炼焦工业排入大气的污染物主要发生在装煤、推焦和熄焦等工序。在回收和焦油精制车间有少量含芳香烃、吡啶和硫化氢的废气，焦化废水主要为含酚废水，焦化生产中的废渣不多，但种类不少，主要有焦油渣、酸焦油（酸渣）和洗油再生残渣等。另外，生化脱酚工段有过剩的活性污泥，洗煤车间有矸石产生。

在气化生产过程中，煤气的泄漏及放散有时会造成气体的污染，煤场仓储、煤破碎、筛分加工过程产生大量的粉尘；气化形成的氨、氰化物、硫氧碳、氯化氢和金属化合物等有害物质溶解在洗涤水、洗气水、蒸汽分馏后的分离水和贮罐排水中形成废水；在煤中的有机物与气化剂反应后，煤中的矿物质形成灰渣。

煤气化生产中，根据不同气化原料、气化工艺及净化流程的差异，污染物产生的种类、数量及对环境影响的程度也各不相同。

① 气化原料种类不同，生产过程对环境污染程度就不同　例如：烟煤作为原料的气化过程污染程度通常高于无烟煤，因为无烟煤、焦炭气化时干馏阶段的挥发物、焦油数量极少。

② 气化工艺不同，对环境污染影响差异性很大　三种气化工艺废水中杂质的浓度大不相同，采用移动床工艺时，废水中所含的苯酚、焦油和氰化物浓度都高于流化床和气流床工艺。因此移动床工艺中，净化时循环冷却水受污染严重，导致有害气体逸出在大气中，造成的大气污染也相对严重。

③ 净化工艺不同，煤气生产对环境的影响也不一样　冷煤气站污染程度高于热煤气站。因为热煤气生产工艺中，煤气不需要冷却，只采用干式除尘的净化方式，即没有冷煤气生产工艺带来的污染问题。

煤的液化分为间接液化和直接液化。间接液化主要包括煤气化和气体合成两大部分，气化部分的污染物如前所述；合成部分的主要污染物是产品分离系统产生的废水，其中含有醇、酸、酮、醛、酯等有机氧化物。直接液化的废水和废气的数量不多，而且都经过处理，主要环境问题是气体和液体的泄漏以及放空气体所含的污染物等，表7-1为溶剂精炼煤法对空气的污染（以每加工 7×10^4 t 计）。直接液化的残渣量较多，其中主要含有未转化的煤粉、催化剂、矿物质、沥青烯、前沥青烯及少量油，直接液化的残渣一般用于气化制氢后剩余灰渣。

表 7-1　溶剂精炼煤法的空气污染物

污染物	数量 /t	污染物	数量 /g
微粒	1.2	砷	1.4
SO_2	16	镉	130
NO_x	23	汞	23
烃类	2.3	铬	2200
CO	1.2	铅	480

2. 煤化工污染防治对策

（1）加快淘汰小土焦

土焦比机焦多耗优质煤 200kg/t 焦，多耗优质煤气 250m³/t 焦，造成了大量资源浪费。维持土焦生产对国内机焦企业和正常出口秩序造成了严重影响，而且对环境污染更为严重。目前，中国已有机焦生产能力 1.03 亿吨，另有在建机焦生产能力近 1000 万吨。随着节焦、代焦措施的应用，全国焦炭消耗量将维持在 1 亿吨左右。从目前中国机焦生产与建设情况看，是完全可以满足市场需求的。全部淘汰土焦，不会造成焦炭供应缺口，反而促使焦炭价格更趋向合理。

（2）焦炉大型化

20 世纪 70 年代，全球焦化业已面临着环境、经济、资源三大难题。美国、德国、日本等国家在改进传统水平室式炼焦炉基础上，开发了低污染焦新炉型。美国开发应用了"无回收炼焦炉"，德国、法国、意大利、荷兰等 8 个欧洲国家联合开发了"巨型炼焦反应器"，日本开发了"21 世纪无污染大型炼焦炉"，乌克兰开发了"立式连续层状炼焦工艺"，德国还开发了"焦炭和铁水两种产品炼焦工艺"等。各国对传统的炼焦炉改进的技术趋势是：①扩大炭化室有效容积；②采用导热、耐火性能好、机械强度高的筑炉材料；③配备高效污染治理设施；④生产规模大型化、集中化。

在国际炼焦炉技术大力改进的形势下，中国仍有许多炭化室高度小于 2.8m 的小机焦炉，不仅能耗、物耗高，且无脱硫、脱氨、脱苯等煤气净化工艺以及较完善的环保设施，应逐步淘汰。焦炉的大型化可降低出炉次数和炭化室数，可使排放污染物的数量减少。通过对不同炭化室容积的机焦炉废气污染物监测的结果表明，焦炉炉体废气逸散量与炭化室有效容积成反比关系。表 7-2 中列出不同炭化室容积的机焦炉污染物排放浓度情况。

表 7-2　不同炭化室容积的机焦炉污染物排放浓度情况

焦炉名称（炭化室高）	JN4.3 炉	JN2.8 炉	2.5m 炉	70 型炉	红旗炉
炭化室有效容积 /m³	23.9	11.2	5.25	3.34	2.6

焦炉名称（炭化室高）		JN4.3 炉	JN2.8 炉	2.5m 炉	70 型炉	红旗炉
污染物排放浓度	颗粒物 /（mg/m³）	3.28	6.99	14.92	23.48	30.14
	苯可溶物 /（mg/m³）	1.02	2.17	4.64	7.30	9.37
	苯并芘 /（μg/m³）	5.36	11.41	24.38	38.37	49.25

（3）积极推广清洁生产和节焦技术

清洁生产是指不断采取改进设计、使用清洁的能源和原料、采用先进的工艺技术与设备、改善管理、综合利用等措施，从源头削减污染，提高资源利用效率，减少或者避免生产、服务和产品使用过程中污染物的产生和排放，以减轻或者消除对人类健康和环境的危害。

《清洁生产标准　炼焦行业》（HJ/T126—2003）已于 2003 年 6 月 1 日实施，在炼焦行业治理、改造和建设中，应严格执行该标准。要采用配型煤与风选调湿技术，干熄焦技术，装煤、出焦消烟尘技术，脱硫、脱氰、脱氨等一系列先进技术，使装煤、出焦、熄焦时产生的污染降到最低程度，实现炼焦的清洁生产。在钢铁工业和化工工业（占焦炭消费量的 85%）中，大力推广节焦、代焦技术措施，降低国内焦炭消费。

（4）发展以煤气化为核心的多联产技术

21 世纪可持续发展的新能源技术是以煤气化为核心的多联产模式，要消除现有煤开采、加工所带来的污染，特别是高硫煤的污染，只有靠洁净煤、水煤浆、地下气化、坑口煤气化、硫回收、以洁净煤气进行化工生产和发电、废渣生产建材等多联产的新能源模式才可以实现可持续发展。

新模式可在坑口就地消化粉煤和矸石。

新模式采用无焦油污染的气化方法。

新模式通过碳一化学技术、甲醇化学技术、羰基合成技术，进一步生产洁净品替代车用燃料和民用燃料，可减少城市中的大气污染。同时通过化学深加工获得高效益的化工产品。

（5）液化"三废"治理

煤液化尚未全面工业化，今后如果建厂投产，应同时建立"三废"治理设施，所有污染物都在厂内得到处理，这对环境保护是十分有益的。

二、放射性污染及其防治

1. 概述

在自然资源中存在着一些能自发地放射出某些特殊射线的物质，这些射线具有很强的穿透性，如 ^{235}U、^{232}Th、^{40}K 等，都是具有这种性质的物质。这种能自发放出射线的性质称为放射性。放射性同位素进入环境后，会对环境及人体造成危害，成为放射性污染物。放射性污染物与一般的化学污染物有着明显的不同，主要表现在每一种放射性同位素均有一定的半衰期，在其放射性自然衰变的这段时间里，它都会放射出具有一定能量的射线，持续地对环境和人体造成危害。放射性污染物所造成的危害，在有些情况下并不立即显示出来，而是经过一段潜伏期后才显现出来。因此，对放射性污染物的治理也就不同于其他的污染物的治理。

（1）放射性污染源

环境中的放射性物质有两个来源。

① **天然辐射源**　人类从诞生起一直就生活在天然的辐照之中，并已适应了这种辐射。天然辐射源主要来自于：地球上的天然放射源，其中最主要的是铀（^{235}U）、钍（^{232}Th）同位素以及钾（^{40}K）、碳（^{14}C）和氚（^{3}H）等；宇宙间高能粒子构成的宇宙线，以及在这些粒子进入大气层后与大气中的氧、氮原子核碰撞产生的次级宇宙线。

② **人工辐射源**　20世纪40年代核军事工业逐渐建立和发展起来，50年代后核能逐渐被广泛地应用于各行各业和人们的日常生活中，因而构成了放射性污染的人工污染源。

a．核工业。核能应用于动力工业，构成了核工业的主体。核工业各类部门排放的废水、废气、废渣是造成环境放射性污染的主要原因。核燃料的生产、使用及回收的循环过程中，每一个环节都会排放放射性物质，但不同环节排放的种类和数量不同。例如，铀矿的开采、冶炼、精制与加工过程。在开采过程中排放物主要是氡和氡的子体以及放射性粉尘的废气和含有铀、镭、氡等放射性物质的废水；在冶炼过程中，产生大量低浓度放射性废水及含镭、钍等多种放射性物质的固体废物；在加工、精制过程中，产生含镭、铀等废液及含有化学烟雾和铀粒的废气等。

b．核电站。核电站排出的放射性污染物为人工放射性同位素，即反应堆材料中的某些元素在中子照射下生成的放射性活化物。其次是由于元件包壳的微小破损而泄漏的裂变产物，元件包壳表面污染的铀的裂变产物。核电站排放的放射性废气中有裂变产物碘（^{131}I）、氚（^{3}H）和惰性气体氪（^{85}Kr）、氙（^{133}Xn），活化产物有氩（^{14}Ar）和碳（^{14}C）以及放射性气溶胶等。在放射性废物的处理设施不断完善的情况下，处理设施正常运行时，从核电站排放的放射性同位素中，周围居民的接受剂量一般不超过背景辐射量的1%。只有在核电站反应堆发生堆芯熔化事故时，才可能造成环境的严重污染。如1986年苏联的切尔诺贝利核电站的爆炸泄漏事故，这次事故的发生，在今后十几年甚至几十年里都将会给环境造成重大的压力。因此减少事故排放对减少环境的放射性污染将是十分重要的。表7-3列出了国际核事件分级。

表 7-3　国际核事件分级表

分类	分级	影响	著名事件
事故	7	特大	切尔诺贝利核电站事故（1986年4月26日发生于苏联乌克兰） 福岛第一核电站事故（2011年3月11日发生于日本福岛县）
	6	重大	克什特姆核废料爆炸事故（1957年9月29日发生于苏联俄罗斯车里雅宾斯克州奥焦尔斯克）
	5	具有场外风险	温斯乔火灾（1957年发生于英国） 戈亚尼亚医疗辐射事故（1987年发生于巴西戈亚斯） 三喱岛核事故（1979年3月29日发生于美国宾州）
	4	场外无显著风险	东海村JCO临界事故（1999年9月30日发生于日本茨城县）
事件	3	严重	塞拉菲尔德核电站事件（1955年至1979年发生于英国） 福岛第二核电站：第一、二、四号机组（2011年3月发生于日本福岛县）

分类	分级	影响	著名事件
事件	2	注意	卡达哈希核电站事件
	1	异常	格雷福兰核电站事件（2009 年发生于法国诺尔省） 大亚湾核电站事件（2010 年 10 月 23 日发生于中华人民共和国广东省）
偏差现象	0	无安全顾虑	科斯克核电站事件（2008 年发生于斯洛文尼亚）

c. 核试验。在大气层进行试验时，爆炸的高温体放射性同位素为气态物质，伴随着爆炸时产生的大量炽热气体，蒸汽携带着弹壳碎片、地面物升上高空。在上升过程中，随着蘑菇状烟云扩散，逐渐沉降下来的颗粒物带有放射性，称为放射性沉降物，又叫落下灰。这些放射性沉降物除了落到爆区附近外，还可随风扩散到广泛的地区，造成对地表、海洋、人及动植物的污染。细小的放射性颗粒甚至可到平流层并随大气环流流动，经很长时间（甚至几年）才能落回到对流层，造成全球性污染。

d. 医疗照射的射线。随着现代医学的发展，辐射作为诊断、治疗的手段越来越广泛地应用，且医用辐照设备增多，诊治范围扩大。辐照方式除外照射方式外，还发展了内照射方式，如诊治肺癌等疾病，就采用内照射方式，使射线集中照射病灶。但同时这也增加了操作人员和病人受到的辐照，因此医用射线已成为环境中的主要人工污染源。

e. 其他方面的污染源。某些用于控制、分析、测试的设备使用了放射性物质，对职业操作人员会产生辐射危害。某些生活消费品中使用了放射性物质，如夜光表、彩色电视机等；某些建筑材料如含铀、镭量高的花岗岩和钢渣砖等，它们的使用也会增加室内的辐照强度。

（2）危害

放射性污染造成的危害主要是通过放射性污染物发出射线的照射来危害人体和其他生物体，造成危害的射线主要有 α 射线、β 射线和 γ 射线。α 射线穿透力较小，在空气中易被吸收，外照射对人的伤害不大，但其电离能力强，进入人体后会因内照射造成较大的伤害；β 射线是带负电的电子流，穿透能力较强；γ 射线是波长很短的电磁波，穿透能力极强，对人的危害最大。

放射性同位素进入人体后，其放射性对机体产生持续照射，直到放射性同位素衰变成稳定性同位素或全部排出体外为止。就多数放射性同位素而言，它们在人体内的分布是不均匀的。放射性同位素沉积较多的器官，受到内照射量较其他组织器官为大，因此，一定剂量下，常观察到某些器官的局部效应。

就目前所知，人体内受某些微量的放射性同位素污染并不影响健康，只有当照射达到一定剂量时，才能对人体产生危害。当内照射剂量大时，可能出现近期效应，主要表现为头痛、头晕、食欲下降、睡眠障碍等神经系统和消化系统的症状，继而出现白细胞和血小板减少等。超剂量放射性物质在体内长期残留，可产生远期效应，主要症状有出现肿瘤、白血病和遗传障碍等。如 1945 年原子弹在日本广岛、长崎爆炸后，居民由于长期受到放射性物质的辐射，肿瘤、白血病的发病率明显增高。

2. 放射性污染的防治

目前，除了进行核反应之外，采用任何化学、物理或生物的方法，都无法有效地破坏这些同位素，改变其放射性的特性。因此，为了减少放射性污染的危害，一方面要采取适当的措施加以防护；另一方面必须严格处理与处置核工业生产过程中排出的放射性废物。

（1）辐射防护方法

① **外照射防护**　辐射防护的目的主要是为了减少射线对人体的照射，人体接受的照射剂量除与源强有关外，还与受照射的时间及距辐射源的距离有关。为了尽量减少射线对人体的照射，应使人体远离辐射源，并减少受照时间。在采用这些方法受到限制时，常用屏蔽的办法，即在放射源与人之间放置一种合适的屏蔽材料，利用屏蔽材料对射线的吸收降低外照射的剂量。

a．α射线的防护。α射线射程短，穿透力弱，因此用几张纸或薄的铅膜，即可将其吸收。

b．β射线的防护。β射线穿透物质的能力强于α射线，因此对屏蔽β射线的材料可采用有机玻璃、烯基塑料、普通玻璃及铅板等。

c．γ射线的防护。γ射线穿透能力很强，危害也最大，常用具有足够厚度的铅、铁、钢、混凝土等屏蔽材料屏蔽γ射线。

② **内照射防护**　内照射防护基本原则是阻断放射性物质通过口腔、呼吸器官、皮肤、伤口等进入人体的途径或减少其进入量。

（2）放射性废物的处理和处置

对放射性废物中的放射性物质，现在还没有有效的办法将其破坏，以使其放射性消失。因此，目前只是利用放射性自然衰减的特性，采用在较长的时间内将其封闭，使放射强度逐渐减弱的方法，达到消除放射性污染的目的。

① **放射性废液的处理和处置**　对不同浓度的放射性废水可采用不同的方法处理。

a．**稀释排放**。对符合我国《放射防护规定》中规定浓度的废水可以采用稀释排放的方法直接排放，否则应经专门净化处理。

b．**浓缩贮存**。对半衰期较短的放射性废液可直接在专门容器中封装贮存，经一段时间，待其放射强度降低后，可稀释排放。对半衰期长或放射强度高的废液，可使用浓缩后贮存的方法。常用的浓缩手段有共沉淀法、离子交换法和蒸发法。用上述方法处理时，分别得到了沉淀物、蒸渣和失效树脂，它们将放射物质浓集到了较小的体积中。对这些浓缩废液，可用专门容器贮存或经固化处理后埋葬。对中、低放射性废液可用水泥、沥青固化；对高放射性的废液可采用玻璃固化。固化物可深埋或贮存于地下，使其自然衰变。

c．**回收利用**。在放射性废液中常含有许多有用物质，因此应尽可能回收利用。这样做既不浪费资源，又可减少污染物的排放。可以通过循环使用废水，回收废液中某些放射性物质，并在工业、医疗、科研等领域进行回收利用。

② **放射性固体废物的处理和处置**　放射性固体废物主要是指铀矿石提取铀后的废矿渣，被放射性物质沾污而不能再用的各种器物，以及前述的浓缩废液经固化处理后的固体废弃物。

a．对铀矿渣的处置。对废铀矿渣目前采用的是土地堆放或回填矿井的处理方法。这种方法不能根本解决污染问题，但目前尚无其他更有效的可行办法。

b．对沾污器物的处置。这类废弃物包含的品种繁多，根据受沾污的程度以及废弃物的不同性质，可以采用不同方法进行处理。去污：对于被放射性物质沾污的仪器、设备、器材及金属制品，用适当的清洗剂进行擦洗、清洗，可将大部分放射性物质清洗下来，清洗后的器物可以重新使用，同时减小了处理的体积，对大表面的金属部件还可用喷镀方法去除污染；压缩：对容量小的松散物品用压缩处理减小体积，便于运输、贮存及焚烧；焚烧：对可燃性固体废物可通过高温焚烧大幅度减容，同时使放射性物质聚集在灰烬中，焚烧后的灰可在密封的金属容器中封存，也可进行固化处理，采用焚烧方式处理，需要良好的废气净化系统，因而费用高昂；再熔化：对无回收价值的金属制品，还可在感应炉中熔化，使放射性物质被固封在金属块内。经压缩、焚烧减容后的放射性固体废物可封装在专门的容器中，或固化在沥青、水泥、玻璃中，然后将其埋藏在地下或贮存于设于地下的混凝土结构的安全贮存库中。

③ **放射性废气的处理与处置**　对于低放射性废气，特别是含有半衰期短的放射性物质的低放射性废气，一般可通过高烟筒直接稀释排放；对含有粉尘或含有半衰期长的放射性物质的废气，则需经过一定的处理，如用高效过滤的方法除去粉尘，碱液吸收去除放射性碘，用活性炭吸附碘、氪、氙等。经处理后的气体，仍需通过高烟筒稀释排放。

三、废热污染及其防治

1．概述

（1）热污染

由于人类的某些活动，使局部环境或全球环境发生增温，并可能对人类和生态系统产生直接或间接、即时或潜在的危害的现象可称为**热污染**。热污染包括以下内容。

① 燃料燃烧和工业生产过程中产生的废热向环境的直接排放；

② 温室气体的排放，通过大气温室效应的增强，引起大气增温；

③ 由于消耗臭氧层物质的排放，破坏了大气臭氧层，导致太阳辐射的增强；

④ 地表状态的变化，使反射率发生变化，影响了地表和大气间的换热等。

温室效应的增强、臭氧层的破坏，都可引起环境的不良增温，对这些方面的影响，现在都已作为全球大气污染的问题，专门进行了系统的研究。

（2）热污染的来源

热污染主要来自能源消费，这里不仅包括发电、冶金、化工等工业生产，消耗能源排放出的热量，而且包括人口增加将导致居民生活和交通工具等消耗增多而排放出的废热。按热力学定律来看，人类使用的全部能量最终将转化为热：一部分转化为产品形式；一部分以废热形式直接排入环境。转化为产品形式的热量，最终也要通过不同的途径，释放到环境中。以火力发电的热量为例：在燃料燃烧的能量中，40%转化为电能，12%随烟气排放，48%随冷却水进入到水体中。在核电站，能耗的33%转化为电能，其余的67%均变为废热全部转入水中。由以上数据可以看出，各种生产过程排放的废热大部分转入到水中，使水升温成温热水排出。这些温度较高的水排进水体，形成对水体的热污染。电力工业是排放温热水量最多的行业，据统计，排进水体的热量有80%来自发电厂。

（3）热污染的危害

热污染除影响全球的或区域性的自然环境热平衡外，还对大气和水体造成危害。由于废热气体在废热排放总量中所占比例较小，因此，它对大气环境的影响表现不太明显，还不能构成直接的危害。而温热水的排放量大，排入水体后会在局部范围内引起水温的升高，使水质恶化，对水生物圈和人的生产、生活活动造成危害，其危害主要表现在以下几个方面。

① **影响水生生物的生长**　水温升高，影响鱼类生存。在高温条件时，鱼在热应力作用下发育受阻，严重时导致死亡；水温的升高，降低了水生动物的抵抗力，破坏水生动物的正常生存。

② **导致水中溶解氧降低**　水温较高时鱼及水中动物代谢率增高，它们将会消耗更多的溶解氧，这样就会导致水中的溶解氧减少，势必对鱼类生存形成更大的威胁。

③ **藻类和湖草大量繁殖**　水温升高时，藻类种群将发生改变，在具有正常混合藻类种的河流中，在 20℃时硅藻占优势，在 30℃时绿藻占优势，在 35～40℃时蓝藻占优势。蓝藻占优势时，则发生水污染，水有不好的味道，不宜供水，并可使人、畜中毒。

环境污染对人类的危害大多是间接的，首先冲击对温度敏感的生物，破坏原有的生态平衡，然后以食物短缺、疫病流行等形式波及人类。不过，危害的出现往往要滞后较长的时间。

2. 热污染的防治

（1）改进热能利用技术，提高热能利用率

通过提高热能利用率，既节约了能源，又可以减少废热的排放。如美国的火力发电厂，20世纪 60 年代时平均热效率为 33%，现已使废热的排放量降低很多。

（2）利用温排水冷却技术减少温排水

电力等工业系统的温排水，主要来自工艺系统中的冷却水，对这种温水，可通过冷却的方法使其降温，降温后的冷水可以回到工业冷却系统中重新使用。冷却方法可用冷却塔冷却，或用冷却池冷却。比较常用的为冷却塔冷却，喷淋的温水与空气在塔内对流流动，通过散热和部分蒸发达到冷却的目的。应用冷却回用的方法，节约了水资源，又可向水体不排或少排温热水，减少了热污染的危害。

3. 废热的综合利用

对于工业装置排放的高温废气，可通过如下途径加以利用：①利用排放的高温废气预热冷原料气；②利用废热锅炉将冷水或冷空气加热成热水和热气，用于取暖、淋浴、空调加热等。

对于温热的冷却水，可通过如下途径加以利用：①利用电站温热水进行水产养殖，如国内外均已试验成功用电站温排水养殖非洲鲫鱼；②冬季用温热水灌溉农田，可延长适于作物的种植时间；③利用温热水调节港口水域的水温，防止港口冻结等。

通过上述方法，对热污染起到一定的防治作用。但由于对热污染研究得还不充分，防治方法还存在许多问题，因此有待进一步探索提高。

 复习思考题

1. 从环境保护的角度简述噪声的含义。
2. 城市噪声有哪几种？
3. 噪声的卫生标准是多少？
4. 噪声有哪些危害？

5. 噪声控制的基本原理是什么？

6. 从哪几个方面来防治噪声污染？

7. 放射性污染的危害有哪些？其防治措施有哪些？

8. 热污染包括哪些方面？其危害有哪些？应怎样防治？

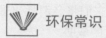 环保常识

污水源热泵系统

污水源热泵系统是以未经处理的市政污水作为冷热源，冬季采集来自污水低品位热能，借助于热泵系统，通过消耗部分电能，将所取得的能量供给室内取暖；在夏季把室内的热量取出，释放到水中，以达到调低室温的目的。在将城市污水充分利用的同时，为建筑节能。

污水源热泵的技术原理是热泵的运作机制，即将污水中的热量或冷量传递给建筑物。可分为三个能量转移过程。

第一过程：机组的介质在蒸发器内蒸发需要吸收热量，介质的蒸发温度为3℃，此时10℃的中介水在蒸发器中经过，与介质换热并将热量释放给介质，介质吸收热量蒸发。

第二过程：机组自身介质循环，蒸发的气体被压缩机吸收并压缩，变成高温、高压的气体进入冷凝器，实现热量向冷凝器转化的过程，而冷凝器是与末端系统连接的。

第三过程：机组的高温高压的介质进入冷凝器冷凝，放出热量，并与系统水进行热交换，实现将在蒸发器内吸收的热量和输入的电能的总和输出给采暖系统水的过程，采暖系统水带着热量释放给房间，达到制热的目的。在整个过程中，机组的能量输入输出比最高可达到4.5，即电机输入电能是 1kcal（1cal=4.1858518J，后同）时，末端系统得到的能量是4.5kcal。在整个的过程中消耗少量的电能，极大的利用污水能量，从而达到节能的目的，制冷过程是制热过程的逆过程。是一个搬运"能量"的过程。

煤焦化清洁生产技术

煤焦化就是把原煤经过洗选后产生的精煤主要用于冶金焦的生产。在洗选过程中产生的副产品中煤矸石和煤泥，以往都是随意堆放或者废弃，现在将中煤矸石和煤泥用于发电，改变了洗煤厂内又脏又乱的现象，还满足了企业生产、生活用电及周边农村生活用电的需要。在发电过程中产生的粉煤灰现在进行集中处理，用于生产混凝土砌块和水泥熟料，提高了企业的经济效益。在冶金焦生产过程中产生的煤焦油和煤气，以前是焦化厂的两个主要污染源，现在通过技术改造对煤焦油和煤气进行了精加工和回收再利用，从中提炼轻油、粗酚、工业萘、燃料油、改制沥青等化工产品，剩余煤气用来发电，做到对资源的充分利用及其价值的最大挖掘。同时，工业废水和生活废水通过污水处理厂集中治理，用于企业再生产和绿化，做到污水不出厂，循环利用。

1. 炭化室单调技术

炭化室单调是项负压装煤除尘技术（见图7-1），是国内首次在焦炉开发应用，

无烟装煤效果显著，在改善焦炉生产操作环境的同时，还把装煤产生的荒煤气全邮回收，具有良好的环境效益、经济效益、社会效益和广阔的推广应用价值。

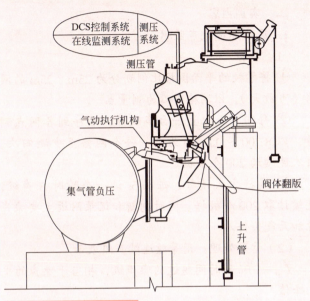

图 7-1　负压装煤除尘示意图

2. 化产异味综合治理技术

化产异味严重污染了焦化环境。从减少尾气形成、提高尾气捕集率、洗净排放、控制成本多个环节入手，从针对不同的区域的尾气发生量、尾气成分、物化特性采取不同的技术手段进治理，开发了化产异味治理集成技术，包括机械化澄清槽尾气治理技术、古马隆及初馏分尾气治理技术焦油精制尾气治理技术、脱硫尾气治理技术，改善了环境，具有较好的社会效益。

3. 脱硫液再生使用纯氧技术

脱硫液再生一般用压缩空气做氧化剂，而压缩空气中不反应的氮气及其它成分与过量的氧气、挥发的氨气形成脱疏废气而排出，既污染了环境，又造成了作为碱源的氨的损失。成功实施脱硫液再生使用纯氧技术后可通过提高氧气浓度、降低不反应的气体浓度，减少了脱硫尾气的排放，改善了环境。

 项目训练

环境噪声监测

一、目的

（1）了解区域环境噪声、城市交通噪声和工业企业噪声的监测方法。

（2）了解声级计的使用方法。

（3）了解噪声污染图的绘制方法。

（4）明确噪声污染图的绘制方法。

二、用品

PSJ-2B 型普通声级计，精度为 ±1.0dB。如图 7-2 所示。

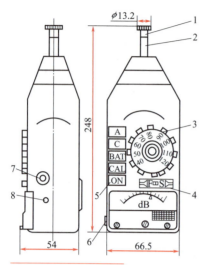

图 7-2　PSJ-2B 型声级计

1—测试传声器；2—前置级；3—分贝拨盘；4—快慢（F、S）；5—接滤波器开关、按键；6—输出插孔；7—+10dB 按钮；8—灵敏度调节孔

三、实训内容

1. 区域环境噪声监测

（1）步骤

① 将学校的平面图按比例划分为 25m×25m 的网格（可放大），以网格中心为测量点。

② 每组 4 人配置一台声级计，顺序到各网点测量，以 8∶00～17∶00 为宜，每个网格至少测四次，每次连续读 200 个数据。

③ 慢挡方式读数，每隔 5s 读一个瞬时 A 声级，连续读取 200 个数据。同时判断和记录附近主要噪声源和天气条件。

（2）结果处理：用等效连续声级表示。

L_{10}—10% 的时间超过的噪声级，相当于噪声的平均峰值。

L_{50}—50% 的时间超过的噪声级，相当于噪声的平均值。

L_{90}—90% 的时间超过的噪声级，相当于噪声的本底值。

将各网格每一次的测量数据从小到大排列，第 20 个数为 L_{90}，第 100 个数为 L_{50}，第 180 个数为 L_{10}。

$$d = L_{10} - L_{90}$$

$$L_{eq} = L_{50} + \frac{d^2}{60}$$

再将各网点一整天的各次 L_{eq} 值求出算术平均值，作为该网格的环境噪声评价量。

（3）以 5dB（A）为一等级，用不同颜色或不同记号绘制学校噪声污染图。

2. 城市交通噪声监测

（1）步骤

① 在每两个交叉路口之间的交通线上选择一个测点。在马路边人行道上离马路 20cm 设测点。

② 慢挡方式读数，每隔 5s 记一个瞬时 A 声级，连续读 200 个数据，同时记录机动车流量。

（2）结果处理：可用前述方法计算各测点的 L_{eq}。

将每个测点按 5dB（A）一挡分级，用不同颜色或不同记号绘制一段马路的噪声值。噪声分级图例如图 7-3 所示。

3. 工业企业噪声监测

（1）步骤

① 选取合适的测点。

② 读数方式用慢挡，每隔 5s 记一个瞬时 A 声级共 200 个数据。

③ 同时记录车间内机器名称、型号、功率、运行情况、设备和测点的分布。

（2）结果处理：计算 L_{eq} 的方法同前。

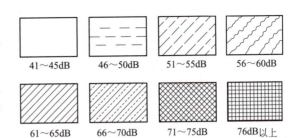

图 7-3　噪声分级图例

若车间各处声级波动小于 3dB（A），可先求出各测点的 L_{eq} 值再以各测点的 L_{eq} 算术平均值为车间内噪声评价量。

若车间各处声级波动大于 3dB（A），则各区域的噪声值可用该区域内各测点 L_{eq} 的算术平均值来表示。

用 5dB（A）一挡分级，用不同颜色或记号画出车间噪声污染图。

四、注意事项

1. 测量时要求天气条件为无雨、无雪及较小的风力。风力三级以上必须加风罩，避免风噪声干扰，五级以上大风应停止测量。

2. 声级计可手持或固定在三脚架上，传声器离地面高 1.2m，手持时，应使人体与传声器距离 0.5m 以上。

3. 测量工业企业噪声时，声级计应固定在三脚架上，传声器的高度应与操作工人的耳朵位置相当。

4. 要保持传声器膜片清洁。

第八章

环境保护措施与化工可持续发展

第一节
环境管理

　　环境管理是环境科学的一个重要分支，也是一个工作领域，是环境保护工作的重要组成部分。它是指各级人民政府的环境管理部门运用经济、法律、技术、行政、教育等手段，限制人类损害环境质量的行为，通过全面规划使经济发展与环境相协调，既要发展经济满足人类的基本需求，又不超出环境的允许极限。环境管理要遵循生态规律、经济规律，正确处理发展与环境的关系，通过对人类行为的管理，达到保护环境的目的和人类的持续发展。

一、环境管理的概念

1. 狭义的环境管理

狭义的环境管理主要是指采取各种措施控制污染的行为。例如：通过制定法律、法规和标准，实施各种有利于环境保护的方针、政策，控制各种污染物的排放。

2. 广义的环境管理

广义的环境管理是指运用经济、法律、技术、行政、教育等手段，限制人类损害环境质量的活动，通过全面规划使经济发展与环境相协调，达到既要发展经济满足人类的基本需要，又不超出环境的容许极限。

二、中国环境管理的发展历程

中国环境管理工作是在 1972 年之后，特别是十一届三中全会和第二次全国环境保护工作会议之后才得到迅速发展，并取得了很大成就。

1. 创建阶段（1972 年 ~ 1982 年 8 月）

1972 年，中国环境代表团参加了在斯德哥尔摩召开的联合国"人类环境会议"。第一次提出了"全面规划、合理布局、综合利用、化害为立、依靠群众、大家动手、保护环境、造福人民"的 32 字环境保护工作方针。1979 年 3 月，在成都召开的环境保护工作会议，提出了"加强全面环境管理，以管促治"；同年 9 月，公布了《中华人民共和国环境保护法（试行）》，使环境管理在理论和实践方面不断深入。1980 年 3 月，在太原市召开了中国环境管理、环境经济与环境法学学会成立大会，提出"要把环境管理放在环境保护工作的首位"。环境保护有两大方面：一是环境管理；二是环境工程。在我国当前的情况下应该把环境管理放在首位。

2. 开拓阶段（1982 年 8 月 ~ 1989 年 4 月）

1983 年底召开的第二次全国环境保护会议，制定了我国环境保护事业的大政方针：一是明确提出环境保护是我国的一项基本国策；二是确定了"经济建设、城乡建设、环境建设同步规划、同步实施、同步发展，实现经济效益、社会效益和环境效益相统一"的环保战略方针；三是把强化环境管理作为环境保护的中心环节。从此，中国的环境管理进入崭新的发展阶段，首先是环境政策体系初步形成；其次是环境保护法规体系初步形成；再是初步形成了我国的环境标准体系。在这一阶段，环境管理组织体系基本建成，管理机构的职能得到加强，并开始进行环境管理体系的改革。

3. 改革创新阶段（1989 年 5 月至今）

1989 年 4 月底、5 月初召开的第三次全国环境保护会议明确提出："努力开拓有中国特色的环境保护道路。"1992 年联合国召开的环境与发展大会，对人类必须转变发展战略、走可持续发展道路取得了共识。在新的形势下，我国环境管理发生了突出变化：①环境管理由端管理过渡到全过程管理；②由以浓度控制为基础过渡到总量控制为基础的环境管理；③环境管理走向法制化、制度化、程序化。2016 年全国环境保护工作会议 1 月在北京召开。会议的主要任务是，贯彻落实党的十八大、十八届三中、四中、五中全会和中央经济工作会议精神，按照"五位一体"总体布局和"四个全面"战略布局，牢固树立和贯彻落实五大发展理念，总结"十二五"和2015年工作，分析把握"十三五"环境保护面临的新形势新任务，研究提出"十三五"环境保护总体思路，以改善环境质量为核心，部署安排2016年重点工作。习近平总书记对生态文明建设和环境保护提出一系列新理念新思想新战略，涵盖重大理念、方针原则、目标任务、重点举措、制度保障等诸多领域和方面，其中"两山论"和绿色发展理念打破了简单把发展与保护对立起来的思维束缚，指明了实现发展和保护内在统一、相互促进和协调共生的方法论。

三、环境管理的内容

（1）从环境管理的范围划分

① **资源管理**　包括可更新资源的恢复和扩大再生产及不可更新资源的合理利用。资源管理措施主要是确定资源的承载力，资源开发时空条件的优化，建立资源管理的指标体系、规划目标、标准、体制、政策法规和机构等。

② **区域环境管理**　主要协调区域的经济发展目标与环境目标，进行环境影响预测，制定区域环境规划，进行环境质量管理与技术管理，按阶段实现环境目标。

③ **部门环境管理**　包括能源环境管理、工业环境管理、农业环境管理、交通运输环境管理、商业和医疗等部门环境管理以及企业环境管理。

（2）从环境管理的性质划分

① **环境计划管理**　通过计划协调发展与环境的关系，对环境保护加强计划指导。制定环境规划，使之成为整个经济发展规划的必要组成部分，用规划内容指导环境保护工作。

② **环境质量管理**　包括对环境质量现状和未来环境质量进行管理。

③ **环境技术管理**　以可持续发展为指导思想，制定技术发展方向、技术路线、技术政策，制定清洁生产工艺和污染防治技术，制定技术标准、技术规程等协调技术发展与环境保护的关系。

以上对环境管理内容的划分只是为了便于研究，它们之间相互关联、相互交叉渗透。

四、环境管理的基本职能

环境管理的对象是"人类-环境"系统，工作领域如前所述非常广阔，涉及各行各业和各个部门。通过预测和决策，组织和指挥，规划和协调，监督和控制，教育和鼓励，保证在推进经济建设的同时，控制污染，促进生态良性循环，不断改善环境质量。

1. 宏观指导

政府的主要职能就是加强宏观指导调控功能。环境管理部门宏观指导职能主要体现在政策指导、目标指导、计划指导等方面。

2. 统筹规划

这是环境管理中一项战略性的工作，通过统筹规划，实现人口、经济、资源和环境之间的关系相互协调平衡。环境规划既对国家的发展模式和方式、发展速度和发展重点、产业结构等产生积极的影响，又是环保部门开展环境管理工作的纲领和依据。主要包括环境保护战略的制定、环境预测、环境保护综合规划和专项规划的内容。

3．组织协调

环保部门的一条重要职能就是参与或组织各地区、各行业、各部门共同行动，协调相互关系。其目的在于减少相互脱节和相互矛盾，避免重复，建立一种上下左右的正常关系，以便沟通联系，分工合作，统一步调，积极做好各自的环保工作，带动整个环保事业的发展。其内容包括环境保护法规的组织协调、政策方面的协调、规划方面的协调和环境科研方面的协调。

4．监督检查

环保部门实施有效的监督，把一切环境保护的方针、政策、规划等变为人们的实际行动，才是一种健全的、强有力的环境管理。在方式上有联合监督检查、专项监督检查、日常的现场监督检查、环境监测等。通过这些方式才能对环保法律法规的执行、环保规划的落实、环境标准的实施、环境管理制度的执行等情况检查、落实。

5．提供服务

环境管理服务职能是为经济建设、为实现环境目标创造条件，提供服务。在服务中强化监督，在监督中搞好服务。服务内容包括技术服务、信息咨询服务、市场服务。

第二节
环境立法与环境标准

一、环境保护法

在生态环境保护问题上，不能越雷池一步。必须按照源头严防、过程严管、后果严惩的思路，构建产权清晰、多元参与、激励约束并重、系统完整的生态文明制度体系，建立有效约束开发行为和促进绿色发展、循环发展、低碳发展的生态文明法律体系，让制度成为刚性的约束和不可触碰的高压线。"十三五"时期，我国制修订的生态环境法律法规多达 17 部，"十四五"还将大力推动生态文明体制改革相关立法，确保用最严格制度、最严密法治守护绿水青山。

1．环境保护法的意义

国家为了协调人类与环境的关系，保护和改善环境，以保护人民健康和保障经济社会的持续、稳定发展而制定的**环境保护法**，是调整人们在开发利用、保护改善环境的活动中所产生的各种社会关系的法律规范的总和。主要含义如下。

环境保护法是以国家意志出现的、以国家强制力保证其实施的、以规定环境法律关系主体的权利和义务为任务的法律规范的总称。

环境保护法所要调整的是人们在开发利用、保护改善环境有关的那部分社会关系，凡不属此类的社会关系，均不是环境保护法调整的对象。

环境保护法是由于人类与环境之间的关系不协调影响乃至威胁着人类的生存与发展而产生的。

《中华人民共和国环境保护法》第一条规定："为保护和改善生活环境与生态环境，防治污染和其他公害，保障人体健康，促进社会主义现代化建设的发展，制定本法。"这一条说明了环保法的目的和任务。其直接目的是协调人类与环境之间的关系，保护和改善生活环境和生态环境，防治污染和公害；最终目的是保护人民健康和保障经济社会持续发展。

2. 环境保护法的作用

（1）环境保护法是保证环境保护工作顺利进行的法律武器

进行社会主义现代化建设，必须同时搞好环境建设，这是一条不以人们意志为转移的客观规律。发展经济必须兼顾环境保护，谁违反这一规律，谁就会受到严厉的惩罚。但不是所有的人都认识和承认这个道理，因此需要在采取科学技术、行政、经济等措施的同时，以强有力的法律手段，把环境保护纳入法制的轨道。

中国1989年正式颁布了《中华人民共和国环境保护法》，2014年4月24日中华人民共和国第十二届全国人民代表大会常务委员会第八次会议修订了《中华人民共和国环境保护法》，修订后的《中华人民共和国环境保护法》于2015年1月1日起施行。使环境保护工作制度化、法治化，使国家机关、企事业单位、环保机构和每位公民都明确了各自在环境保护方面的职责、权利和义务；使人们在环境保护工作中有法可依，有章可循。

（2）环境保护法是推动环境保护领域中法制建设的动力

环境保护法是中国环境保护的基本法，它明确了我国环境保护的战略、方针、政策、基本原则、制度、工作范围和机构设置、法律责任等问题。这些都是环保工作中的根本性问题，为制定各种环境保护单行法规及地方环境保护条例等提供了直接法律依据。如我国先后制定并颁布了《中华人民共和国大气污染防治法》《中华人民共和国水污染防治法》《中华人民共和国固体废物污染环境防治法》《中华人民共和国噪声污染防治法》《中华人民共和国海洋环境保护法》《建设项目环境保护管理条例》《化学危险品安全管理条例》等法律、行政法规等文件，各省、自治区、直辖市也根据环境保护法制定了许多地方性的环境保护条例、规定、办法等。由此可见，环境保护法的颁布执行，极大地推动了我国环境保护领域中的法制建设。

（3）环境保护法增强了广大干部群众的法制观念

环境保护法的实施，从法律高度向全国人民提出了要求，所有企事业单位、人民团体、公民都要加强法制观念，大力宣传、严格执行环境保护法。做到发展经济、保护环境，统筹兼顾、协调前进，有法必依、执法必严，保护环境、人人有责。

（4）环境保护法是维护我国环境权益的重要工具

宏观来讲，环境是没有国界之分的。某国的污染可能会造成他国的环境污染和破坏，这就涉及国家之间的环境权益的维护和环境保护的协调问题。依据我国所颁布的一系列环境保护法律、法规，就可以保护我国的环境权益。如《中华人民共和国食品卫生法》第28条规定：进口的食品、食品添加剂、食品容器、包装材料和食品用工具及设备，必须符合国家卫生标准和卫生管理办法的规定。通过法律和法规，可依法对于源于境外的对我国境内的环境造成污染和破坏的行为进行处置。

3. 环境保护法的特点

鉴于环境保护法的任务和内容与其他法律有所不同，环境保护法有其自己的特点。

① **科学性**　环境保护法将自然界的客观规律特别是生态学的一些基本规律及环境要素的演变作为自己的立法基础，它包含了大量的反映这些客观规律的科学技术性规范。

② **综合性**　由于环境保护包括围绕在人群周围的一切自然要素和社会要素，所以保护环境必然涉及整个自然环境和社会环境，涉及全社会的各个领域以及社会生活的各个方面。环境保护法所要保护的是由各种要素组成的统一的整体，因此它必然体现出综合性以及复杂性，是一个十分庞大而综合的体系。

③ **共同性**　环境问题产生的原因，不论任何国家都大同小异，解决环境问题的理论根据途径和办法也有很多相似之处。各国环境保护法有共同的立法基础、共同的目的，因而有许多共同的规定。这就使得世界各国在解决本国和全球环境问题时有许多共同的语言。

二、环境标准

环境标准是国家为了保护人民的健康、促进生态良性循环，根据环境政策法规，在综合分析自然环境特点、生物和人体的耐受力、控制污染的经济能力和技术可行性的基础上，对环境中污染物的允许含量及污染源排放污染物的数量、浓度、时间和速率所做的规定。它是环境保护工作技术规则和进行环境监督、环境监测、评价环境质量、设施和环境管理的重要依据。

1. 环境标准的种类

按适用范围可分为国家标准、地方标准和行业标准。

按环境要素可分为大气控制标准、水质控制标准、噪声控制标准、固体废物控制标准和土壤控制标准。

按标准的用途可分为环境质量标准、污染物排放标准、污染物检测技术标准、污染物警报标准和基础方法标准等。

2. 中国环境标准体系

根据环境标准的适用范围、性质、内容和作用，我国实行三级五类标准体系。三级是国家标准、地方标准和行业标准；五类是环境质量标准、污染物排放标准、方法标准、样品标准和基础标准。如图 8-1 所示。

（1）环境质量标准

它是各类环境标准的核心，是制定各类环境标准的依据，为环境管理部门提供工作指南和监督依据。它既规定了环境中各污染因子的容许含量，又规定了自然因素应该具有的不能再下降的指标，如大气、水质、土壤、噪声等各类质量标准。表 8-1 为饮用净水水质标准。

（2）污染物排放标准

该标准是依据环境质量标准及污染治理技术、经济条件而对排入环境的有害物质和产生危害的各种因素所做的限制性规定，是对污染源排放进行控制的标准。表 8-2 所示为现有污染源（部分）大气污染物排放限值。

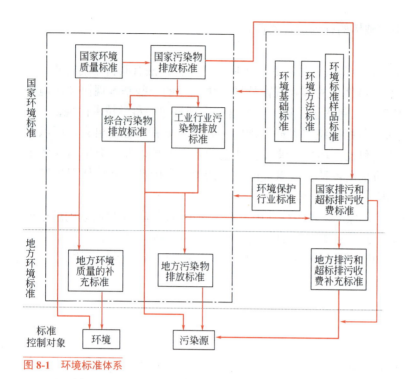

图 8-1　环境标准体系

表 8-1　饮用净水水质标准

项目		标准
感官性状	色	5 度
	浑浊度	1NTU
	嗅和味	无
	肉眼可见物	无
一般化学指标	pH	6.0 ～ 8.5
	硬度（以碳酸钙计）	300mg/L
	铁	0.2mg/L
	锰	0.05mg/L
	铜	1.0mg/L
	锌	1.0mg/L
	铝	0.2mg/L
	挥发性酚类	0.002mg/L
	阴离子合成洗涤剂	0.20mg/L
	硫酸盐	100mg/L
	氯化物	250mg/L
	溶解性总固体	500mg/L
	高锰酸钾消耗量（COD_{Mn} 以氧计）	2mg/L

表 8-2　现有污染源（部分）大气污染物排放限值（摘自 GB 16297）

序号	污染物	最高允许排放浓度 / (mg/m³)	排气筒高度 /m	一级	二级	三级	监控点	浓度 / (mg/m³)
				最高允许排放速度 / (kg/h)			无组织排放监控浓度限值	
1	二氧化硫	1200（硫、二氧化硫、硫酸和其他含硫化合物生产） 700（硫、二氧化硫、硫酸和其他含硫化合物使用）	15 20 30 40 50 60 70 80 90 100	1.6 2.6 8.8 15 23 33 47 63 82 100	3.0 5.1 17 30 45 64 91 120 160 200	4.1 7.7 26 45 69 98 140 190 240 310	无组织排放源上风向设参照点，下风向设监控点①	0.5（监控点与参照点浓度差值）
2	氮氧化物	1700（硝酸、氮肥和火药生产） 420（硝酸使用和其他）	15 20 30 40 50 60 70 80 90 100	0.47 0.77 2.6 4.6 7.0 9.9 14 19 24 31	0.91 1.5 5.1 8.9 14 19 27 37 47 61	1.4 2.3 7.7 14 21 29 41 56 72 92	无组织排放源上风向设参照点，下风向设监控点	0.15（监控点与参照点浓度差值）
3	颗粒物	22（炭黑尘、染料尘） 80①（玻璃棉尘、石英粉尘、矿渣棉尘） 150（其他）	15 20 30 40	禁排	0.60 1.0 4.0 6.8	0.87 1.5 5.9 10	周界外浓度最高点①	肉眼不可见
			15 20 30 40	禁排	2.2 3.7 14 25	3.1 5.3 21 37	无组织排放源上风向设参照点，下风向设监控点	2.0（监控点与参照点浓度差值）
			15 20 30 40 50 60	2.1 3.5 14 24 36 51	4.1 6.9 27 46 70 100	5.9 10 40 69 110 150	无组织排放源上风向设参照点，下风向设监控点	5.0（监控点与参照点浓度差值）
4	氯化氢	150	15 20 30 40 50 60 70 80	禁排	0.30 0.51 1.7 3.0 4.5 6.4 9.1 12	0.46 0.77 2.6 4.5 6.9 9.8 14 19	周界外浓度最高点	0.25
5	铬酸雾	0.080	15 20 30 40 50 60	禁排	0.009 0.015 0.051 0.089 0.14 0.19	0.014 0.023 0.078 0.13 0.21 0.29	周界外浓度最高点	0.0075

① 无组织排放监控点和参照点监测的采样，一般采用连续 1h 采样取平均值。

（3）方法标准

是为统一环境保护工作中的各项试验、检验、分析、采样、统计、计算和测定方法所做的技术规定。这样全国统一标准，在进行环境质量评价时才有可比性和实用价值。

（4）环境标准样品

是指用以标定仪器、验证测量方法、进行量值传递和质量控制的材料或物质。它可用来评价分析方法，也可评价分析仪器，鉴别灵敏度和应用范围，还可评价分析者的水平，使操作技术规范化。

中国标准样品有水质标准样品、气体标准样品、生活标准样品、土壤标准样品、固体标准样品、放射物质标准样品、有机物标准样品等。

（5）环境基础标准

是对环境质量标准和污染物排放标准所涉及的技术术语、符号、代号（含代码）、制图方法及其他通用技术要求所作的技术规定。中国主要有管理标准、环保名词术语标准、图形符号标准以及环境信息分类和编码标准。

3．中国环境标准的发展概况

中国环境标准体系经历了 5 个发展阶段。

第一阶段为 1973 年至 1978 年，是环境标准的起步阶段，主要表现为《工业"三废"排放试行标准》（GB J 4—73）的制定和实施，该标准的颁布对有效地控制污染源、防止环境污染起到了积极的作用。同时，在此期间还对已有的标准进行充实和修订，如将《生活饮用水卫生规程》修订为《生活饮用水卫生标准》；将《工业企业设计暂行卫生标准》修订成《工业企业设计卫生标准》；将《放射性工作卫生防护暂行规定》修订为《放射防护规定》；将《污水灌溉农田卫生管理试行办法》修订为《农田灌溉水质标准》等。

第二阶段为 1979 年至 1987 年，是环境标准体系初步形成阶段，1979 年 9 月《中华人民共和国环境保护法（试行）》颁布，中国在 20 世纪 80 年代相继制定了大气、水质、噪声、海洋等一系列环境保护法规及相应标准。

第三阶段为 1988 年至 1999 年，是污染物排放标准体系调整和环境质量标准修订阶段，本阶段发布了 64 项国家污染物排放（控制）标准，环境空气、土壤、海水、渔业水质等环境质量标准颁布，环境质量标准体系基本完善。

第四阶段为 2000 年至 2010 年，环境标准快速发展阶段，以《中华人民共和国大气污染防治法》《中华人民共和国水污染防治法》等明确"超标违法"为标志，环境标准类型和数量大幅度增加，发布了造纸、制药、合成氨、电镀等 118 项污染物排放（控制）标准。

第五阶段为 2011 年至今，环境标准逐步与国际接轨，更加强调以人为本，以环境质量改善为目标导向，污染物限值更加严格，要求更加刚性。截至"十二五"末期，累计发布国家环保标准 1941 项（其中"十二五"期间发布 493 项），废止标准 244 项，现行标准 1697 项。在现行环保标准中，环境质量标准 16 项，污染物排放（控制）标准 161 项，环境监测类标准 1001 项，管理规范类标准 481 项，环境基础类标准 38 项。

2021 年 1 月 15 日，中国石油和化学工业联合会发布《石油和化学工业"十四五"发展指南》（以下简称《指南》），《指南》总结了"十三五"行业发展成就和存在的问题，分析了"十四五"面临的新环境，形成对"十四五"发展形势的基本判断，研究提出了"十四五"行业发展的总体思路、发展目标、主要任务和工作重点，并提出行业 2035 年发展远景目标。

总体来说，"十四五"期间，行业将以推动高质量发展为主题，以绿色、低碳、数字化转型为重点，以加快构建以国内大循环为主体、国内国际双循环相互促进的新发展格局为方向，以提高行业企业核心竞争力为目标，深入实施创新驱动发展战略、绿色可持续发展战略、数字化智能化转型发展战略、人才强企战略，加快建设现代化石油和化学工业体系，建设一批具有国际竞争力的企业集团和产业集群，打造一批具有国际影响力的知名品牌，推动我国由石化大国向石化强国迈进，部分行业率先进入强国行列。

第三节
环境监测

环境监测是从保护环境和改善人体健康出发，运用化学、物理学或生物学等方法，对环境质量的某些代表值进行长时间的监视、测定的过程。环境监测是为了特定目的，按照预先设计的时间和空间，用可以比较的环境信息和资料收集的方法，对一种或多种环境要素或指数进行间断或连续的观察、测定、分析其变化及对环境影响的过程。**环境监测是开展环境管理和环境科学研究的基础，是制定环境保护法规的重要依据，是搞好环保工作的中心环节。**

一、环境监测的意义和作用

环境质量的变化受着多种因素的影响，例如企业在生产过程中，由于受工艺、设备、原材料和管理水平等原因的限制，产生"三废"以及其他污染物或因素，它们引起环境质量下降。这些因素可用一定的数值来描述，如有害物质的浓度、排放量、噪声级和放射性强度等。环境监测就是测定这些值，并与相应的环境标准相比较，以确定环境的质量或污染状况。

环境是一个极其复杂的综合体系。人们只有获得大量的定量化的环境信息，了解污染物的产生过程和原因，掌握污染物的数量和变化规律，才能制定切实可行的污染防治规划和环境保护目标，完善以污染物控制为主要内容的各类控制标准、规章制度，使环境管理逐步实现从定型管理向定量管理、单项治理向综合整治、浓度控制向总量控制的转变。而这些定量化的环境信息，只有通过环境监测才能得到。离开环境监测，环境保护将是盲目的，加强环境管理也将是一句空话。

对于企业来说，为了防止和减少污染物对环境的危害，掌握环境质量的转化动态，强化内部环境管理，必须依靠环境监测，这是企业环境管理和污染防治工作的重要手段和基础。其主要作用体现在以下几个方面。

① 断定企业周围环境质量是否符合各类、各级环境质量标准，为企业环境管理提供科学依据。如掌握企业各种污染源中污染物浓度、排放量，断定其是否达到国家或地方排放标准，是否应缴纳排污费，是否达到上级下达的环境考核指标等，同时为考核、评审环保设施的效率提供可靠数据。

② 为新建、改建、扩建工程项目执行环保设施"三同时"和污染治理工艺提供设计参数，参加治理设施的验收，评价治理设施的效率。

③ 为预测企业环境质量，判断企业所在地区污染物迁移、转化、扩散的规律，以及在时空上的分布情况提供数据。

④ 收集环境本底及其转化趋势的数据，积累长期监测资料，为合理利用自然资源即"三废"综合利用提出建议。

⑤ 对处理事故性污染和污染纠纷提供科学、有效的数据。

总之，环境监测在企业环境保护工作中发挥着调研、监察、评价、测试等多项作用，是环境保护工作中的一个不可缺少的组成部分。

二、环境监测的目的和任务

（1）评价环境质量，预测环境质量变化趋势

① 提供环境质量现状数据，判断是否符合国家制定的环境质量标准。

② 掌握环境污染物的时空分布特点，追踪污染途径，寻找污染源，预测污染的发展方向。

③ 评价污染治理的实际效果。

（2）为制定环境法规、标准、环境规划、环境污染综合防治对策提供科学依据

① 积累大量的不同地区的污染数据，依据科学技术和经济水平，制定切实可行的环境保护法规和标准。

② 根据监测数据，预测污染的发展趋势，为作出正确的决策、制定环境规划提供可靠的资料。

（3）收集环境本底值及其变化趋势数据，积累长期监测资料，为保护人类健康和合理使用自然资源以及为确切掌握环境容量提供科学依据。

（4）揭示新的环境问题，确定新的污染因素，为环境科学研究提供方向。

三、环境监测的分类

① 按环境监测的目的和性质可分为监视性监测（常规监测和例行监测）、事故性监测（特例监测或应急监测）、研究性监测。

监视性监测是指监测环境中已知污染因素的现状和变化趋势，确定环境质量，评价控制措施的效果，断定环境标准实施的情况和改善环境取得的进展。企业污染源控制排放监测和污染趋势监测即属于此类。

事故性监测是指发生污染事故时进行的突击性监测，以确定引起事故的污染物种类、

浓度、污染程度和危及范围，协助判断与仲裁造成事故的原因及采取有效措施来降低和消除事故危害及影响。这类监测期限短，随着事故完结而结束，常采用流动监测、空中监测或遥感监测等手段。

研究性监测是对某一特定环境为研究确定污染因素从污染源到环境受体的迁移变化的趋势和规律，以及污染因素对人体、生物体和各种物质的危害程度，或为研究污染控制措施和技术等而进行的监测。这类监测周期长，监测范围广。

② 按监测对象不同可分为水质污染监测、大气污染监测、土壤污染监测、生物污染监测、固体废物污染监测及能量污染监测等。

③ 按污染因素的性质不同可分为化学毒物监测、卫生（病原体、病毒、寄生虫等污染）监测、热污染监测、噪声和振动污染监测、光污染监测、电磁辐射污染监测、放射性污染监测和富营养化监测等。

四、环境监测的原则

由于影响环境质量的因素繁多，而人力、物力、财力、监测手段和时间都有限，因此实际工作时不可能包罗万象地监测，应根据需要和可能进行选择监测，并要坚持以下几项原则。

① **树立"环境监测要符合国情"的原则**　加强环境监测方法及仪器设备的研究，使监测方法和仪器设备更加现代化，使监测结果更加及时、准确、可靠，是促进环境科学发展的需要，也是环境监测人员的愿望。但是我国经济总体比较落后，各地区的经济发展不平衡，因此应根据不同的监测目的，结合自己的实际情况，建立合理的环境监测指标体系，在满足环境监测要求的前提下，确定监测技术路线和技术装备，建立确切可靠的、经济实用的环境监测方案。

② **最优原则**　环境问题的复杂性决定了环境监测的多样性。监测结果是环境监测中布点采样、样品的运输、保存、分析测试及数据处理等多个环节的综合体现，其准确可靠程度取决于其中最为薄弱的环节。所以应根据不同情况，全面规划，合理布局，采用不同的技术路线，综合把握优化布点、严格保存样品、准确分析测试等环节，实现最优环境监测。

③ **优先监测原则**　在实际工作时，按情况对那些危害大、出现频繁的污染物实行优先监测的原则。具体优先监测的对象包括：对环境及人体影响大的污染物；已有可靠的监测方法并能获得准确数据的污染物；已有环境标准或其他依据去测量的污染物；在环境中的含量已接近或超过规定的标准浓度，且其污染趋势还在上升的污染物；环境中有代表性的污染物。

五、环境监测的步骤

在环境监测工作中无论是污染源监测还是环境质量检测，一般应经过下述程序。

 第八章　环境保护措施与化工可持续发展　**217**

① 现场调查与资料收集。主要调查收集区域内各种自然与社会环境特征，包括地理位置、地形地貌、气象气候、土壤利用情况及社会经济发展情况；
② 确定监测项目；
③ 监测点位置选择及布设；
④ 采集样品；
⑤ 环境样品的保存与分析测试；
⑥ 数据处理与结果上报。

六、有害物质的测定方法

由于污染因素性质的不同，所采用的分析方法也不同。常用的一类是化学分析法（容量法和重量法）；另一类是仪器分析法（或称物理化学法）。表8-3、表8-4列举了大气中有害物质及地面水中有害物质的部分测定方法，供参考。

表8-3 大气中有害物质的测定方法

项目	方法	方法比较	最低检出浓度 /（mg/m³）	备注
二氧化硫	1. 盐酸付玫瑰苯胺比色法（简称甲醛法）	灵敏，选择性好；吸收剂毒性大 方法一：试剂空白值高，灵敏度高，可用手校正仪器，测量浓度范围0.025～1.0mg/m³ 方法二：试剂空白值低，灵敏度低，可用于常规监测	0.025 0.015	采样体积30mL 采样体积10L
	2. 双氧水吸收-络合滴定法	可消除酸性物质干扰，结果较准确	测定浓度为（20～6000）×10⁻⁶	
	3. 定电位电解法	干扰物质少，结构简单，移动性能稳定	测定浓度为（3～10000）×10⁻⁶	
	4. 库仑滴定法	和计算机连用，可将环境大气二氧化硫小时平均浓度和日平均浓度同时测定 测量范围（分4个量程）：0～0.5mg/m³、0～1mg/m³、0～2mg/m³、0～4mg/m³	0.025	
氮氧化物（换算成NO₂）	1. 化学发光法	快速、准确，该法适用于大气中0.009～18.8mg/m³浓度范围的NO₂测定	0.009	
	2. 盐酸萘乙二胺比色法	方法灵敏，可一边采样，一边显色，以0.6L/min采样10～15min，测定NO₂范围是11～9400μg/m³。采用高浓度三氧化铬氧化管两种串联氧化，可基本上消除SO₂、H₂S的干扰	0.01	采样体积6L
	3. 定电位电解法	干扰物质少，可携带，适于现场连续测定	3～10000	
一氧化碳	1. 红外吸收法（NDIR）	流量对其影响不大，不需化学溶液；测量范围宽，响应时间短。缺点是零点漂移，标气昂贵，灵敏度不高	1.0	

项目	方法	方法比较	最低检出浓度 / (mg/m³)	备注
一氧化碳	2. 五氧化二碘氧化法	采用锌铵络盐溶液、碱性双氧水溶液及铬酸、硫酸混合溶液进行串联预吸收，可以消除 SO_2、NO_x 的干扰		
	3. 气相色谱法	方法无干扰，并能测量 0.03 ~ 50mg/m³ 范围的一氧化碳。需配专门训练人员操作	0.03	进样量2mL
	4. 汞置换法	灵敏，快速，响应时间 <10s，一氧化碳浓度测量范围 0.05 ~ 63mg/m³（分挡进样）	0.05	50mL 进样量
硫化氢	1. 亚甲基蓝比色法 (1) 锌氨铬盐吸收法 (2) 氢氧化镉-聚乙烯醇磷酸铵吸收法	方法比较灵敏，显色稳定，干扰小。由于低浓度的硫化氢在水溶液中极不稳定，易氧化，因此，解决采样过程和存放过程中硫化氢稳定性问题是该法的关键 用锌氨铬盐吸收液测定结果普遍都比用氢氧化镉-聚乙烯醇酸铵吸收液低，说明该法在现场采样更有利于 H_2S 稳定	0.05	
	2. 碘量法	用酸性双氧水预吸收，在 SO_2 浓度 <2500×10^{-6}、NO_x 浓度 <300×10^{-6} 时，测定误差 <10%		
甲醛	1. 酚试剂比色法	灵敏度较好，选择性略差。采样简便，可用常规监测	0.01	采样体积 10L
	2. 乙酰丙酮比色法	灵敏度略低，但选择性好，操作复杂	0.008	采样体积 30L
二甲基甲酰胺（DMF）	气相色谱法	适于大气中微量 DMF 的测定	0.30	采样体积 20L
丙烯醛	1. 气相色谱法	本法适于测大气中 0.05 ~ 5.0mg/m³ 的丙烯醛，当浓度高于此范围上限时可直接进样，方法灵敏、准确	0.05	浓缩 100mL 样品
	2.4- 己基间苯二酚比色法	丙烯醛在 1 ~ 30μg 时，在波长 605nm 下比色符合比耳定律，检出下限 5μg/10mL	0.0	
乙腈	气相色谱法	本法适于测大气中 0.2 ~ 20mg/m³ 的乙腈，当浓度高于此范围上限时，可直接进样测定 方法灵敏、准确 聚乙二醇 -20M，氢火焰检测器	0.20	浓缩 100mL 样品
丙烯腈	气相色谱法	聚乙二醇 -20M，氢火焰检测器		
乙醛	气相色谱法	方法灵敏，应用范围广 高分子微球 GOD-103，氢火焰检测器	0.05	100L 气样
丙酮	1. 气相色谱法	本法适于测大气中 0.05 ~ 5.0mg/m³ 的丙酮，当浓度高于此范围上限时，可直接进样测定 方法灵敏、快速	0.05	浓缩 100mL 样品
	2. 糠醛比色法	灵敏、重现性好、误差小，检出下限2μg/5mL		
硫醇	对氨基二甲基苯胺比色法	本法虽然对低分子量的烷基硫醇最灵敏，但是测定的是总硫醇	0.1μg/25mL	
过氧乙酰硝酸酯（PAN）	气相色谱法	本法的准确度可达 5% 范围内。"PAN" 标气难得；操作要求严格	0.006	3mL 气样

项目	方法	方法比较	最低检出浓度 /（mg/m³）	备注
甲基丙烯酸甲酯	羟肟酸比色法			
苯乙烯	1. 气相色谱法	测定 10^{-9} 级	0.01	100mL 进样
	2. 硝化比色法	放空的塔顶气体通入燃烧炉中，环氧乙烷的含量必须严格控制		
环氧乙烷（环氧丙烷）	气相色谱法	角鲨烷，氢火焰检测器		
环氧氯丙烷	气相色谱法	丁二酸、乙二醇聚酯和硅油 DC-200，氢火焰检测器		
总烃及非甲烷总烃	色谱直接进样法	一次分析仅需 5s 无氧干扰，同时出甲烷和总烃量，二者之差求出非甲烷烃	0.01 0.1	
光化学氧化剂	1. 碘化钾法（1）磷酸盐缓冲的中性碘化钾法（NBKI 法）（2）改进的中性碘化钾法（KIBRT 法）（3）硼酸碘化钾法（BAKI 法）	适于采样时间最高为 30min。由于碘络合物随时间而损失，因此必须迅速分析 NO_2、SO_2 为严重干扰物，灵敏度低，标准偏差 $S=22.4$，变异系数 13.1% 由于在吸收液中加入 $Na_2S_2O_3$ 及 KBr，提高了样品的稳定性及采样效率。操作不简便 标准偏差 $S=4.0$，变异系数 1.4% 操作简便，I_2/Q_2 接近于 1：1 的关系，可用于常规监测	0.007	
	2. 紫外比色法	标准偏差 $S=7.3$，变异系数 3.8%		
	3. 化学发光法	本法适于测大气中臭氧浓度在 0.01～2.0mg/m³ 的范围。正常状态的大气测量推荐是 0～0.5mg/m³ 以及 0～1mg/m³ 两种满刻度量程	0.01	
氨	1. 纳氏试剂比色法	方法简便，选择性略差	0.035	
	2. 靛酚蓝比色法	方法较灵敏、准确、选择性好，但操作复杂	0.030	
	3. 亚硝酸比色法	方法较灵敏、操作较复杂，要求严。标准曲线在 NH_3O～8μg/5mg 范围是直线关系。检出下限为 1μg/5mg		
硫酸盐化速率	1. 二氧化铅法	PbO_2 有毒，难以获得合格试剂，采样复杂		
	2. 碱片法	操作简便，试剂毒性低，检出下限 SO_3 为 1μg/100cm²		
酚	1. 4-氨基安替比林比色法	可测大气中低浓度的酚，该法适用范围广，重现性好，干扰小，但不能测出对位酚	0.01	采样体积 50L
	2. 气相色谱法	检出下限为 0.5μg/10mL，液晶 PBOB 柱、FID 检测器		
二硫化碳	乙二胺比色法			
光气	气相色谱法 N,N 二甲基对苯二胺比色法	硅油 DC-200，电子捕获检测器		
甲醇	变色酸比色法气相色谱法	有机担体 401，氢火焰检测器		

项目	方法	方法比较	最低检出浓度 / (mg/m³)	备注
有机硫化物	气相色谱法	TCEP 固定液,火焰光度检测器		
脂肪胺	气相色谱法	5%KOH-Chromsorb102,氨磷检测器		
脂肪胺	气相色谱法	FFAP、H_3PO_4 氢火焰检测器		
乙烯、丙烯、丁二烯	吸附富集气相色谱法	采用 GDX-TDX 复合富集柱采样,氮气流下热解析,可消除氧和 CH_4 的干扰,使测定准确	乙烯、丙烯 0.005,丁二烯 0.01	
苯、甲苯、乙苯、异丙苯	气相色谱法		苯 0.005;甲苯、乙苯、异丙苯 0.01	

表 8-4　地面水中主要有害物质测定方法

序号	参数	测定方法		检测范围 / (mg/L)	注释	分析方法来源
1	水温					
2	pH	玻璃电极法				GB 6920—86
3	硫酸盐	硫酸钡重量法 硫酸钠比色法 硫酸钡比浊法		10 以上 5 ~ 200 1 ~ 40	结果以 SO_4^{2-} 计	GB/T 5750.1—2006
4	氯化物	硝酸银容量法 硝酸汞容量法		10 以上 可测至 10 以下	结果以 Cl^- 计	GB/T 5750.1—2006
5	总铁	二氮杂菲比色法 原子吸收分光光度法		检出下限 0.05 检出下限 0.3	测得为水体中溶解态、胶体态、悬浮颗粒态以及生物体中的总铁量	GB/T 5750.1—2006
6	总锰	过硫酸铵比色法 原子吸收分光光度法		检出下限 0.05 检出下限 0.1		
7	总铜	原子吸收分光光度法	直接法 螯合萃取法	0.05 ~ 5 0.001 ~ 0.05	未过滤的样品经消解后测得的总铜量,包括溶解的和悬浮的	GB 7473—87
		二乙基二硫代氨基甲酸钠(铜试剂)分光光度法		检出下限 0.003(3cm 比色皿),0.02 ~ 0.07(1cm 比色皿)		
		2,9- 二甲基 -1,10- 二氮杂菲(新铜试剂)分光光度法		0.006 ~ 3		
8	总锌	双硫腙分光光度法 原子吸收分光光度法		0.005 ~ 0.05 0.05 ~ 1	经消化处理后测得的水样中总锌量	GB 7472—87 GB 7475—87
9	硝酸盐	酚二磺酸分光光度法		0.02 ~ 1	硝酸盐含量过高时应稀释后测定,结果以氮(N)计	GB 7480—87
10	亚硝酸盐	分子吸收分光光度法		0.003 ~ 0.20	采样后应尽快分析,结果以氮(N)计	GB 7493—87

序号	参数	测定方法		检测范围 /（mg/L）	注释	分析方法来源
11	非离子氨（NH₃）	纳氏试剂比色法		0.05～2（分光光度法），0.20～2（目视法）	测得结果是以氮（N）计的氨氮浓度，然后再根据附表，换算为非离子氨浓度	GB 7479—87
		水杨酸分光光度法		0.01～1		GB 7481—87
12	凯氏氮			0.05～2（分光光度法），0.20～2（目视法）	前处理后用纳氏试剂比色法，测得结果为氨氮与有机氮的总和，结果以氮（N）计	
13	总磷	钼蓝比色法		0.025～0.6	结果为未过滤水样经消化处理后测得的溶解的、悬浮的总磷量（以P计）	
14	高锰酸盐指数	酸性高锰酸钾法 碱性高锰酸钾法		0.5～4.5 0.5～4.5		
15	溶解氧	碘量法		0.2～2.0	碘量法测定溶解氧有各种修正法，测定时应根据干扰情况具体选用	GB 7489—87
16	化学需氧量（COD_Cr）	重铬酸盐法		10～800		
17	生化需氧量（BOD₅）	稀释与接种法		3以上		GB 7488—87
18	氟化物	氟试剂比色法 茜素磺酸锆目视比色法 离子选择电极法		0.05～1.8 0.05～2.5 0.05～1900	结果以F⁻计	GB 7482—87 GB 7484—87
19	硒（四价）	二氨基联苯胺比色法荧光分光光度法		检出下限0.01 检出下限0.001		GB/T 5750.1—2006
20	总砷	二乙基二硫代氨基甲酸银分光光度法		0.007～0.5	测得为单体形态、无机或有机物中元素砷的总量	GB 7485—87
21	总汞	冷原子吸收分光光度法	高锰酸钾-过硫酸钾消解法	检出下限0.0001（最佳条件0.00005）	包括无机或有机结合的，可溶的和悬浮的全部汞	GB 7468—87
			溴酸钾-溴化钾消解法			GB 7469—87
		高锰酸钾-过硫酸钾消解-双硫腙比色法		0.002～0.04		
22	总镉	原子吸收分光光度法（螯合萃取法）		0.001～0.05	经酸消解处理后，测得水样中的总镉量	GB 7475—87
		双硫腙分光光度法		0.001～0.05		GB 7471—87
23	铬（六价）	二苯碳酰二肼分光光度法		0.004～1.0		GB 7467—87
24	总铅	原子吸收分光光度法	直接法	0.2～10	经酸消解处理后，测得水样中的总铅量	GB 7475—87
			螯合萃取法	0.01～0.2		
		双硫腙分光光度法		0.01～0.30		GB 7470—87
25	总氰化物	异烟酸-吡啶啉酮比色法 吡啶-巴比妥酸比色法		0.004～0.025 0.002～0.45	包括全部简单氰化物和绝大部分络合氰化物，不包括钴氰络合物	GB 7486—87
26	挥发酚	蒸馏后4-氨基安替比林分光光度法（氯仿萃取法）		0.002～6		GB 7490—87

序号	参数	测定方法	检测范围 /（mg/L）	注释	分析方法来源
27	石油类	紫外分光光度法	0.05 ～ 50		
28	阴离子表面活性剂	亚甲基蓝分光光度法	0.05 ～ 2.0	本法测得为亚甲基蓝活性物质（MBAS），结果以 LAS 计	GB 7494—87
29	总大肠菌群	多管发酵法			GB/T 5750.1—2006
		滤膜法			
30	苯并［a］芘	纸色谱 - 荧光分光光度法	2.5μg/L		GB/T 5750.1—2006

环境样品试样数量大，成分复杂，污染物含量差别大。因此，要根据样品特点和待测组分的情况，考虑各种因素，有针对性选择最适应的测定方法。特别应注意以下几点。

① 为了使分析结果具有可比性，应尽可能采用国家规定现行环境检测的标准统一分析方法。

② 根据样品待测物浓度的大小分别选择化学分析法或仪器分析法。如含量大的污染物选择容量法测定；含量低的污染物选择适宜的仪器分析法。

③ 在条件许可的情况下，对某些项目尽可能采用具有专属性的单项成分测定仪。

④ 在多组分的测定中，如有可能选用同时兼有分离和测定的分析方法。如水中阴离子 F^-、Cl^-、NO_3^-、SO_4^{2-} 等，可选用离子色谱法；有机物的测定，可选择气相色谱法或高效液相色谱法等。

⑤ 在经常性的测定中，尽可能利用连续性自动测定仪。

七、环境监测机构

环境监测机构主要有四种。

① 国务院和各级人民政府的环境保护行政主管部门设置的环境监测管理机构；

② 全国环境保护系统设置的四级环境监测站；

③ 各部门的专业监测机构，包括环境卫生监测、劳动环境监测、农业环境监测、水环境监测、海洋环境监测等；

④ 大中型企业事业单位的监测站。

第四节
环境质量评价

近几十年来，世界各国都不同程度受到环境问题的严重挑战。当今人们越来越意识到，人类社会的经济发展，自然生态系统的维持，以及人类本身的健康状况都与本地区

 第八章　环境保护措施与化工可持续发展　**223**

的环境质量状况密切相关。人们更加意识到人类的行为特别是人类社会经济发展行为，会对环境的状态和结构产生很大的影响，会引起环境质量的变化。这种环境质量与人类需要之间客观存在的特定关系就是环境质量的价值，它所探讨的是环境质量的社会意义。

环境质量评价是对环境质量与人类社会生存发展需要满足程度进行评定。环境监测是环境质量评价的前提，只有通过全面、系统、准确的环境监测数据，对数据进行科学的处理和总结，才能对环境质量进行评价。

一、环境质量评价的分类及工作步骤

1. 环境质量评价的类型

① **按环境要素分**，有大气环境质量评价、水环境质量评价、土壤环境质量评价、环境质量综合评价等。

② **按环境的性质分**，有化学环境质量评价、物理环境质量评价、生物环境质量评价等。

③ **按人类活动性质和类型分**，有工业环境质量评价、农业环境质量评价、交通环境质量评价等。

④ **按时间域**可分为环境质量回顾评价、环境质量现状评价、环境质量影响预测评价。

⑤ **按评价内容**可分为健康影响评价、经济影响评价、生态影响评价、风险评价等。

⑥ **按空间域**可分为单项工程环境质量评价、城市环境质量评价、区域（流域）环境质量评价等。

2. 环境质量评价的步骤

① 收集、整理、分析环境监测数据和调查材料。

② 根据评价目的确定环境质量评价的要素及参评参数的选定。

③ 选择评价方法或建立评价的数学模型制定环境质量系数或指数。

④ 利用选择或制定的评价方法或环境质量系数或指数，对环境质量进行等级或类型划分，绘制环境质量图，以表示空间分布规律。

⑤ 提出环境质量评价的结论，并在其中回答评价的目的和要求。

环境质量评价的基本程序如图8-2所示。

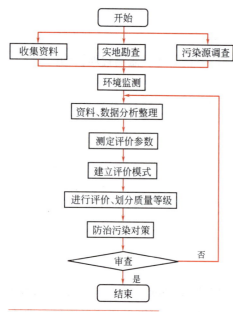

图8-2　环境质量评价的基本程序

二、环境质量现状评价

由于人们近期或当前的生产开发活动或生活活动而引起该地区环境质量发生或大或小的变化，并引起人们与环境质量的价值关系发生变化，对这些变化进行的评价称为环境质量现状评价。它包括单个环境要素质量评价（如大气、水、土壤环境质量评价等）和整体环境质量综合评价，前者是后者的基础。

1. 大气环境质量现状评价

影响大气环境质量状况的因素很多，而污染是造成大气环境质量恶化的主要原因。因而大气中各污染物的浓度值是进行大气污染监测评价的最主要资料。

（1）评价参数（因子）的选定

根据本地区污染源和例行监测资料，选择带有普遍性的主要污染物作为评价参数。

① 尘　总悬浮微粒、可吸入颗粒物；

② 有害气体　硫氧化物、氮氧化物、一氧化碳、臭氧；

③ 有害元素　氟、汞、铅、镉、砷；

④ 有机物　苯并[a]芘、总碳氢。

（2）获取监测数据

根据选定的评价参数、污染源分布、地形、气象条件等，确定恰当的布点、采样方法、设计监测网络系统，获取能代表大气环境质量的监测数据。

（3）评价方法（指数法）

① **基本形式**

$$PI = A \left(\sum_{i=1}^{n} W_i I_i^a \right)^b$$

式中　PI——大气质量指数；

　　　A——系数；

　　$a，b$——指数；

　　　W_i——第i种污染物的权值；

　　　I_i——第i种污染物的分指数；

　　　i——某种污染物。

其中

$$I_i = \frac{C_i}{S_i}$$

式中　S_i——某污染物的评价标准；

　　　C_i——某污染物浓度的统计值，C_i可由下式求得。

$$C_i = (C_{i,\ \max} C_{i,\ \mathrm{av}})^{\frac{1}{2}}$$

式中　$C_{i,\ \mathrm{av}}$——某污染物浓度的算术平均值；

　　　$C_{i,\ \max}$——某污染物浓度的最大值。

② **分类形式**

a. 叠加型

$$PI = \sum_{i=1}^{n} W_i I_i$$

b. 均值型（南京市采用的办法）

$$PI = \frac{1}{n} \sum_{i=1}^{n} W_i I_i$$

c. 方根形式（密特大气指数）

$$PI = \sqrt{\sum_{i=1}^{n} I_i^2}$$

d. 上海大气环境质量综合指数法

$$PI = \sqrt{I_{max}} \times \frac{1}{n} \sum_{i=1}^{n} I_i$$

式中　I_{max}——各污染物中最大的分指数。

（4）大气质量评价

求得大气环境质量的综合指数以后，按照综合指数值的大小对环境质量进行分级，近似地反映大气环境质量状况，见表 8-5。

表 8-5　美国橡树岭大气质量指数与大气环境质量分级

分级	优良	好	尚可	差	坏	危险
指数	<20	20～39	40～59	60～79	80～90	>100

2．水环境质量现状评价

水质评价非常复杂，一般从三个方面来评定：

① 污染强度，即水中污染物的浓度和它们的影响效应；

② 污染范围；

③ 污染历时。常见的评价参数有水温、色度、透明度、悬浮固体、pH、硬度、DO、COD、BOD_5、酚、氰、硫化物、汞等。

根据水体评价要求、污染源调查结果、水体污染现状的观察和试验情况来选择评价参数和评价方法。例如上海黄浦江水有时出现黑臭现象，影响饮水质量。经观察、实验认为，主要是氨氮（NH_3-N）及耗氧有机物污染，降低了水中溶解氧所致。故选择 NH_3-N、COD、BOD_5、DO 作为评价参数。其污染指数为：

$$Rp = \frac{氨氮实测值}{溶解氧饱和百分数 + 0.4}$$

0.4 为经验系数。

当 $Rp \geq 5$ 为严重污染，出现黑臭现象。

$Rp \leq 1.2$ 为水质良好；$1.2 < Rp < 5$ 为中度污染。

有机物综合评价值（A）：

$$A = \frac{BOD_i}{BOD_0} + \frac{COD_i}{COD_0} + \frac{NH_3-N_i}{NH_3-N_0} - \frac{DO_i}{DO_0}$$

标准值定为 $BOD_0 = 4$，$COD_0 = 6$，$NH_3-N_0 = 1$，$DO_0 = 4$。

当 $A \geq 2$ 时，水体受到有机物污染。

3．环境质量综合评价

考虑到各个环境要素对环境的综合影响，如水、大气、土壤、噪声等，在各个要素中确定相应的评价因子，再计算各环境要素的污染指数，最后计算环境综合值。

$$P_{综} = \sum_{i=1}^{n} W_e P_e$$

式中 $P_综$——环境综合值；

$\quad\quad W_e$——各环境要素的加权系数；

$\quad\quad P_e$——环境要素污染指数。

根据环境质量综合评价分级可做出环境质量综合评价图，如图8-3所示。

三、环境影响评价

识别人类行为对环境产生的影响并制定出减轻对环境不利影响的措施，这项技术性极强的工作就是环境影响评价。根据目前人类活动的类型及对环境影响程度，可分为三种类型：①单项建设工程的环境影响评价；②区域开发的环境影响评价；③公共政策的环境影响评价。

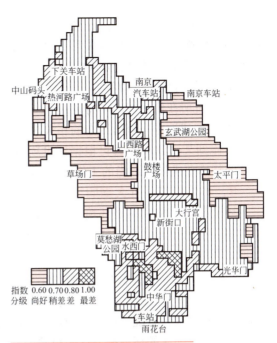

图8-3 南京市城区环境质量综合评价图

1．环境影响评价的工作程序

① **准备阶段** 包括任务提出、组织队伍、制定评价方法、模拟论证和审定。

② **实施阶段** 包括资料收集、工程分析、现场调查、模拟计算等。

③ **总结阶段** 包括资料汇总、专题报告、总体报告等。如图8-4所示。

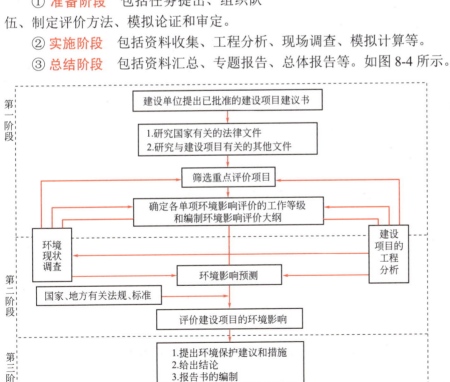

图8-4 环境影响评价工作程序示意图

环境影响评价方法有定性分析法、数学模型法、系统模型法和综合评价法。由于影响环境质量的因素过多，模型建立困难大、费时长，故常用的是分析法和综合法。

2．环境影响评价工作等级的确定

环境影响评价的工作深度可划分为三个等级。其中一级评价最详细，二级次之，三级较简略。工作等级的划分依据如下。

① 建设项目的工程特点；

② 项目所在地区的环境特征；

③ 国家或地方政府所颁布的相关法律、法规。

具体到某一建设项目可根据建设项目对环境的影响，所在地区的环境特征，当地对环境的特殊要求做出适当的工作调整。

3．环境影响评价大纲的编写

环境影响评价大纲是环境影响评价报告书的总体设计和行动指南，在开展评价工作前编制，在充分研读有关文件、进行初步的工程分析和环境现状调查后形成。环境影响评价大纲包括：

① 总则　包括评价任务的由来、编制依据、控制污染与保护环境的目标、采用的评价标准、评价项目及其工作等级和重点等；

② 建设项目概况（如为扩建项目应同时介绍现有工程概况）；

③ 拟建地区的环境简况（附位置图）；

④ 建设项目工程分析的内容与方法；

⑤ 环境现状调查　一般自然环境与社会环境现状调查，环境中与评价项目关系密切部分的现状调查；

⑥ 环境影响预测与评价建设项目的环境影响包括预测方法、预测内容、预测范围、预测时段以及有关参数的估值方法等。对建设项目环境影响的综合评价，应说明拟采用的评价方法；

⑦ 评价工作成果清单，拟提出的结论和建议的内容；

⑧ 评价工作的组织、计划安排；

⑨ 评价工作经费概算。

4．环境影响评价报告书的编制

环境影响评价的成果是以报告书的形式反映出来。其内容包括：

① 总则；

② 建设项目概况；

③ 工程分析；

④ 建设项目周围地区的环境现状；

⑤ 环境影响预测；

⑥ 评价建设项目的环境影响；

⑦ 环境保护措施的评述及技术经济论证，提出各项措施的投资估算；

⑧ 环境影响经济损益分析；

⑨ 环境监测制度及环境管理、环境规划的建议；

⑩ 环境影响评价结论。

表 8-6～表 8-11 给出了环境影响报告中主要应填写的表格内容。

表 8-6 项目概况

项目名称				
项目性质		建设地点		
主管部门		建设依据 （批准部门或文号）		
投资总额 / 万元		环保投资 / 万元		
占地面积 /m²		绿地面积 /m²		
法定代表人		项目负责人		
联系地址		邮政编码		
联系电话		传真号		

主要产品量	名称	年产量	主要原辅材料耗用量	名称	年耗用量	定额
能源耗用量			有毒有害原料耗用量	名称	年耗用量	定额

给排水情况	年总用水量		年总排水量		
	其中	循环用水量	生产污水	总量	
		新鲜水量		其中"清净废水"	
	新鲜水来源		生活污水	设计最大量一般不超过	

表 8-7 工程分析

生产工艺流程或资源开发、利用方式简要说明（附生产工艺及污染物产出流程图）

表 8-8 废水、废气排放及治理

污染物类型	产生污染物的装置、工段	单位时间最大生产量/（t/d）	年产生量/t	治理方法	投资/万元	设计处理能力	处理效果			处理后排放量	排放标准	排放方式和排放去向	重复利用量或综合利用量	备注
							污染物名称	进口浓度/（mg/L）	出口浓度/（mg/L）					
废水														
废气														

注：1. 填写单位：废水量为 t/d，浓度为 mg/L；废气量 m^3（标况）/h，浓度为 mg/m^3（标况）；投资为万元。

2. 浓度栏中填写平均值。

3. 污染类型为废气污染时，排放方式栏中填写排气筒高度，单位 m。

表 8-9 噪声源及治理

噪声源名称	噪声源声级/dB（A）	治理方法	投资/万元	不要敏感目标及厂界噪声等效声级 L_{eq}/dB（A）			备注
				监测点编号	现值	预测值	

表 8-10 固体废物产生及处理处置

产生固体废物装置（工段）	固体废物名称	类别编号	固体废物产生量/（t/a）	固体废物形态	主要有害成分及含量	固体废物处理处置量/（t/a）	处理处置方式	处理处置地点	投资/万元	备注

表 8-11　环境影响分析

项目所在地环境质量现状、建设过程中和建设后对环境影响的分子及需要说明的问题：

第五节
环境保护与化工可持续发展

控制人口、节约资源、保护环境、实现可持续发展。这是中国环境与生态学者及中国政府根据全球性发展资源、生态环境的锐减、污染和破坏以及中国国情，为解决全球性环境问题而提出的一句极为科学而鲜明的行动纲领。

一、可持续发展的定义与内涵

可持续发展的概念最早在 1980 年提出，直到 1987 年世界环境与发展委员会向联合国提交的《我们共同的未来——从一个地球到一个世界》的著名报告中给予明确："在不危及后代人满足其环境资源需求的前提下，寻求满足当代人需要的发展途径。"这一定义在其内涵的阐述中，从生态的可持续性转入社会的可持续性，提出了消灭贫困、限制人口、政府立法和公众参与的社会政治问题。

可持续发展的内涵主要体现公平性原则、持续性原则和共同性原则。

公平性原则主要包括三个方面：一是当代人的公平，即要求满足当代全球各国人民的基本要求，予以机会满足其要求较好生活的愿望；二是代际间的公平，即每一代人都不应该为着当代人的发展与需求而损害人类世世代代满足其需求的自然资源与环境条件，而应给予世世代代利用自然资源的权利；三是公平分配有限的资源，即应结束少数发达国家过量消费全球共有资源的现状，给予广大发展中国家合理利用更多的资源以达到经济增长和发展的机会。

持续性原则要求人类对于自然资源的耗竭速率应该考虑资源与环境的临界性，不应该损害支持生命的大气、水、土壤、生物等自然系统。持续性原则的核心是对人类经济和社会发展不能超越资源和环境的承载能力。"发展"一旦破坏了人类生存的物质基础，"发展"本身也就衰退了。

共同性原则强调可持续发展一旦作为全球发展的共同总目标而定下来，对于世界各国所表现的公平性和持续性原则都是共同的。实现这一总目标必须采取全球共同的联合行动。经济全球化趋势正在给全球经济、政治和社会生活等诸多方面带来深刻影响，既有机遇也有挑战。在经济全球化的进程中，各国的地位和处境很不相同。人类需要世界各国"共赢"的经济全球化，需要世界各国平等的经济全球化，需要世界各国公平的经济全球化，需要世界各国共存的经济全球化。

可持续发展的理论认为：人类任何时候都不能以牺牲环境为代价去换取经济的一时发展，也不能以今天的发展损害明天的发展。要实现可持续发展，必须做到保护环境同经济、社会发展协调进行。二者的关系是人类的生产、消费和发展，不考虑资源和环境，则难以为继；而孤立就环境论环境，而没有经济发展和技术进步，环境保护就失去了物质基础。另外，可持续发展的模式是一种提倡和追求"低消耗、低污染、适度消费"的模式，用它取代人类工业革命以来所形成的"高消耗、高污染、高消费"的非持续发展模式，扼制当今一小部分人为自己的富裕而不惜牺牲全球人类现代和未来利益的行为。显然可持续发展思想将给人们带来观念和行为的更新。

二、中国可持续发展的战略与对策

中国作为一个发展中国家，深受人口、资源、环境、贫困等全球性问题的困扰。联合国环境与发展会议（UNCED）之后，中国政府重视自己承担的国际义务，积极参与全球可持续发展理论的建设和健全工作。中国制定的第一份环境与发展方面的纲领性文件就是1992年8月党中央、国务院批准转发的《环境与发展十大对策》。

1. 实行可持续发展战略

① 加速我国经济发展、解决环境问题的正确选择是走可持续发展道路。20世纪80年代末，中国由于环境污染造成的经济损失已达950亿元，占国民生产总值的6%以上。这是传统的以大量消耗资源的粗放经营为特征的发展模式，投入多、产出少、排污量大。另一方面，传统发展模式严重污染环境，且资源浪费巨大，加大资源供需矛盾，经济效益下降。因此，必须由"粗放型"转变为"集约型"，走持续发展的道路，是解决环境与发展问题的唯一正确选择。

② 贯彻"三同步"方针。"经济建设、城乡建设、环境建设同步规划，同步实施，同步发展"，是保证经济、社会持续、快速、健康发展的战略方针。

2. 可持续发展的重点战略任务

（1）采取有效措施，防治工业污染

① 坚持"预防为主，防治结合，综合治理"和"污染者付费"等指导原则，严格控制新污染，积极治理老污染，推行清洁生产，实现生态可持续发展。主要措施是：预防为主、防治结合，严格按照法律规定，对初建、扩建、改建的工业项目，要求先评价、后建设，严格执行"三同时"制度，技术起点要高。对现有工业结合产业和产品结构调整，加强技术改造，提高资源利用率，最大限度地实现"三废"资源化。积极引导和依法管理，坚决防治乡镇企业污染，严禁对资源滥挖乱采。

② 集中控制和综合管理。这是提高污染防治的规模效益，实行社会化控制的必由之路。综合治理要做到：合理利用环境自净能力与人为措施相结合；集中控制与分散治理相结合；生态工程与环境工程相结合；技术措施与管理措施相结合。

③ 转变经济增长方式，推行清洁生产。走资源节约型、科技先导型、质量效益型工业道路，防治工业污染。大力推行清洁生产，开发绿色产品，全过程控制工业污染。

（2）加强城市环境综合整治，认真治理城市"四害"

城市环境综合整治包括加强城市基础设施建设，合理开发利用城市的水资源、土地资源及生活资源，防治工业污染、生活污染和交通污染，建立城市绿化系统，改善城市生态结构和功能，促进经济与环境协调发展，全面改善城市环境质量。当前主要任务是通过工程设施和管理措施，有重点地减轻和逐步消除废气、废水、废渣和噪声这城市"四害"的污染。

（3）提高能源利用率，改善能源结构

通过电厂节煤，严格控制热效率低、浪费能源的小工业锅炉的发展，推广民用型煤，发展城市煤气化和集中供热方式，逐步改变能源价格体系等措施提高能源利用率，大力节约能源。调整能源结构，增加清洁能源比重，降低煤炭在我国能源结构中的比重。尽快发展水电、核电，因地制宜地开发和推广太阳能、风能、地热能、潮汐能、生物能等清洁能源。

（4）推广生态农业，坚持植树造林，加强生物多样性保护

中国人口众多，人均耕地少，土壤污染、肥力减退、土地沙漠化等因素制约了农业生产发展，出路在于推广生态农业，从而提高粮食产量，改善生态环境。植树造林，确保森林资源的稳定增长，可控制水土流失，保护生态环境。通过扩大自然保护区面积，有计划地建设野生珍稀物种及优良家禽、家畜、作物、药物良种的保护和繁育中心，加强对生物多样性的保护。

3．可持续发展的战略措施

发展知识经济和循环经济是实现经济增长的两大趋势。其中发展循环经济、建立循环型社会是实施可持续发展战略的重要途径和实现方式。

所谓循环经济，就是把清洁生产和废弃物的综合利用融为一体的经济，本质上是一种生态经济，它要求运用生态学规律来指导人类社会的经济活动。循环经济倡导的是一种建立在物质不断循环利用基础上的经济发展模式，它要求把经济活动按照自然生态系统的模式，组织成一个"资源—产品—再生资源"的物质反复循环流动的过程，使得整个经济系统以及生产和消费过程基本上不产生或者只产生很少的废弃物，只有放错了地方的资源，而没有真正的废弃物，其特征是自然资源的低投入、高利用和废弃物的低排放，从根本上消解长期以来循环与发展之间的尖锐冲突。

4．可持续发展的行动计划

党的十九届五中全会发布《中共中央关于制定国民经济和社会发展第十四个五年规划和二〇三五年远景目标的建议》（以下简称《建议》），提出了到2035年基本实现社会主义现代化远景目标和"十四五"时期经济社会发展主要目标，为未来一个时期生态文明建设和生态环境保护提供了方向指引和行动指南。《建议》分析归纳了我国"十四五"生态环境保护的主要目标，从环境保护与改善、生态保护修复、生态环境保护科技创新及国际合作等方面阐述了"十四五"生态环境保护重点任务与实现路径，重点从构建和

优化国土空间开发和保护格局、推动绿色低碳发展、推进清洁生产和加强污染治理等 4 方面介绍环境保护与改善任务与路径，着重分析了划定并严守生态保护红线、构建以国家公园为主体的自然保护地体系、推动山水林田湖草一体化保护修复、科学开展生态系统评估等生态保护修复重点任务与路径，提出了"十四五"生态环境保护保障措施。

中国有关实施可持续发展战略的对策、方案及行动计划如表 8-12 所示。

表 8-12　中国有关实施可持续发展战略的对策、方案及行动计划（1992 年～ 2020 年）

项目序号	名称	批准机关及日期	主要内容
1	中国环境与发展十大对策	中共中央、国务院，1992 年 8 月	指导中国环境与发展的纲领性文件
2	中国环境保护战略	国家环保总局、国家计委，1992 年	关于环境保护战略的政策性文件
3	中国逐步淘汰破坏臭氧层物质的国家方案	国务院，1993 年 1 月	履行《蒙特利尔议定书》的具体方案
4	中国环境保护行动计划（1991～2000 年）	国务院，1993 年 9 月	全国分领域的 10 年环境保护行动计划
5	中国 21 世纪议程	国务院，1994 年 4 月	中国人口、环境与发展白皮书，国家级的《21 世纪议程》
6	中国生物多样性保护行动计划	国务院，1994 年	履行《生物多样性公约》的具体行动计划
7	中国温室气体排放控制问题与对策	国家环保总局、国家计委，1994 年	对中国温室气体排放清单及削减费用分析、研究，提出控制对策
8	中国环境保护 21 世纪议程	国家环保总局，1994 年	部门级的《21 世纪议程》
9	中国林业 21 世纪议程	林业部，1995 年	部门级的《21 世纪议程》
10	中国海洋 21 世纪议程	国家海洋局，1996 年 4 月	部门级的《21 世纪议程》
11	中国跨世纪绿色工程规划	国家环保总局，1996 年 9 月	至 2010 年的重点环保项目、工程的规划
12	循环经济促进法	全国人大，2008 年 8 月 29 日通过	促进中国循环经济发展，提高资源利用效率，保护和改善环境，实现可持续发展
13	中国 21 世纪初可持续发展行动纲要	国务院 2008 年 3 月	提出了我国可持续发展的目标、重点领域和保障措施
14	"十三五"生态环境保护规划	国务院 2016 年 12 月	提出了"十三五"生态环境保护的约束性指标和预期性指标
15	中共中央关于制定国民经济和社会发展第十四个五年规划和二〇三五年远景目标的建议	中共中央、国务院，2020 年 11 月	提出 2035 年生态文明建设和生态环境保护目标

2000 年 9 月 6 日开幕的以"把绿色带入二十一世纪"为宗旨的 2000 年中国国际环境保护博览会，充分展现了我国政府致力于保护环境的决心：国家继续加强和完善环保政策，扩大环保投资，加快环保技术实施的国产化、专业化，推进环保产业化和污染治理市场化。

2008 年 8 月 29 日，第十一届全国人大常委会第四次会议通过了《中华人民共和国循环经济促进法》，并于 2009 年 1 月 1 日施行。最新修正是根据 2018 年 10 月 26 日第十三届全国人民代表大会常务委员会第六次会议《关于修改〈中华人民共和国野生动物保护法〉等十五部法律的决定》修正，这部法律包括 6 项制度。第一项是循环经济的规划制度。循环经济规划是国家对循环经济发展目标、重点任务和保障措施进行的安排和部署。第二项是抑制资源浪费和污染物排放总量控制制度。该制度将推动各地和企业按照国家的总体要求，根据本地的资源和环境承载能力，安排产业结构和经济规模，积极主动地采取各种循环经济的措施。第三项是循环经济的评价和考核制度。第四项是以生产者为主的责任延伸制度。传统上，产品的生产者主要对产品本身质量承担责任，而现代生产者已经从单纯的生产阶段、产品的使用阶段，逐步延伸到产品废弃后的回收、利用和处置阶段。第五项是对高耗能、高耗水企业设立重要和重点的监管制度。第六项是强化经济措施。建立激励机制，鼓励走循环经济的发展道路。

中国可持续发展战略的总体目标如下。

① 用 50 年的时间，全面达到世界中等发达国家的可持续发展水平，进入世界可持续发展能力前 20 名行列。

② 在整个国民经济中科技进步的贡献率达到 70% 以上。

③ 单位能量消耗和资源消耗所创造的价值在 2000 年基础上提高 10 ～ 12 倍。

④ 人均预期寿命达到 85 岁。

⑤ 人文发展指数进入世界前 50 名。

⑥ 全国平均受教育年限在 12 年以上。

⑦ 能有效地克服人口、粮食、能源、资源、生态环境等制约可持续发展的瓶颈。

⑧ 确保中国的食物安全、经济安全、健康安全、环境安全和社会安全。

⑨ 2030 年实现人口数量的"零增长"。

⑩ 2040 年实现能源资源消耗的"零增长"。

⑪ 2050 年实现生态环境退化的"零增长"，全面实现进入可持续发展的良性循环。

三、生态环境可持续发展的措施

"十三五"时期，是我国生态环境质量改善成效最大、工作推进成效最好、得到老百姓乃至国际社会高度认可的五年。"十四五"期间是美丽中国起航奠基的五年，美丽中国建设任重道远，生态环境保护不能有丝毫松懈，要长期坚持底线思维、保持战略定力，坚持方向不变、力度不减，针对人民群众关心的前面所说的重点领域，继续实施升级版的"十四五"污染防治攻坚战行动计划，做到攻坚目标、减排路径、治污方式、政策手段、科技支撑、治理体系六个"升级"，全面推动全国生态环境质量持续改善，为 2035 年美丽中国目标基本实现奠定基础。

（一）环境保护可持续发展措施

1. 升级攻坚目标，持续改善生态环境质量

"十二五"和"十三五"的全国生态环境质量改善目标基本上是一个历史依赖型的目标，也就是根据当期环境质量现状水平来确定的基本可达目标。党的十九大确定了 2035 年基本实现美丽中国的建设目标，生态环境要求根本好转。因此，升级版的污染防治攻

坚战，首先要在目标上升级，要着眼 2035 年生态环境根本好转的目标，推进"十四五"期间生态环境持续改善，"十五五"生态环境全面改善。要围绕 2035 年的天蓝水清土净地绿的美丽中国目标，来升级设计"十四五"污染防治攻坚战的大气、水和土壤等环境质量改善目标，持续建设美好家园。对于一些不适合我国国情乃至发达国家都很难解决的环境质量指标和标准，要加快修订和调整。

2. 升级减排路径，继续强化布局结构调整

这些年取得的环境质量改善效果，以加强环境执法、提升治污水平、加大环境基础设施建设和整治"散乱污"企业等"治标"的措施为主，调整产业结构、优化空间布局、提高资源能源利用水平等"治本"措施还需长期推进，要大力升级推进绿色发展机制建设，将"治标"取得的成效，通过"治本"进行稳固，并进一步提升。升级版的污染减排途径要以绿色发展为主线，推进经济结构调整优化。要加快推进实施生态保护红线、环境质量底线、资源利用上线、生态环境准入清单"三线一单"。要优化能源结构，提升能源清洁化利用水平，继续实施重点区域煤炭消费总量控制和北方地区散煤替代，扩大北方地区清洁取暖实施范围。要在行业内部持续推进清洁生产、循环经济、资源化利用，大力培育绿色行业。

3. 升级治污方式，创新建立"三个治污"模式

"十四五"期间，升级版的污染防治攻坚战要创新建立精准治污、科学治污、依法治污"三个治污"模式，提升生态环境治理质量和效能。要用科学的思维、科学技术手段，遵循科学规律，解决我国面临的复杂环境问题，坚持"山水林田湖草生命共同体"理念，系统推进生态扩容与污染防治。对全国各地区、各行业、各领域的环境问题，分区施策、分类施治，突出精准治污，突出时间精准、空间精准、行业精准，提高治污效益。坚持以法律为准绳，坚持依法治国，依法治污，充分保护相关方的法律赋予的环境权益，强化执法监督，落实相关主体的环境责任。

4. 升级政策手段，强化市场经济激励机制

我国的生态环境管理一直以指令性管控手段，也就是法规标准和行政干预为主，习惯于"运动式"执法监管方式。"十二五"和"十三五"的实践证明，一项好的经济政策所起的作用往往是基础性和根本性的，如电厂脱硫脱硝超低排放电价补贴、城镇污水处理收费政策。在社会主义市场经济条件下，应该革新和升级政策手段，更多地运用市场经济激励手段来促进污染防治。建议"十四五"污染防治攻坚战，要重点研究制定影响深度污染防治和生态保护的经济政策，如环境保护税中纳入挥发性有机物（VOCs）、总磷排放征税，建立覆盖污泥处理的全成本污水处理收费机制，重点行业超低排放改造税收优惠和折旧鼓励，促进污染场地修复与产业发展融合 EOD 模式，支持生态环境产品价值转化实现，把财政"211 节能环保科目"调整为"211 生态环境科目"，建立和扩大国家和区域绿色发展基金，引导银行业特别是政策性银行发展绿色信贷等政策。

5. 升级科技支撑，提高污染防治效果效率

"十三五"期间，中央和地方都显著增加了污染防治攻坚战，特别是蓝天保卫战、碧水保卫战、净土保卫战以及生态保护修复的科技投入，科技在污染防治攻坚战中的支撑作用越来越彰显，地方政府和企业也尝到了"一市一策""一河一策""一企一策"科技支撑的甜头。同时，科技支撑也是"三个治污"的基础支撑。"十四五"期间，建议继续

加大生态环境保护和污染防治攻坚科技投入，联合国家和地方以及企业科技力量，重点集成现有成熟的科技成果和技术方法，升级生态环境保护和行业企业治污技术模式，提高污染防治的效果和效率。

6. 升级治理体系，建立多元共同治理体系

目前的生态环境治理体系主要由党委政府以及企业组成，对公众参与一直保持相对比较谨慎的态度。"十四五"期间，要改进和升级污染防治攻坚战作战方式，健全多方参与共治的行动体系。将现由党委政府主导的环境治理模式转化成党委领导、政府主导、人大监督、企业治污、司法保障、公众参与的现代环境治理体系。在坚持党的集中统一领导，实行生态环境保护"党政同责、一岗双责"的基础上，进一步深化企业主体责任，加快实施排污许可证管理，完善生产者责任延伸制度，加强企业环境治理主体责任。更好动员社会组织和公众共同参与，完善公众监督和举报反馈机制，加强舆论监督，发挥各类社会团体、环保志愿者作用。生态环境保护靠大家，社会每个群体、每个成员都要主动践行绿色简约的生活方式，积极开展垃圾分类、绿色消费、绿色出行等活动，担当生态文明建设的参与者、贡献者，而不是局外人、批评家。

（二）化学工业实现可持续发展措施

化学工业是对环境中的各种资源进行化学处理和加工转化的生产部门，其产品和废弃物具有多样化、数量大的特点。废弃物大多有害、有毒，进入环境会造成污染。有的化工产品在使用过程中造成的污染甚至比生产本身所造成的污染更严重、更广泛。由于化学工业对环境影响巨大，所以实施可持续发展对化工生产尤为重要。

1. 发展是实现化工产业可持续发展的基础

化工行业是我国的支柱产业之一，不能因为该行业有严重的环境污染而使本行业停滞不前。只有坚持走发展之路，采用先进的生产设备和工艺，实现化工行业的清洁生产技术，降低能耗、降低成本、提高经济效益，才能使企业为防治污染提供必要的资金和设备，才能为改善环境质量提供保障。没有经济的发展和科学技术的进步，环境保护也就失去了物质基础。

2. 积极开拓国内外两个市场和利用国内外两种资源

资源是最重要的物质基础。要在立足用好国内资源的基础上，扩大资源领域的国际合作与交流，通过国际市场的调剂和优势互补，实现我国资源的优化配置，保障资源的可持续利用。通过开拓国际、国内两个市场，获得更为丰厚的利润，为改善化工行业的环境质量提供保障。

3. 制定超前标准，促进企业由"末端治污"向"清洁生产"转变

中国是发展中国家，经济增长速度较快，环境污染的问题尽管在一些经济发达地区正日益受到重视，但总的污染趋势不容乐观。因此应结合我国国民经济和社会发展规划制定出比较具体和明确的环境保护超前标准，从源头开始控制污染，向污染预防、清洁生产和废物资源化、减量化方向转变，才能促进化工企业的可持续发展之路。

4. 对国内化工资源进行综合深加工

针对化工资源的消耗，积极探索综合深加工的路子。如位于陕北毛乌素沙漠边缘的靖边能源化工综合利用产业园，确定以油、气、煤、盐的资源开发为依托，强势打造石油化工、天然气化工、煤化工、盐化工相结合的综合深加工企业。

5．调整产品结构，开发清洁产品

我国许多化工工艺技术相对比较落后，基本上沿袭以大量消耗资源、能源和粗放经营为特征的传统发展模式，致使单位产品的能耗高、排污量大，增加了末端治理负担，加重了环境污染。另外，小化工企业遍地开花，工艺原始落后，片面追求短期利益，污染现象严重。因此，调整产业结构，走高科技、低污染的跨越式产业发展之路，乡镇企业走小城镇集中化路子，形成集约化的产业链，是化工实现可持续发展的重要举措。

2021 年 1 月 15 日，中国石油和化学工业联合会发布《石油和化学工业"十四五"发展指南》（以下简称《指南》），《指南》总结了"十三五"行业发展成就和存在的问题，分析了"十四五"面临的新环境，形成对"十四五"发展形势的基本判断，研究提出了"十四五"行业发展的总体思路、发展目标、主要任务和工作重点，并提出行业 2035 年发展远景目标。

总体来说，"十四五"期间，行业将以推动高质量发展为主题，以绿色、低碳、数字化转型为重点，以加快构建以国内大循环为主体、国内国际双循环相互促进的新发展格局为方向，以提高行业企业核心竞争力为目标，深入实施创新驱动发展战略、绿色可持续发展战略、数字化智能化转型发展战略、人才强企战略，加快建设现代化石油和化学工业体系，建设一批具有国际竞争力的企业集团和产业集群，打造一批具有国际影响力的知名品牌，推动我国由石化大国向石化强国迈进，部分行业率先进入强国行列。

 环保技术

大力发展低碳经济

低碳经济是以低能耗、低污染为基础的绿色生态经济。"走低碳经济之路是人类实现可持续发展的唯一选择，它需要建立低碳产业结构、调整能源结构及消费结构，需要政策法规支持，更需要科技创新的支撑。"有专家提出：随着中国经济规模不断扩大，可再生垃圾资源迅速增加。垃圾资源的炼制可使废物资源化，既保护环境，又大量节约能源，减少 CO_2 排放量。化工制造业可以从矿物化石炼制、垃圾炼制、生物炼制、逆炼制等领域入手，在我国全面推进低碳经济。要通过科技进步探索规模化、现代化、无害化的发展模式。开发 CO_2 的绿色化利用技术，发展绿色高新精细化工产业链，可以提高产品附加值，降低能源消耗率，从源头上根除或大幅度减少"三废"污染。

低碳技术广泛涉及石油、化工、电力、交通、建筑、冶金等领域，包括煤的清洁高效利用、油气资源和煤层气的高附加值转化、可再生能源和新能源开发、传统技术的节能改造、CO_2 捕集和封存等多个方面。

生物质能源大跃进威胁世界粮食安全

雀巢首席执行官彼德·包必达警告说：越来越多国家使用农产品生产生物质燃料将会威胁世界粮食储备。

自 2006 年以来，以美国为首的一些农产品生产大国为缓解原油价格上涨带来的压力，开始大规模使用玉米、棕榈油、豆油和甘蔗等农产品生产生物能源。美国新能源法案规定，到 2012 年生物柴油掺混量要求达到 10 亿加仑（USgal，1USgal=3.78541dm³）；到 2015 年玉米乙醇掺混量 150 亿加仑；到 2022 年生物质燃料掺混量将增至 360 亿加仑。美国新能源政策极大改变世界粮食供需形势，必将拉动世界粮食价格的上涨。估算到 2015 年，美国必须使用近 56 亿蒲式耳［蒲式耳是一个计量单位（英文 Bushel，缩写 BU）。它是一种定量容器，所以该单位可以表示重量，也可以表示体积，各个国家的换算比例不同，对于不同产品的换算比例也不同。期货中常用该单位。如蒲式耳与吨的换算：小麦和大豆，1 蒲式耳 =0.027216 吨；玉米、高粱和黑麦，1 蒲式耳 =0.0254 吨；燕麦，1 蒲式耳 =0.0172 吨］玉米来生产 150 亿加仑乙醇，比 2006 ~ 2007 年度乙醇行业的玉米用量 21 亿蒲式耳激增 206%。

　　美国大规模生产燃料乙醇导致国际玉米价格暴涨，而其使用豆油生产生物柴油则直接提升了国际市场豆油的价格；印尼和马来西亚去年开始大量利用棕榈油生产生物柴油，造成去年棕榈油价格大幅飙升；而墨西哥等国利用甘蔗生产燃料乙醇，则造成国际食糖价格暴涨。

　　联合国一位官员表示："在世界上还有 10 亿人口处于饥饿状态时，却大规模利用粮食生产燃料加入汽车烧掉，这简直是在犯罪。"

复习思考题

一、简答论述题

1. 环境监测的任务是什么？
2. 环境监测的工作程序是什么？
3. 选择环境监测方法应注意哪些问题？
4. 环境质量评价的步骤是什么？
5. 水环境质量现状评价包括哪几方面？
6. 环境影响评价有哪几种方法？
7. 环境影响评价包括哪些内容？
8. 简述环境保护法的含义。
9. 环境保护法的作用是什么？
10. 环境保护法有哪些特点？
11. 我国环境标准体系包括哪些内容？
12. 我国环境管理的发展分哪三个阶段？
13. 环境管理的内容是什么？
14. 环境管理的基本职能是什么？
15. 简述可持续发展的定义和内涵。
16. 中国可持续发展的战略任务是什么？
17. 中国实施可持续发展的战略措施有哪些？

18. 什么是循环经济？

19. 化工行业如何实施可持续发展？

二、选择题

1.《可持续发展国家报告》是在（　　　）发表的。

A. 1996年6月　　　　B. 1998年6月

C. 1997年6月　　　　D. 1999年6月

2. "里约会议"召开的时间、地点和会议全称是什么？（　　　）

A. 1992年6月3～14日，在法国里约热内卢召开联合国环境与发展会议。

B. 1992年6月3～14日，在巴西里约热内卢召开联合国环境与发展会议。

C. 1992年6月3～14日，在德国里约热内卢召开联合国环境与发展会议。

D. 1992年6月3～14日，在巴西里约热内卢召开联合国环境与发展会议。

3. 可持续发展的特征是（　　　）。

A. 社会可持续发展　　　　　　　　B. 经济可持续发展

C. 生态环境可持续发展　　　　　　D. 人工环境的可持续发展

4. 可持续发展的内涵包括（　　　）。

A. 人类的基本需求：衣食住行

B. 符合社会发展要求的高层次需求，一般通过合理的生活模式来实现

C. 经济发展是不可取的

D. 经济发展是在有限制条件下的发展

5. 影响可持续发展的因素有（　　　）。

A. 人口增长　　　　　　　　　　　B. 能源的使用

C. 经济活动与贸易模式　　　　　　D. 贫穷

E. 消费和生活模式　　　　　　　　F. 全球气候变化

 项目训练

一、化学需氧量（COD）的测定

化学需氧量测定所需氧化剂为重铬酸钾和高锰酸钾。由于氧化剂的种类、浓度和氧化条件不同，对需氧污染物的氧化率就有差异，测出的化学需氧量也不同，故测定条件不同，测定结果不易比较。

1. 水样的采集

取待测点水样50～100mL，加硫酸调水样pH<2，以固定水中COD。

2. 水样中COD的分析（高锰酸钾法）

（1）原理

在酸性条件下，高锰酸钾氧化水样中还原性物质，过量的高锰酸钾溶液用草酸钠溶液还原，过量的草酸钠溶液再以高锰酸钾溶液回滴，用高锰酸钾溶液消耗量计算水样中COD。水样中氯离子含量不太高时，宜采用此法。

（2）主要试剂及仪器

主要试剂

① 0.1mol/L 高锰酸钾溶液　称取 3.2g 高锰酸钾，溶于 1200mL 水中，煮沸使体积减小为 1000mL，静置过夜，用玻璃过滤器过滤，贮于棕色瓶中。

② 0.01mol/L 高锰酸钾溶液　用适量 0.1mol/L 高锰酸钾溶液配制，贮于棕色瓶中。

③ 硫酸（1+3）　按体积比 1：3 的硫酸和水混合，趁热滴加 0.01mol/L 高锰酸钾溶液至溶液红色不褪。

④ 0.1000mol/L 草酸钠标准溶液　称取草酸钠 0.6705g，加适量水和 25mL 硫酸（1+3）溶液，移入 100mL 容量瓶中，加水至标线。

⑤ 0.0100mol/L 草酸钠标准溶液　吸取 10.00mL 0.1000mol/L 草酸钠标准溶液，配制 100mL 0.0100mol/L 草酸钠标准溶液。

主要仪器：

① 恒温水浴；②酸式滴定管；③250mL 锥形瓶。

（3）操作方法

取 100.00mL 水样于 250mL 锥形瓶中，加 5mL 硫酸（1+3）、10.00mL 0.01mol/L 高锰酸钾溶液，摇匀，立即放入沸水浴中加热至沸，再继续加热 20min，水浴液面应高于样液液面，如这时样液呈深绿色，应减少取样量重新测定。从沸水浴中取出锥形瓶，趁热加入 10.00mL 0.0100mol/L 草酸钠标准溶液，摇匀，样液红色完全消失，待温度降至 60～70℃时，用 0.01mol/L 高锰酸钾溶液滴定至微红色。

在滴定至终点的样液中，趁热加 10.00mL 0.0100mol/L 草酸钠标准溶液，立即用 0.01mol/L 高锰酸钾溶液滴定，由高锰酸钾溶液消耗的量（V_3）求出高锰酸钾溶液的校正系数。

$$K=\frac{10}{V_3}$$

3. 计算 COD

$$COD=\frac{[K(V_1+V_2)-10]c(Na_2C_2O_4)\times 8\times 1000}{V}（mg/L）$$

式中　K——0.01mol/L 高锰酸钾溶液校正系数；

　　　V_1——加入水样中高锰酸钾溶液量，mL；

　　　V_2——滴定时消耗高锰酸钾溶液量，mL；

　　　V——水样量；

$c(Na_2C_2O_4)$——草酸钠标准溶液的物质的量浓度，mol/L。

二、区域环境质量调查

针对表 8-13 的调查内容，对学校附近或学生居住地附近的环境质量进行调查。

表 8-13　区域环境质量调查表

项目		污染程度与感觉	项目	污染程度与感觉
附近是否有	河道工厂绿地	有，没有；水体非常清洁，清洁；有些脏，肮脏，非常脏 没有，少，稍多，多，非常多；哪些类型工厂有，没有	植物的花、果是否容易脱落	全没有，基本没有，比较多，颇多，非常多
	交通量	几乎没有，稍有，多，颇多，非常多	家中有没有灰尘	全没有，基本没有，比较多，非常多

项目		污染程度与感觉	项目	污染程度与感觉
污染类型	噪声恶臭烟雾	非常安静，安静，吵闹，相当吵闹，不能忍受无感觉，微有感觉，有感觉，颇有感觉，不能忍受 有刺激，刺痛感，头痛、胸部憋闷 不常出现，经常出现	树叶是否容易枯死	不易，较容易，容易，很容易
			当地居民是否反映过问题	
垃圾（废渣）		不多，较多，多，很多	根据调查，你认为该地区环境质量如何	
洗的东西是否容易弄脏		无此情况，时常弄脏，弄脏时间很多		
门窗、小五金、下水道腐蚀情况		没有，有一些，普遍，非常多	调查地点，时间	

1. 说明

（1）根据表内所列项目逐项调查，在"污染程度与感觉"一栏中用"√"表示调查结果。

（2）根据调查结果，大致判断被调查地区的环境质量状况，找出该地区主要污染源。

2. 要求

（1）写出环境质量调查报告（1000字以内）。

（2）如所调查地区环境质量不佳，应积极向有关部门反映情况，争取环境污染问题早日解决。

阅读材料

水质自动监测系统

水质自动监测系统是以在线自动分析仪器为核心，运用现代传感器技术、自动测量技术、自动控制技术、计算机应用技术以及相关的专用分析软件和通信网络所组成的一个综合性的在线自动监测体系。能连续、及时、准确地监测目标水域的水质及其变化状况；中心控制室可随时取得各子站的实时监测数据，统计、处理监测数据，可打印输出日、周、月、季、年平均数据以及最大值、最小值等各种监测、统计报告及图表（棒状图、曲线图、多轨迹图、对比图等），并可输入中心数据库或上网。

实施水质自动监测，可以实现水质的实时连续监测和远程监控，达到及时掌握主要流域重点断面水体的实质状况、预警预报重大流域性水质污染事故、解决跨行政区域的水污染事故纠纷、监督总量控制制度落实情况、排放达标情况等。

在水质自动监测系统网络中，中心站通过卫星和电话拨号两种通讯方式实现对各子站的实时监视、远程控制及数据传输功能，托管站也可以通过电话拨号方式实现对托管子站的实时监视、远程控制及数据传输功能。其他经授权的相关部门可以通过电话拨号方式实现对相关子站的实时监视和数据传输功能。

每个子站是一个独立完整的水质自动监测系统，一般由6个主要子系统构成，包括采样系统、预处理系统、监测仪器系统、控制系统、数据采集、处理与传输子系统及远程数据管理中心、监测站房或监测小屋。水质自动监测系统中的子站构成方式大致有三种：

① 由一台小型的多参数自动分析仪组成的子站，其特点是仪器可直接放入水中测量，系统构成灵活方便；

② 固定式子站，是较传统的组成方式，其特点是监测项目的选择范围宽；

③ 流动式子站，是将固定式子站的仪器设备全部装于一辆拖车（监测小屋）上，可根据需要迁移场所，特点是组成成本高。

目前水质自动监测分析仪器仍在发展中，比较成熟的常规监测项目有水温、溶解氧（DO）、电导率、浊度、氧化还原电位（ORP）、流速和水位等。常用的监测项目有COD、高锰酸盐指数、TOC、氨氮、总氮、总磷。

可持续发展的主要技术领域

①能源获取技术；②能源储存技术；③能源最终使用技术；④农业生物技术；⑤替代与精细农业技术；⑥制造模拟、监测和控制技术；⑦催化剂技术；⑧分离技术；⑨精密制作技术；⑩材料技术；⑪信息技术；⑫人口控制技术。

环境影响评价：从源头避免污染行业发展

经济发展的同时，也会造成一定的环境污染和生态破坏。资料表明，我国自然环境曾一度遭到破坏的程度严重，主要表现为严重的土地荒漠化、草地退化、水土流失和近海污染等。

一、环境与资源保护正转向可持续利用

为了防止在经济发展中造成重大生态环境损失和破坏，20世纪90年代以后，我国的环境和资源保护步入了快速的立法发展时期。从1993年至2002年，制定、修改并正式实施的环境与资源法律有22部。从1998年修改《中华人民共和国土地管理法》《中华人民共和国森林法》，到2000年修改《中华人民共和国大气污染防治法》，2002年通过《中华人民共和国清洁生产促进法》和《中华人民共和国环境影响评价法》这些环境与资源保护的立法行动，清晰地展示了我国环境与资源保护正转向环境与资源的可持续利用，并最终朝着构筑可持续发展法律体系的方向迈进。

国务院2001年批复的国家环境保护"十五"计划中，明确要求"探索开展对重大经济和技术政策、发展规划以及重大经济和流域开发计划的环境影响评价，使综合决策作到规范化、制度化"。为了从决策的源头防止环境污染和生态破坏，从项目评价进入到战略评价，《中华人民共和国环境影响评价法》是我国到目前为止环境保护最重要的制度建设之一。

《中华人民共和国环境影响评价法》把国民经济的主要规划纳入了环境影响评价范围。评价制度要求改变政府拟订规划的常规方式和程序，确立起更加公开和民主的决策方式和程序，要求逐步形成和发展一套不同于建设项目环境影响评价的方法和新技术，以便有能力对规划实施后所带来的大空间范围、大时间尺度、多种行为交叉和累积的环境影响做出令人信服的评价，推动各项事业朝着可持续发展的方向发展。

二、环境问题治理要靠法律和制度手段

从产业革命开始，人们就在寻求防治环境污染和生态破坏的措施，但总是边治理边污染。由于经济发展不能自动克服污染环境、破坏生态等行为，只有依靠政府施加外部约束予以纠正。综观各国对环境问题的治理，都是运用法律和制度手段，发挥政府的主导作用，将环保政策作为一种经济发展政策，强调环保措施的多样性、创新性和灵活性。为了从产生环境问题的源头上采取防治措施，不让环境问题产生，或者即使产生也可以采取治理措施把问题减少到最小限度，一些工业发达国家建立起了"战略环评"制度。

"战略环评"制度最重要的是建立环境影响评价法律制度，对官方政策、正式规划、行动计划和具体项目必须进行环境影响评价。西方国家对环境影响评价首先是针对政策层次，然后是计划和规划，最后才是项目。目前世界上已有80多个国家和地区建立了环境影响评价制度。

我国从1976年开始进行项目影响评价，到现在建立规划环境影响评价，已经迈入了可持续发展的道路。但是，现在实施的《中华人民共和国环境影响评价法》仍然不够完善，没有对公共政策的环境影响评价、决策者的法律责任等问题作出规定。从实际情况来看，政策上的随意性是造成生态环境问题的重要原因，我国公共政策特别是经济政策对生态环境有重大的影响，不当的政策直接导致了环境的恶化。如果不从政策这个源头上把关，环境问题就很难得到控制。由于我国经济的快速发展和区域规模的不断扩大，因实施政府的区域开发、产业发展和自然资源开发利用的政策和规划而造成环境污染和生态破坏的问题越来越突出，加上国际上对环境保护的要求越来越严格，建立公共政策环境影响评价越来越有必要。

公共政策牵涉的范围很广、不确定性大，政策制定也没有明确的程序，因此在我国建立公共政策环境影响评价制度必须实现以下条件：一是要求政府治理法制化，政策制定科学化、民主化。二是必须建立一整套环境影响评价指标体系。与项目和规划环境影响评价不同，政策环境影响评价不仅依赖于单纯的自然环境影响指标，还包括复杂的政治、社会和心理因素的影响，公共政策环境影响评价的因素也就包括了自然环境影响评价指标、公共政策的环境目标、环境限制和环境影响评价方法。三是在程序上将科学制定的指标体系和技术方法运用到政策分析中，同时强调政策替代方案和公众参与。四是要有配套制度保证所有的规定能够得到贯彻落实。

摘自《光明日报》2005-02-24。

附　录

附录一
城镇污水处理厂污染物排放标准
（GB 18918—2002）

1.1　范围

本标准规定了城镇污水处理厂出水、废气排放和污泥处置（控制）的污染物限值。

本标准适用于城镇污水处理厂出水、废气排放和污泥处置（控制）的管理。

居民小区和工业企业内独立的生活污水处理设施污染物的排放管理，也按本标准执行。

1.2 规范性引用文件

下列标准中的条文通过本标准的引用即成为本标准的条文，与本标准同效。

GB 3838 地表水环境质量标准

GB 3097 海水水质标准

GB 3095 环境空气质量标准

GB 4284 农用污泥污染物控制标准

GB 8978 污水综合排放标准

GB 12348 工业企业厂界环境噪声排放标准

GB 16297 大气污染物综合排放标准

HJ/T 55 大气污染物无组织排放监测技术导则

当上述标准被修订时，应使用其最新版本。

1.3 术语和定义

1.3.1 城镇污水（minicipal wastewater）

指城镇居民生活污水，机关、学校、医院、商业服务机构及各种公共设施排水，以及允许排入城镇污水收集系统的工业废水和初期雨水等。

1.3.2 城镇污水处理厂（municipal wastewater treatment plant）

指对进入城镇污水收集系统的污水进行净化处理的污水处理厂。

1.3.3 一级强化处理（enhanced primary treatment）

在常规一级处理（重力沉降）基础上，增加化学混凝处理、机械过滤或不完全生物处理等，以提高一级处理效果的处理工艺。

1.4 技术内容

（1）控制项目及分类

① 根据污染物的来源及性质，交款污染物控制项目分为基本控制项目和选择控制项目两类：基本控制项目主要包括影响水环境和城镇污水处理厂一般处理工艺可以去除的常规污染物，以及部分一类污染物，共19项；选择控制项目包括对环境有较长期影响或毒性较大的污染物，共计43项。

② 基本控制项目必须执行。选择控制项目，由地方环境保护行政主管部门根据污水处理厂接纳的工业污染物的类别和水环境质量要求选择控制。

（2）标准分级

根据城镇污水处理厂排入地表水域环境功能和保护目标，以及污水处理厂的处理工艺，将基本控制项目的常规污染物标准分为一级标准、二级标准、三级标准。一级标准分为A标准和B标准。一类生金属污染和选择控制项目不分级。

① 一级标准的A标准是城镇污水处理厂出水作为回用水的基本要求。当污水处理厂出水引入稀释能力较小的河湖作为城镇景观用水和一般回用水等用途时，执行一级标准的A标准。

② 城镇污水处理厂出水排入GB3838地表水Ⅱ类功能水域（划定的饮用水水源保护

区和游泳区除外）、GB3097 海水二类功能水域和湖、库等封闭或半封闭水域时，执行一级标准的 B 类标准。

③ 城镇污水处理厂出水排入 GB3838 地表水Ⅳ、Ⅴ类功能水域或 GB 3097 海水三、四类功能海域，执行二级标准。

④ 非重点控制流域和非水源保护区的建制镇的污水处理厂，根据当地经济条件和水污染控制要求，采用一级强化处理工艺时，执行三级标准，但必须预留二级处理设施的位置，分期达到二级标准。

（3）标准值

① 城镇污水处理厂水污染物排放基本控制项目，执行表 1 和表 2 的规定。

② 选择控制项目按表 3 的规定执行。

表 1　基本控制项目最高允许排放浓度（日均值）　　　　　　　　单位：mg/L

序号	基本控制项目		一级标准		二级标准	三级标准
			A 标准	B 标准		
1	化学需氧量（COD）		50	60	100	120
2	生化需氧量（BOD_5）		10	20	30	60
3	悬浮物（SS）		10	20	30	50
4	动植物油		1	3	5	20
5	石油类		1	3	5	15
6	阴离子表面活性剂		0.5	1	2	5
7	总氮（以 N 计）		15	20		
8	氨氮（以 N 计）		5（8）	8（15）	25（30）	
9	总磷（以 P 计）	2005 年 12 月 31 日前建设的	1	1.5	3	5
		2006 年 1 月 1 日起建设的	0.5	1	3	5
10	色度（稀释倍数）		30	30	40	50
11	pH 值		6～9			
12	粪大肠菌群数 /（个 /L）		103	104	104	

注：1. 下列情况下按去除率指标执行，当进水 COD 大于 350mg/L 时，去除率应大于 60%；BOD 大于 160mg/L 时，去除率应大于 50%。

2. 括号外数值为水温 >12℃时的控制指标，括号内数值为水温≤ 12℃时的控制指标。

表 2　部分一类污染物最高允许排放浓度（日均值）　　　　　　　　单位：mg/L

序号	项目	标准值	序号	项目	标准值
1	总汞	0.001	5	六价铬	0.05
2	烷基汞	不得检出	6	总砷	0.1
3	总镉	0.01	7	总铅	0.1
4	总铬	0.1			

表3 选择控制项目最高允许排放浓度（日均值）　　单位：mg/L

序号	选择控制项目	标准值	序号	选择控制项目	标准值
1	总镍	0.05	23	三氯乙烯	0.3
2	总铍	0.002	24	四氯乙烯	0.1
3	总银	0.1	25	苯	0.1
4	总铜	0.5	26	甲苯	0.1
5	总锌	1.0	27	邻二甲苯	0.4
6	总锰	2.0	28	对二甲苯	0.4
7	总硒	0.1	29	间二甲苯	0.4
8	苯并［a］芘	0.00003	30	乙苯	0.4
9	挥发酚	0.5	31	氯苯	0.3
10	总氰化物	0.5	32	1，4-二氯苯	0.4
11	硫化物	1.0	33	1，2-二氯苯	1.0
12	甲醛	1.0	34	对硝基氯苯	0.5
13	苯胺类	0.5	35	2，4-二硝基氯苯	0.5
14	总硝基化合物	2.0	36	苯酚	0.3
15	有机磷农药（以P计）	0.5	37	间甲酚	0.1
16	马拉硫磷	1.0	38	2，4-二氯酚	0.6
17	乐果	0.5	39	2，4，6-三氯酚	0.6
18	对硫磷	0.05	40	邻苯二甲酸二丁酯	0.1
19	甲基对硫磷	0.2	41	邻苯二甲酸二辛酯	0.1
20	五氯酚	0.5	42	丙烯腈	2.0
21	三氯甲烷	0.3	43	可吸附有机卤化物（AOX以Cl计）	1.0
22	四氯化碳	0.03			

（4）取样与监测

① 水质取样在污水处理厂处理工艺末端排放口。在排放口应设污水水量自动计量装置自动比例采样装置，pH值、水温、COD等主要水质指标应安装在线监测装置。

② 取样频率至少为1次/2h，取24h混合样，以日均值计。

③ 监测分析方法按表7或国家环境保护总局认定的替代方法、等效方法执行。

附录二
地表水环境质量标准（GB 3838—2002）（摘录）

1　范围

1.1　本标准按照地表水环境功能分类和保护目标，规定了水环境质量应控制的项目及限值，以及水质评价、水质项目的分析方法和标准的实施与监督。

1.2　本标准适用于中华人民共和国领域内江河、湖泊、运河、渠道、水库等具有使用功能的地表水水域。具有特定功能的水域，执行相应的专业用水水质标准。

2　引用标准

《生活饮用水卫生规范》（卫生部，2001年）和本标准表4～表6（略）所列分析方法标准及规范中所含条文在本标准中被引用即构成为本标准条文，与本标准同效。当上述标准和规范被修订时，应使用其最新版本。

3　水域功能和标准分类

依据地表水水域环境功能和保护目标，按功能高低依次划分为五类：

Ⅰ类　主要适用于源头水、国家自然保护区；

Ⅱ类　主要适用于集中式生活饮用水地表水源地一级保护区、珍稀水生生物栖息地、鱼虾类产卵场、仔稚幼鱼的索饵汤等；

Ⅲ类　主要适用于集中式生活饮用水地表水源地二级保护区、鱼虾类越冬场、洄游通道、水产养殖区等渔业水域及游泳区；

Ⅳ类　主要适用于一般工业用水区及人体非直接接触的娱乐用水区；

Ⅴ类　主要适用于农业用水区及一般景观要求水域。

对应地表水上述五类水域功能，将地表水环境质量标准基本项目标准值分为五类，不同功能类别分为执行相应类别的标准值。水域功能类别高的标准值严于水域功能类别低的标准值。同一水域兼有多类使用功能的，执行最高功能类别对应的标准值。实现水域功能与达功能类别标准为同一含义。

4　标准值

4.1　地表水环境质量标准基本项目标准限值见表1。

4.2　集中式生活饮用水地表水源地补充项目标准限值见表2

4.3　集中式生活饮用水地表水源地特定项目标准限值见表3。

5 水质评价

5.1 地表水环境质量评价应根据应实现的水域功能类别，选取相应类别标准，进行单因子评价，评价结果应说明水质达标情况，超标的应说明超标项目和超标倍数。

5.2 丰、平、枯水期特征明显的水域，应分水期进行水质评价。

5.3 集中式生活饮用水地表水源地水质评价的项目应包括表 1 中的基本项目、表 2 中的补充项目以及由县级以上人民政府环境保护行政主管部门从表 3 中选择确定的特定项目。

6 水质监测

6.1 本标准规定的项目标准值，要求水样采集后自然沉降 30min，取上层非沉降部分按规定方法进行分析。

6.2 地表水水质监测的采样布点、监测频率应符合国家地表水环境监测技术规范的要求。

6.3 本标准水质项目的分析方法应优先选用表 4～表 6（略）规定的方法，也可采用 ISO 方法体系等其他等效分析方法，但必须进行适用性检验。

7 标准的实施与监督

7.1 本标准由县级以上人民政府环境保护行政主管部门及相关部门按职责分工监督实施。

7.2 集中式生活饮用水地表水源地水质超标项目经自来水净化处理后，必须达到《生活饮用水卫生规范》的要求。

7.3 省、自治区、直辖市人民政府可以对本标准中未作规定的项目，制定地方补充标准，并报国务院环境保护行政主管部门备案。

表 1　地表水环境质量标准基本项目标准限值　　　　　　　　　　单位：mg/L

序号	标准值分类项目		I 类	II 类	III 类	IV 类	V 类
1	水温 /℃		人为造成的环境水温变化应限制在：周平均最大温升≤1 周平均最大温降≤2				
2	pH 值（无量纲）		6～9				
3	溶解氧	≥	饱和率 90%（或 7.5）	6	5	3	2
4	高锰酸盐指数	≤	2	4	6	10	15
5	化学需氧量（COD）	≤	15	15	20	30	40
6	五日生化需氧量（BOD_5）	≤	3	3	4	6	10
7	氨氮（NH_3-N）	≤	0.15	0.5	1.0	1.5	2.0
8	总磷（以 P 计）	≤	0.02（湖、库 0.01）	0.1（湖、库 0.025）	0.2（湖、库 0.05）	0.3（湖、库 0.1）	0.4（湖、库 0.2）
9	总氮（湖、库以 N 计）	≤	0.2	0.5	1.0	1.5	2.0

序号	标准值分类项目		I 类	II 类	III 类	IV 类	V 类
10	铜	≤	0.01	1.0	1.0	1.0	1.0
11	锌	≤	0.05	1.0	1.0	2.0	2.0
12	氟化物（以 F⁻ 计）	≤	1.0	1.0	1.0	1.5	1.5
13	硒	≤	0.01	0.01	0.01	0.02	0.02
14	砷	≤	0.05	0.05	0.05	0.1	0.1
15	汞	≤	0.00005	0.00005	0.0001	0.001	0.001
16	镉	≤	0.001	0.005	0.005	0.005	0.01
17	铬（六价）	≤	0.01	0.05	0.05	0.05	0.1
18	铅	≤	0.01	0.01	0.05	0.05	0.1
19	氰化物	≤	0.005	0.05	0.2	0.2	0.2
20	挥发酚	≤	0.002	0.002	0.005	0.01	0.1
21	石油类	≤	0.05	0.05	0.05	0.5	1.0
22	阴离子表面活性剂	≤	0.2	0.2	0.2	0.3	0.3
23	硫化物	≤	0.05	0.1	0.05	0.5	1.0
24	粪大肠菌群数 /（个 /L）	≤	200	2000	10000	20000	40000

表 2　集中式生活饮用水地表水源地补充项目标准限值　　　　单位：mg/L

序号	项目	标准值
1	硫酸盐（以 SO_4^{2-} 计）	250
2	氯化物（以 Cl^- 计）	250
3	硝酸盐（以 N 计）	10
4	铁	0.3
5	锰	0.1

表 3　集中式生活饮用水地表水源地特定项目标准限值　　　　单位：mg/L

序号	项目	标准值	序号	项目	标准值
1	三氯甲烷	0.06	6	环氧氯丙烷	0.02
2	四氯化碳	0.002	7	氯乙烯	0.005
3	三溴甲烷	0.1	8	1,1- 二氯乙烯	0.03
4	二氯甲烷	0.02	9	1,2- 二氯乙烯	0.05
5	1,2- 二氯乙烷	0.03	10	三氯乙烯	0.07

序号	项目	标准值	序号	项目	标准值
11	四氯乙烯	0.04	45	水合肼	0.01
12	氯丁二烯	0.002	46	四乙基铅	0.0001
13	六氯丁二烯	0.0006	47	吡啶	0.2
14	苯乙烯	0.02	48	松节油	0.2
15	甲醛	0.9	49	苦味酸	0.5
16	乙醛	0.05	50	丁基黄原酸	0.005
17	丙烯醛	0.1	51	活性氯	0.01
18	三氯乙醛	0.01	52	滴滴涕	0.001
19	苯	0.01	53	林丹	0.002
20	甲苯	0.7	54	环氧七氯	0.0002
21	乙苯	0.3	55	对流磷	0.003
22	二甲苯①	0.5	56	甲基对流磷	0.002
23	异丙苯	0.25	57	马拉硫磷	0.05
24	氯苯	0.3	58	乐果	0.08
25	1,2-二氯苯	1.0	59	敌敌畏	0.05
26	1,4-二氯苯	0.3	60	敌百虫	0.05
27	三氯苯②	0.02	61	内吸磷	0.03
28	四氯苯③	0.02	62	百菌清	0.01
29	六氯苯	0.05	63	甲萘威	0.05
30	硝基苯	0.017	64	溴清菊酯	0.02
31	二硝基苯④	0.5	65	阿特拉津	0.003
32	2,4-二硝基甲苯	0.0003	66	苯并[a]芘	2.8×10^{-6}
33	2,4,6-三硝基甲苯	0.5	67	甲基汞	1.0×10^{-6}
34	硝基氯苯	0.05	68	多氯联苯⑤	2.0×10^{-5}
35	2,4-二硝基氯苯	0.5	69	微囊藻毒素-LR	0.001
36	2,4-二氯苯酚	0.093	70	黄磷	0.003
37	2,4,6-三氯苯酚	0.2	71	钼	0.07
38	五氯酚	0.009	72	钴	1.0
39	苯胺	0.1	73	铍	0.002
40	联苯胺	0.0002	74	硼	0.5
41	丙烯酰胺	0.0005	75	锑	0.005
42	丙烯腈	0.1	76	镍	0.02
43	邻苯二甲酸二丁酯	0.003	77	钡	0.7
44	邻苯二甲酸二（2-乙基己基）酯	0.008	78	钒	0.05

序号	项目	标准值	序号	项目	标准值
79	钛	0.1	80	铊	0.0001

① 二甲苯：指对 - 二甲苯、间 - 二甲苯、邻 - 二甲苯。
② 三氯苯：指 1，2，3- 三氯苯、1，2，4- 三氯苯、1，3，5- 三氯苯。
③ 四氯苯：指 1，2，3，4- 四氯苯、1，2，3，5- 四氯苯、1，2，4，5- 四氯苯。
④ 二硝基苯：指对 - 二硝基苯、间 - 硝基氯苯、邻 - 硝基氯苯。
⑤ 多氯联苯：指 PCB-1016、PCB-1221、PCB-1232、PCB-1242、PCB-1248、PCB-1254、PCB-1260。

附录三
农田灌溉水质标准（GB 5084—2021）

表 1　农田灌溉用水水质基本控制项目标准值　　　单位：mg/L

序号	项目类别		水田作物	旱地作物	蔬菜
1	pH 值	≤	5.5 ～ 8.5		
2	水温 /℃	≤	35		
3	悬浮物 /（mg/L）	≤	80	100	60①，15②
4	五日生化需氧量（BOD₅）/（mg/L）	≤	60	100	40①，15②
5	化学需氧量（COD_Cr）/（mg/L）	≤	150	200	100①，60②
6	阴离子表面活性剂 /（mg/L）		5.0	8.0	5.0
7	氯化物（以 Cl⁻ 计）/（mg/L）	≤	350		
8	硫化物（以 S²⁻ 计）/（mg/L）	≤	1.0		
9	全盐量 /（mg/L）	≤	1000（非盐碱土地区），2000（盐碱土地区）		
10	总铅 /（mg/L）	≤	0.2		
11	总镉 /（mg/L）	≤	0.01		
12	铬（六价）/（mg/L）	≤	0.1		
13	总汞 /（mg/L）	≤	0.001		
14	总砷 /（mg/L）	≤	0.05	0.1	0.05
15	粪大肠菌群数 /（个 /100mL）		4000	4000	2000①，1000②
16	蛔虫卵数 /（个 /L）	≤	2		2①，1②

① 加工、烹调及去皮蔬菜。
② 生食类蔬菜、瓜类和草本水果。

表2　农田灌溉用水水质选择性控制项目标准值

序号	项目类别		水田作物	旱地作物	蔬菜
1	氰化物（以 CN⁻ 计）/（mg/L）		0.5		
2	氟化物（以 F⁻ 计）/（mg/L）		2.0（一般地区），3.0（高氟区）		
3	石油类 /（mg/L）		5.0	10	1.0
4	挥发酚 /（mg/L）		1.0		
5	总铜 /（mg/L）	≤	0.5	1.0	
6	总锌 /（mg/L）	≤	2.0		
7	总镍 /（mg/L）	≤	0.2		
8	硒 /（mg/L）	≤	0.02		
9	硼 /（mg/L）	≤	1.0[①]，2.0[②]，3.0[③]		
10	苯 /（mg/L）	≤	2.5		
11	甲苯 /（mg/L）	≤	0.7		
12	二甲苯 /（mg/L）	≤	0.5		
13	异丙胺 /（mg/L）	≤	0.25		
14	苯胺 /（mg/L）	≤	0.5		
15	三氯乙醛 /（mg/L）	≤	1.0	0.5	
16	丙烯醛 /（mg/L）		0.5		
17	氯苯 /（mg/L）	≤	0.3		
18	1，2-二氯苯 /（mg/L）	≤	1.0		
19	1，4-二氯苯 /（mg/L）	≤	0.4		
20	硝基苯 /（mg/L）	≤	2.0		

① 对硼敏感作物，如黄瓜、豆类、马铃薯、笋瓜、韭菜、洋葱、柑橘等。
② 对硼耐受性较强的作物，如小麦、玉米、青椒、小白菜、葱等。
③ 对硼耐受性强的作物，如水稻、萝卜、油菜、甘蓝等。

参考文献

［1］雷兆武，张俊安，申左元. 清洁生产及应用. 2 版. 北京：化学工业出版社，2013.

［2］赵薇，周国保. HSEQ 与清洁生产. 2 版. 北京：化学工业出版社，2015.

［3］黄显智. 环境保护实用教程. 北京：化学工业出版社，2004.

［4］魏振枢. 环境保护概论. 4 版. 北京：化学工业出版社，2019.

［5］Lucy Pryde Eubanks，等. 化学与社会. 段连运，等译. 北京：化学工业出版社，2008.

［6］刘天齐. 环境保护. 2 版. 北京：化学工业出版社，2002.

［7］汪大翚，徐新华，赵伟荣. 化工环境工程概论. 3 版. 北京：化学工业出版社，2019.

［8］常元勋. 环境中有害因素与人体健康. 北京：化学工业出版社，2004.

［9］钱海燕，孔庆刚. 燃煤电厂烟气脱硫技术发展现状. 环境导报. 1999（6）.

［10］杨永杰，涂郑禹. 环境保护与清洁生产. 4 版. 北京：化学工业出版社，2021.

［11］中国化工防治污染技术协编. 化工废水处理技术. 北京：化学工业出版社，2000.

［12］刘昌明，傅国斌. 今日水世界. 广州：暨南大学出版社／北京：清华大学出版社，2000.

［13］唐守印，戴友芝. 水处理工程师手册. 北京：化学工业出版社，2000.

［14］林肇信，刘天齐，等. 环境保护基础. 北京：高等教育出版社，1999.

［15］许宁. 环境管理. 4 版. 北京：化学工业出版社，2021

［16］谢全安，薛利平. 煤化工安全与环保. 北京：化学工业出版社，2005.

［17］乔伟. 环境保护基础. 北京：北京大学出版社，2005.

［18］郭斌，刘恩志. 清洁生产概论. 北京：化学工业出版社，2005.

［19］佟玉衡. 废水处理. 北京：化学工业出版社，2004.

［20］郭斌，庄源益. 清洁生产工艺. 北京：化学工业出版社，2003.

［21］王倩，蒋春来，黄津颖，等. 污染防治攻坚战实施阶段性成效评估研究，中国环境管理，2021(5).

［22］席北斗. 推进重点行业清洁生产 助力深入打好污染防治攻坚战，中国经贸导刊，2022（1）.